Why Big Fierce Animals Are Rare

왜 크고 사나운 동물은 희귀한가

왜 크고 사나운 동물은 희귀한가
생태학의 관점에서

초판 1쇄 인쇄일 2018년 11월 15일 **초판 1쇄 발행일** 2018년 11월 20일

지은이 폴 콜린보 | **옮긴이** 김홍옥
펴낸이 박재환 | **편집** 유은재 김예지 | **관리** 조영란
펴낸곳 에코리브르 | **주소** 서울시 마포구 동교로 15길 34 3층(04003) | **전화** 702-2530 | **팩스** 702-2532
이메일 ecolivres@hanmail.net | **블로그** http://blog.naver.com/ecolivres
출판등록 2001년 5월 7일 제10-2147호
종이 세종페이퍼 | **인쇄·제본** 상지사 P&B

ISBN 978-89-6263-188-3 93470

책값은 뒤표지에 있습니다. 잘못된 책은 구입한 곳에서 바꿔드립니다.

왜 크고 사나운 동물은 희귀한가

폴 콜린보 지음 | 김홍옥 옮김

생태학의 관점에서

에코리브르

차례

추천사

몇 년 전《왜 크고 사나운 동물은 희귀한가(Why Big Fierce Animals Are Rare)》라는 책을 발견한 것은 박사학위 종합시험을 준비하면서 잠시 숨을 돌리고 있을 때였다. 나는 논문심사 위원회가 던질지도 모를 생태학과 관련한 근본적인 질문에 대비하기 위해 과학저널에 실린 동료심사 논문 수백 편을 읽었다. 주지하듯이 "이 세상에는 왜 그토록 많은 종이 존재하는가?" 같은 언뜻 보기에 지극히 단순한 질문은 실상 대답하기가 거의 불가능하다. 나는 박사논문을 쓰기 위해 늑대와 그 먹이동물 간의 먹이사슬 관계를 연구하고 있었다. 저명한 고생태학자 폴 콜린보가 집필한 이 고전적인 책의 제목에 이끌린 나는 과학논문을 잠시 내려놓고 이 책의 풍부한 내용 속으로 빠져들었다.

콜린보는 간단한 질문을 몇 개 던지는 것으로 책을 시작한 다음 누구나 이해할 수 있는 명쾌한 논리와 평이한 언어를 이용하여 그 질문들을 샅샅이 분석했다. 나는 처음부터 끝까지 꼼꼼하게 책을 읽었고 멋진 구절을 만나면 밑줄을 그었으며 본문에 자유롭게 주석을 달았다. 책장 모서리가 잔뜩 접힌 상태가 된 책은 내가 종합시험에 합격하고 박사논문 심사를 무사히 통과하고 난 뒤로도 여러 해 동안 내 커피 테이블 위에 놓여 있었다. 그로부터 10여 년 후 한 세계적인 연구 프로그램의 수석 과학자로 일하게 되었을 때, 나는 내 사무실 책상에서 가장 눈에 잘 띄는 곳에 이 책을 놓아두었다.

콜린보의 얄팍하지만 알찬 책을 처음 접했을 때 나는 풋내기 생태학자로서 도대체 세상이 '어떻게' 굴러가는지 알고 싶은 마음으로 가득했다. 그러나 그는 처음부터 "'어떻게'라고 묻기 전에 '왜'라는 질문을 던져보아야 한다"고 강조했다. 그런 다음 참을성 있게 그가 책을 집필할 당시 생태학의 실상을 반영하는 심오한 사고를 가득 담아냈다. 이 빼어난 사상가는 대단히 명료하게 앞날을 내다봄으로써 그로부터 40년이 흐른 오늘날 우리가 직면한 보존 과제의 상당수를 미리 점쳤던 것이다.

그가 이 책을 집필한 목적은 지극히 복잡한 생태학적 주제조차 광범위한 독자들이 이해할 수 있도록 하기 위해서였다. 그렇게 해서 그는 과학자뿐 아니라 과학에 문외한인 일반 대중에게도 똑같이 유용한 책을 세상에 내놓을 수 있었다. 그는 이 책에서 인간을 비롯한 모든 살아 있는 생명체에게 좀더 지속가능한 미래를 제공하려면 세상이 어떻게 작동하는지를 진정으로 이해해야 한다는 논지를 펼쳤다. 그는 이 메시지를 도발적이면서도 명료하게 제시했으며, 그 과정에서 독자들이 열린 마음을 먹게끔 이끌었다. 그래서인지 이 책을 읽는 게 내게는 마치 친절하고도 너그러운 멘토와 함께 숲을 산책하는 일처럼 여겨졌다. 그 멘토는 독자들이 자신의 메시지를 이해하도록 돕기 위해 유머와 논리와 놀라운 이야기를 솜씨 좋게 한데 버무려놓았다.

나는 초보 생태학자로서 이보다 더 나은 지침서를 고를 수는 없었다. 이 책은 나에게 지속적으로 영향을 미쳤지만 그럼에도 이 책이 내가 날마다 수행하는 작업과 어떤 연관을 갖는지는 제대로 깨닫지 못했다. 현재 나는 깊은 바닷속에서부터 생명체들이 얽히고설킨 열대우림에 이르기까지, 또한 가장 높은 산봉우리에서부터 몹시 건조한 초원에 이르기까지 6개 대륙에서 진행하는 생태 관련 연구 프로젝트 수십 건을 관리·감독하고 있다. 스코틀랜드 산악지대, 고비 사막, 아마존 상류 수원에 자리한 후미진 현장 기지들을 방문할 때면 나는 연구의 유효성을 평가하거나 제안된 프로젝트들 가운데 어느 것에 자금을 지원할지 결정해야 한다. 그때마다 콜린보가 제시한 것과 동일한 근원적인 과학적 원칙들을 견지하려는 스스로의 모습을 발견하곤 한다. 나는 내 업무를 수행하는 과정에서, 콜린보가 설명한 바와 같이 세계를 이해한다는 것은 결국 그 패턴과 과정을 이해한다는 것인데, 그것을 이루는 요소들과 힘은 결코 간단하지 않다는 사실을 새삼 확인한다.

콜린보는 탄소순환, 식물 군집(communities)의 천이, 종 분화와 멸종, 종의 생태적 지위, 생물 다양성, 포식, 먹이사슬에서의 영양물질 흐름 등 자연의 익숙한 패턴들을 살펴보는 데서 출발한다. 그는 그 각각의 주제와 관련하여 일반적으로 받아들이는 패턴을 기술한 다음 '왜?'라는 질문을 던진다. 그는 그렇게 함으로써 과학자들과 비과학자들이 이런 패턴들에 대해 일반화한 내용(이를테면 오래된 숲은 생산성이 낮다, 생태계는 복잡해질수록 더 안정적이다)을 살펴보고, 거기서 벗어나는 예외들을 제시하고, 좀더 알맞은 설명방식을 내놓는다. 그는 흠잡을 데 없는 논리를 펼치면서 자신과 다른 과학자들의 현장 연구 사례들을 통해 자신의 가설을 검증한다. 그런 다음

난해한 전문용어 사용을 가급적 피하면서 '어떻게'라는 질문에 명쾌하게 답해나간다. 예를 들어 그는 자연을 일종의 경제 시스템에 빗대어 언급하고, 경쟁이라는 논리의 오류를 지적한다. 또한 울새(warbler)나 개미, 풀 같은 종들이 자신의 생태적 지위를 차지함으로써, 시기가 어긋나게끔 진화함으로써, 먹이가 충분하고 교미 상대를 찾아 건강한 새끼를 만들어낼 수만 있다면 그저 서로에게 관용을 베풂으로써 평화롭게 공존한다는 사실을 실제로 증명해 보인다.

이 신랄한 책은 어느 발달 단계에 놓여 있는 생태학자든 간에 필히 읽어보아야 한다. 콜린보는 우리 생태학자들에게 끊임없이 '왜'라는 질문을 던져야 하고 도그마에 도전하는 일을 멈추지 말아야 하며, 언제나 초심을 잃지 않고 우리의 학문 분야인 생태학에 접근해야 한다고 강변한다. 그는 또한 생태학자의 삶은 결코 단조롭지 않다는 사실을 다채롭게 드러내 보인다.

진화생태학자들 가운데서도 단연 발군인 이 '인디애나 존스(영화 〈인디애나 존스〉 시리즈의 주인공. 고고학자이면서 보물 탐사와 모험을 즐기는 캐릭터의 전형을 구축했다—옮긴이)'는 지금으로부터 10년쯤 전에 끝난 반세기에 걸친 자신의 직업 경력을 통해 생태계가 어떻게 작동하는지 연구하기 위해 세계를 누비고 다녔다. 고생태학자로 훈련받은 그는 오하이오 주립대학의 교수를 역임했으며, 1991년 교수직에서 은퇴함과 동시에 파나마에 있는 스미소니언 열대지방 연구소(Smithsonian Tropical Research Institute)에서 과학자로 재직했다. 또한 아마존 유역, 페루, 갈라파고스 제도, 북극지방 등지에서 실시한 연구 프로젝트를 이끌었다.

콜린보는 거인들의 어깨 위에 올라선 덕에 더 멀리 내다볼 수 있었다. 찰스 엘턴 경(Sir Charles Elton), 알도 레오폴드(Aldo Leopold), 아돌프 뮤리(Adolph Murie), 에벌린 허친슨(Evelyn Hutchinson), 로버트 맥아더(Robert MacArthur)가 대표적이다. 그는 이 선배 학자들의 업적을 높이 평가하고 신뢰했다. 그는 그들과 관련한 매혹적인 일화들을 소개함으로써 생태학에 활기를 불어넣었다. 하지만 그에게 가장 큰 영향을 미친 과학자는 두말할 나위 없이 찰스 다윈(Charles Darwin)이다. 콜린보는 복잡하기 이를 데 없는 자연의 질서를 탐구하면서 거의 모든 장마다 다윈을 언급한다.

상대적으로 새로운 학문인 생태학은 1800년대 말에 탄생했다. 초장부터 생태학은 반박하기 어려운 '법칙들'을 취급하는 물리학이나 화학 같은 좀더 실증적이고 정량적인 학문 분야와 비교했을 때 '조악한 과학'으로 간주되었다. 생태학은 생명체와 자연세계의 관계를 다루는 학문인데 대체로 그 관계는 정량화하기가 무척이나 까다로웠던 것이다. 1930년대에 이 신생 과학은 식물학자 프레더릭 클레먼츠(Frederick Clements)와 헨리 글리슨(Henry Gleason)의 식물 천이와 식물 군집 개념 연구에 힘입어 비약적으로 발전하기 시작했다. 콜린보가 교수가 되었을 무렵, 생태학은 엄밀하고도 정량적인 과학으로 발돋움했으며, 세상이 어떻게 굴러가는지에 관한 논의도 더없이 활발하게 이루어지고 있었다. 콜린보의 책은 무척이나 유망한 과학의 시대였던 1980년에 생태학이 어떤 위상에 놓여 있었는지를 잘 보여준다.

생태학에 '오컴의 면도날(Occam's razor: 어떤 현상을 설명할 때면 불필요한 복잡화를 피하고 가장 간결한 이론을 취해야 한다는 원칙—옮긴이)'을 적용한 콜린보는 이 책에서 귀납적 논리와 이야기에 많은 지면을 할애했다. 그는 자신의 현장 연구를 통해 생태학이 가장 확고하게 고수해온 몇몇 교의가 틀

렸음을 드러냈다. 하지만 어쩌면 전적으로 그렇다고는 말할 수 없을 것이다. 그가 동일한 원칙들을 고수하는 한편 상황에 따라 패턴이 달라질 수 있다고 지적하는 일이 빈번했기 때문이다. 콜린보의 책을 읽은 덕택에 나는 요즘 지도 학생들이 던지는 생태학 관련 질문에 더러 "상황에 따라 다르다"고 대답하곤 한다. 생태학과 관련하여 희한한 점 한 가지는 더 많은 것을 알게 될수록 우리가 알지 못하는 것이 얼마나 많은지 더욱 또렷이 깨닫게 된다는 사실이다. 그런 사정은 이 책을 읽어도 마찬가지다. 이 책에서 콜린보의 논리적 궤적을 따라가노라면 우리는 자연선택(natural selection), 식물 군집의 천이, 생명체 등에 관해 수많은 생각과 질문을 떠올리게 된다.

이 책에서 가장 신랄한 부분은 지구의 생태계에 미치는 인간의 영향력을 다룬 두 개 장이다. 콜린보는 왜·어떻게 대기권과 해양에 지구의 탄소가 격리·보관되는지, 그리고 탄소순환의 균형(생태 시스템 사이의 탄소 흐름을 야기하는 식물호흡 같은 과정들을 포함한다)에 관해 설명한 다음, 인간이 탄소순환에 미치는 영향력을 언급한다. 지구온난화에 관한 분명한 신호를 감지하기 전에 쓰인 이 책에서 콜린보는 이산화탄소가 꾸준히 증가할 거라고, 그리고 그 현상이 생명체에 재앙을 일으킬 정도까지는 아니지만 어쨌거나 얼마간 영향을 줄 거라고 예측했다. 그런 다음 우리가 당시 알지 못하는 것이 얼마나 많은지에 관해 우려를 표시했다. 우리는 이런 것들이 어떤 영향을 미칠지 알지 못했다. 그의 표현에 따르면, "우리는 지금 사상 최대의 장대한 생태학 실험에 돌입했다. 즉 지구의 가장 중요한 기체 가운데 하나인 이산화탄소의 대기중 농도를 곱절로 불려놓은 것이다. 우리는 무슨 일이 일어날지 정녕 아는 것이 거의 없다".

그는 우리 인간종의 지구 정복을 다윈의 관점—즉 적자생존(survival of the fittest)과 자연선택—에서 고찰하는 인간 생태학으로 책을 마무리한다. "이 새로운 동물종의 활동은 불가피하게 거의 다른 모든 종들의 이익을 위협하고 있다. 좀더 많은 새끼를 얻기 위해 평화로운 공존을 팽개치고 적극적인 경쟁을 선택하기 때문이다." 그는 지구 행성에서 살아갈 생명체들의 미래를 곰곰이 생각하면서 실존주의적이고 암울한 어조로 책을 끝맺는다.

왜 크고 사나운 동물은 그들의 먹이인 초식동물보다 수가 적을까? 그것은 무엇보다 거대 포식동물이 되는 데 필요한 에너지양과 관련이 있지만, 결국에는 토양과 거기에 함유된 영양물질, 기후, 먹이동물의 이용 가능성, 인간이 야생동물의 서식지에 미치는 영향, 유전적 특질, 지각 변동 등에 좌우된다. 이런 요소들이 우리가 전 세계의 생태계에서 관찰하는 패턴들을 창출하는 데 어떻게 영향을 미치는지 이해하려면 반드시 이 책을 읽어보아야 한다. 장담컨대 이 책은 오랫동안 기억에 남을 신나는 여행으로 당신을 안내해줄 것이며, 세상을 바라보는 방식을 달라지게 만들어줄 것이며, 생명에 관한 까다로운 문제들을 다룰 도구를 손에 쥐여줄 것이다.

2017년 가을 매사추세츠주 콩코드에서

크리스티나 아이젠버그*(Cristina Eisenberg)

* 어스워치연구소(Earthwatch Institute) 수석과학자이며, 《늑대의 이빨(The Wolf's Tooth)》 《북미 육식동물의 삶(The Carnivore Way)》의 저자이다

서문

생태학은 오염을 다루는 학문이 아니며 환경에 관한 과학도 아니다. 파멸에 주목하는 학문은 더더욱 아니다. 하지만 생태학은 이 모든 것에 관한 학문이라고 주장하는 저술들이 어리둥절할 정도로 시중에 많이 나돈다. 보다 못한 나는 현역 생태학자로서 내 연구 분야인 생태학에 관해 나 스스로가 어떻게 생각하는지 드러냄으로써 이런 저술들에 반박하고자 이 책을 썼다. 나에게는 다윈처럼 자연현상을 우아하게 설명하고픈 열정이 있다. 따라서 이 기회를 빌려 자연현상을 지나치게 단순화함으로써 환경을 파괴하고 호수를 죽이고 세상을 위험에 빠뜨리는 짓은 정녕코 어리석은 일임을 설파하려 한다.

이 책을 쓰기 전에 교과서를 한 권 집필한 적이 있다. 그 책이 출간 준비를 거치는 1년 동안 구겐하임 연구비를 받으며 고즈넉하게 지내면서 생태학 지식의 사회적 함의에 관해 곰곰이 생각해보았다. 그리고 그 결과를 몇 편의 〈예일 리뷰(Yale Review)〉 기사에 담아냈다. 그때 쓴 기사들은 마침내 인류 역사에 관한 생태 모델을 기술한 논문으로 결실을 맺었다. 그 논문이 이 책의 얼개를 이루는 만큼 이 책이 나올 수 있었던 것은 구겐하임 연구비와 〈예일 리뷰〉 덕택이다. 구겐하임 재단과 〈예일 리뷰〉 발행인에게 감사드린다.

나는 옛 호수 퇴적층의 화석을 통해 재구성할 수 있는 기후변화의 역사와 과거의 생물 군집을 연구해왔다. 특히 이제는 베링해(Bering Sea)에 잠기고 만 고릿적 평원에 정착한 최초 아메리카 원주민의 생활양식, 그리고 갈라파고스 제도에서 볼 수 있는 환경의 역사를 조사했다. 간접 인용했지만 이제 내 원고의 상당 부분을 차지하는 그 밖의 주제들 다수도 수 년간 검토 과정을 거친 것이다. 로버트 위티커(Robert Whittaker) 박사와 헨리 혼(Henry Horn) 박사가 원고를 검토해주었다. 마음을 상하지 않게 하면서 잘못을 일깨우는 재주를 지닌 빼어난 평자들이다. 두 분께 진심으로 감사드린다. 만약 아직까지도 잘못된 부분이 남아 있다면 그것은 어디까지나 그들의 조언에도 불구하고 내가 끝끝내 고집을 피운 탓일 것이다.

글을 될수록 단정하게 정리하고자 본문에는 참고문헌도 주도 달지 않았다. 다만 내가 기술한 주된 연구와 논쟁의 출처는 모두 마지막의 '생태학 읽을거리'에 실어놓았다. 그 대부분은 '생태학 읽을거리'에 소개한 교과서 6권에서도 찾아볼 수 있다.

최근에 동료가 다윈 자서전을 읽어 녹음하는 작업을 추진했는데, 나는 거기에 동참하여 다윈의 목소리를 연기하는 즐거운 역할을 맡게 되었다. 나는 그 역할에 매료되었고 녹음실에 모인 모든 생태학자 가운데서도 단연 뛰어난 인물인 다윈의 생각을 잘 느낄 수 있었다. 다윈은 오염이나 위기에 관해서가 아니라 세상이 어떻게 작동하는지에 관해서, 산호초와 종에 관해서, 감정을 표현하는 행위에 관해서, 난초에 거름을 주는 일과 자연선택에 관해서 다루었다. 생태학자는 여전히 이 모든 것에 대해 곰곰이, 당연히 다윈과 같은 방식으로 생각하고 있다.

1977년 2월 14일

오하이오주 콜럼버스에서

폴 콜린보

머리말

우주의 일부인 지구는 암석으로 이루어진 구(球)다. 지구의 단단한 지각이 용융 상태인 핵을 둘러싸고 있다. 지각은 장구한 지질 시간에 걸쳐 느리디느린 속도로 뒤틀리고 움직인 결과 대륙이며 거대한 해양분지 같은 서로 맞물린 희한한 형태를 빚어냈다. 지각은 매우 얇은 대기층에 둘러싸여 있는데, 이 대기층에는 태양계의 다른 어느 곳에서도 발견되지 않는 질소와 산소 기체, 소량의 이산화탄소, 그리고 질소와 산소 사이에 존재하는 수증기가 뒤섞여 있다. 암석으로 뒤덮인 지구에는 태양으로부터 얻은 빛과 열기가 넘쳐난다. 태양이 지구 위로 쉴 새 없이 맹렬하게 에너지를 더해주기 때문이다.

만약 당신이 우주에서 지구를 내려다볼 수 있다면 모든 것이 잔잔하고 고요하게만 보일 것이다. 지각의 뒤틀림은 한량없이 느린 속도로 진행되므로 우리 인간이 살아가는 짧은 생애 내에는 도저히 알아차릴 수 없다. 심지어 대기의 활발한 움직임조차 좀처럼 감지하기 어렵다. 이것은 한편으로 그와 관련한 거리와 시간 척도 때문이기도 하고, 다른 한편으로 기체의 투명성 때문이기도 하다. 운동이 일어나고 있음을 말해주는 유일한 신호는 느리게 움직이는 수증기 구름과 여름이 가을과 겨울에 자리를 내줄 때 고위도 지역이 초록색에서 갈색으로, 다시 흰색으로 달라지는 현상뿐이다.

하지만 만약 당신이 대기의 표면 가까이 내려와서 암석 지각을 찬찬히 살펴본다면, 영원한 우주의 고요함과는 판이하게 모든 것이 왁자지껄하고 흥분으로 가득 차 있음을 느낄 수 있을 것이다. 거기서는 대기가 활발하게 움직이고 있고 물이 쏟아질 뿐 아니라 기이한 생명체 무리가 지구 표면에서 속삭이거나 이동하고 있다. 그 생명체들은 대기가 암석 지각과 만나는 엷은 층에 흩어져 살아간다. 그들은 지구로 쏟아져 내리는 태양에너지를 공유하고, 지구 표면과 방대한 해양의 3차원 공간을 나눠 가진다. 그리고 저마다 제 방식대로 살아가는 모종의 협상을 통해 더불어 살아간다. 즉 어김없이 자신이 따라야 하는 삶의 방식에 조응하면서도 무척이나 복잡한 질서 속에 어우러져서 살아가는 것이다.

이런 질서가 어떻게 작동하는지를 연구하는 이가 바로 '생태학자'다.

01

'왜'라는 질문에 답하는 학문

모든 생명체는 태양에 힘입어 살아간다. 식물이 저장해놓은 태양에너지는 숲과 초원을 조성하거나 바다 생명체에 에너지를 공급하는 데 쓰인다. 하지만 초목은 자라나기가 바쁘게 그것을 먹이 삼는 동물에 의해, 식물끼리의 싸움 같은 물리적 사고에 의해, 혹은 질병이나 노화에 의해 끊임없이 줄어들고 있다. 따라서 초목은 항시 잃어버린 것을 보충하기 위해 토양에서 영양분을 흡수하는 식으로 스스로를 지탱하고자 애쓴다. 우리는 지구상에서 살아가는 생명체 무리를 어김없이 정확하게 작동하는 일련의 기계처럼 바라볼 것이다. 태양이 제공하는 에너지를 이용하여 생명체를 이루는 원료를 순환시키는 시스템을 예로 들 수 있다. 생태학자들은 '생태계'라는 용어를 사용하는데, 이것은 들으면 단박에 감이 오는 표현이라서 그 진정한 의미의 상당 부분까지를 담아낸 공통의 언어로 통용되었다.

동식물연구가의 눈은 모든 곳에서 살아 있는 생명체의 강력한 작용을 알아차린다. 온대지방의 숲에 질서정연하게 늘어선 나무들, 적재적소에 자리 잡은 하층 관목, 잎이 나기 전에 융단처럼 만개하는 봄꽃, 수관(canopy, 樹冠)에서 제 순서를 기다리는 어린나무, 나뭇잎을 먹는 동물, 널리 퍼지는 꽃가루, 견과류 비축, 최초의 먹이를 사냥한 뒤에는 약탈을 자제하는 맹수, 우리의 발밑 토양에서 다른 동물들이 생명체의 잔해를 분해하여 다시 사용할 수 있도록 숲에 원료를 되돌려주는 활동 등 생태계는 더할 나위 없이 매끄럽게 작동하고 있다! 초원, 습지, 호수, 소나무 숲, 산호초, 그리고 남극의 포경 어장 역시 거침없이 굴러간다. 심지어 인간이 인위적인 작업을 거쳐 그와 동일한 시스템으로 일궈놓은 초원과 과수원도 마찬가지다. 우리는 이 모든 시스템이 '어떻게' 굴러가며 '왜' 잘 작동하는지 알고 싶다.

일단 이 점이 궁금해지기 시작하면 자연계에서 볼 수 있는 놀랍고도 기이한 문제 몇 가지가 눈에 들어온다. 진정으로 자연계를 이해하고자 한다면 반드시 해명해야 하는 문제들이다. 우선 첫째로 생태계라는 기계는 그것을 가동시키는 부품의 수가 어리둥절할 정도로 많다.

엔지니어는 시스템을 설계할 때면 작동하는 부품 수를 되도록 최소한도로 효율적이게 유지하고자 한다. 따라서 엔지니어가 설계한 시스템은 생태계와는 확연히 달라 보인다. 이는 우주선이나 인공위성의 도안에서 분명하게 확인할 수 있다. 이것들은 숲이나 마찬가지로 태양에서 에너지를 얻기 위해 제작되었다. 우리는 태양에너지를 모으기 위해 금도금 전지를 만들고, 그 전지를 금 나무처럼 생긴 줄기에 붙인다. 하지만 오직 한 종류의 금도금 전지만 만들기 때문에 인공위성의 금 나무들은 언제나 똑같은 모습이다. 만약 더 나은 태양전지를 만들어낼 수 있다면 낡은 전지는 버리고 새로운 전지로 갈아치울 것이다. 하지만 누가 설계했든지 간에 푸른 나무로 이루어진 야생의 숲은 수많은 다른 종들을 마련할 필요가 있음을 깨달았다. 우리는 이 모든 종이 왜 필요했는지 알기 전까지는 진짜 나무들로 이루어진 생태계가 어떻게 작동하는지를 이해할 수 없다.

생명체와 관련하여 가장 특이한 점은 바로 생명체의 다양성이다. 초원에 자라는 풀들을 생각해보라. 오래된 초원에는 여남은 종의 풀과 기타 식물들이 뒤섞여서 살아간다. 나는 언젠가 영국 케임브리지 소재 지저스칼리지(Jesus College)의 1제곱야드 남짓한 잔디밭에 풀 대여섯 종이 자라고 있는 모습을 본 일이 있다(20년 전 일인데 그사이 어느 때쯤 몇몇 독성 화학 살충제가 도입되었지만, 지저스칼리지의 정원사들은 아직도 여전히 그 화학 살충제의 사용을 꺼리는 인문주의자들인 모양이다). 하지만 왜 초원이나 잔디밭에 그토록 다양한 종류의 풀이 자랄까? 왜 초원에는 그곳의 생활환경에 완벽하게 어울리는 단 하나의 우점종, 즉 방목지 혹은 수시로 잔디를 깎아주는 장소에서 살아가기에 더없이 효율적인 우점종이 단 하나만 존재하지 않는 것일까?

그 초원에는 동물도 살아간다. 그리고 식물보다 훨씬 더 많은 종의 곤충도 서식한다. 저마다 형태를 달리하는 수십 종의 곤충이 공존하는 것이다. 왜 그토록 많은 종이 살아가고 있을까? 풀을 먹고 사는 단 하나의 초원 곤충종이 그들을 먹이 삼는 완벽하게 적응한 포식동물과 더불어 살아간다면 얼마나 간단하고 좋은가? 초원 생태계가 해를 거듭하면서 계속 순탄하게 굴러가는 법칙을 이해하려면 어째서 저마다 다른 곤충종이 그토록 다양하게 존재하는지를 꼭 알아야 한다.

이 같은 종 다양성은 생명체가 살아가는 곳이라면 어디서든 분명하게 확인할 수 있는 현상이다. 과학적으로 규명된 식물은 10만 종에 달하며, 곤충은 100만 종을 상회하는 것으로 추정된다. 살아 있는 조류는 8000종이다. 그렇다면 세상에는 어째서 그토록 많은 종류의 식물과 동물이 살아갈까? 이 점과 관련한 또 한 가지 질문은, 그렇다면 왜 종이 그보다 더 늘지는 않는가, 하는 것이다.

식물과 동물 중 일부는 늘 거기에 존재하므로 해가 가도 날마다 친숙하게 만날 수 있다. 하지만 어느 종은 신기한 물건이나 전염병처럼 오직 이따금씩만 만날 수 있거나 몹시 희귀하다. 그렇다면 자연의 작용에는 이처럼 희귀한 동물이나 식물의 존재가 반드시 필요한가? 다시 말해 우리는 이들의 존재가 없으면 무사하기 힘든가? 이 문제에 답하려면 왜 처음부터 어떤 종은 흔하고 어떤 종은 희귀한지를 밝혀내는 데서 출발해야 한다.

그다음으로 다루어야 할 문제는 개체 수의 항상성이다. 모든 천연 야생동식물은 가능하면 빠르게 번식하고자 하지만, 그럼에도 그들의 수는 해가 가도 크게 달라지지 않는 듯하다. 우리 선조들은 자녀들에게 개똥지빠귀(robin)에 대해 들려주면서 자신들이 하는 이야기가 앞으로도 영원히 사실일 테고, 세월이 흘러도 그 새가 골치 아플 정도까지는 아니지만 어쨌거나 흔히 볼 수 있는 우호적인 새로 남아 있으리라고 믿었다. 개똥지빠귀는 살아 있는 다른 모든 생명체들과 마찬가지로 가능한 한 빠르게 번식한다. 개똥지빠귀는 둥지에 새끼 네댓 마리를 품으며, 야심 찬 녀석은 1년에 한 번 이상 둥지를 튼다. 그래도 그들의 수는 불어나지 않는다. 그렇다면 왜 모든 살아 있는 생명체 종의 수는 거의 일정할까? 왜 흔한 종은 계속 흔하고 희귀한 종은 계속 희귀한 채로 유지될까?

만약 마법이나 특수창조설(우주와 그 모든 생명이 하나님의 말씀에 따라 현재 상태로 창조되었다고 믿는 신학사상—옮긴이)을 믿지 않는다면, 동물과 식물이 제가 처한 환경에서 어떻게 살아가는지 살펴보아야 그 질문들에 답할 수 있다. 우리는 동물과 식물이 오랜 세월에 걸쳐 자신이 따라야 하는 생활양식에 아름답게 적응한 존재로 서서히 변화한다는 사실을 알고 있다. 그들은 먹이를 찾고, 위험을 피해 살아남고, 그리고 제가 처한 조건 즉 '환경' 속에서 자손을 퍼뜨리기 위해 진화해왔다. 만약 온갖 생명체들이 영위하는 생활양식, 생명체 종의 수가 그토록 많은 까닭, 그렇지만 각각의 종이 일정 수를 유지하는 까닭을 이해하고자 하면, 환경 그 자체에 대해, 동물과 식물이 필요로 하는 자원에 대해, 그리고 그들이 그 자원을 얻기 위해 해야 하는 일에 대해 곰곰이 따져봐야 한다.

따라서 '어떻게' 생명체가 그토록 놀랍고도 영속적인 체제 속에서 작동하는가 하는 문제를 질문하는 생태학자는 이내 스스로가 자연 생태계는 '왜' 그토록 많은 부분으로 이루어져 있는지, '왜' 각 부분의 종류가 그토록 많은지 묻고 있음을 깨닫게 된다. "이것은 '어떻게' 작동하는가"라는 엔지니어 유의 질문에 답하려면, 그에 앞서 '왜'로 시작하는 훨씬 더 근원적인 질문들과 마주해야 한다. '왜' 그렇게나 많은 서로 다른 종류의 동식물이 존재하는가? '왜' 어떤 동식물은 흔하고 어떤 동식물은 희귀한가? '왜' 어떤 생명체는 크고 어떤 생명체는 작은가? '왜' 그들은 이따금 그토록 기이한 행동을 하는가?

우리는 생태계에서 살아가는 생명체의 갖은 책략이 자연선택 과정의 산물이라는 지식에 힘입어 '어떻게'와 '왜'로 시작하는 두 벌의 질문에 다가가고자 한다. 종은 지난 10억여 년 동안 끊임없이 변화해왔으며 지금도 꾸준히 변화하고 있다. 우리는 여느 과학적 사실에 대해서도 그렇듯이 이 점 또한 틀림이 없다고 확신한다. 상이한 종들은 적합하지 않은 것은 파괴하고 적합한 것은 살아남기는 식의 무심한 선택적 힘에 의해 끊임없이 영향을 받는다.

자연선택은 종을 디자인한다. 그렇지만 결코 디자인을 고안하지는 않는다. 무슨 말인고 하니 자연선택은 그저 그 순간 우연히 이용할 수 있는 여러 다양한 선택지들 가운데 하나를 고를 뿐이다. 그러나 그런 선택 행위를 통해 현존하는 모든 종을 디자인한다. 생태계가 작동하는 것은 그것을 이루는 개별 부문들의 작용에 따른 결과이므로 생명체는 '어떻게' 작동하는가라는 엔지니어 유의 질문에 답하려면, 그와 동시에 '왜' 실제로 특정 장소에서 발견되는 일련의 종들이 자연선택의 결과인지를 이해해야 한다.

생태학자들은 이 중요한 질문들 상당수에 점점 더 자신 있게 답할 수 있게 되었다. 그들은 왜 어떤 동물은 흔하고 어떤 동물은 희귀한지, 왜 어떤 생명체는 다른 것보다 덩치가 큰지, 왜 그들의 수는 해가 가도 일정하게 유지되는지, 그리고 어떻게 그들이 생명을 제공해주는 태양에너지를 공유하는지 자신들이 알고 있다고 생각한다. 나는 이 책에서 생태학자의 탐구 자세를 견지하려 노력하면서 좀더 흥미진진하고 치열한 몇몇 지적 고투에 힘을 쏟고자 한다.

02

모든 종에게는 그만의 생태적 지위가 있다

모든 종에게는 그만의 '생태적 지위(niche)', 즉 장대한 환경에서 그 종이 차지하는 적소(適所)가 있다.

숲 바닥의 낙엽 더미를 뒤지며 먹이사냥에 나선 늑대거미(wolf-spider)를 예로 들어보자. 이 거미는 필시 빼어난 사냥꾼일 것이다. 두말할 필요도 없는 일이다. 만약 그렇지 않았다면 거미줄이 진작 자취를 감추었을 테니 말이다. 하지만 늑대거미는 다른 일에도 능숙할 것임에 틀림없다. 이 거미는 심지어 사냥할 때도 눈 여덟 개를 이용하여 자신을 잡으려고 노리는 존재들에 주의를 기울인다. 적을 발견하면 스스로를 지키기 위해 해야 하는 적절한 일을 수행한다. 또한 녀석은 비가 오면 어떻게 대처해야 하는지도 잘 알고 있다. 겨울을 이겨내도록 도와주는 생활양식도 지니고 있다. 늑대거미는 사냥하기에 적절치 않을 때는 안전하게 휴식을 취한다. 그리고 바야흐로 1년 중 어느 때가 되면 자신들의 다리 여덟 개에서

액(液)이 올라오는 것을 느낀다. 수컷 늑대거미는 암컷을 찾아다니고 암컷을 발견하면 자신이 그저 먹거리에 불과한 존재가 아니라는 사실을 설득한다. 암컷은 마침내 때가 되어 사냥에 나서면 자신의 알주머니를 지니고 다니며, 나중에는 등에 새끼를 태우고 다닌다. 새끼들은 거미의 삶을 살아가면서 거치는 상이한 탈피 단계마다 스스로를 보호하는 다종다양한 방식을 체득한다. 이렇게 해서 그들 역시 숲 바닥에서 재빨리 달려 덮칠 수 있는 사냥동물이 된다.

늑대거미로 성장한다는 것은 무척이나 복잡한 과정이라서 어설픈 아마추어가 흉내 낼 수 있는 일이 못 된다. 늑대거미가 되려면 프로 수준의 역량이 필요하달 수 있다. 살아남기 위해서는 그에 요구되는 다양한 과업을 훌륭하게 완수해야 한다. 게다가 그와 같은 프로적 역량은 오직 매우 제한된 환경에서만 발휘된다. 이를테면 숲 바닥이어야 하고, 겨울에도 우리 선조들이 살던 때와 거의 비슷하게 기후가 알맞아야 한다. 적절한 사냥거리가 풍부해야 한다. 필요할 때면 휴식을 취할 수 있는 아늑한 거처도 있어야 한다. 천적의 수는 합리적 수준에 머물러야 한다. 개체 늑대거미가 성공적으로 살아가려면 제게 요구되는 과업을 최고로 잘해내야 할 뿐 아니라 환경도 알맞아야 한다. 늑대거미로 성장할 수 있는 능력과 기회가 주어지지 않으면 늑대거미는 살아남을 수 없다. 다시 말해 늑대거미의 생태적 지위는 존재하지 않는다.

생태적 지위란 생태학자들이 본시 교회 건축물에서 빌려온 개념이다. 물론 교회에서는 그것이 벽에 우묵하게 파여 작은 조각상 따위를 놓을 수 있는 장소인 벽감(壁龕)을 의미한다. 주소·위치·물리적 장소인 것이다. 하지만 생태학자들이 말하는 생태적 지위란 단순한 물리적 장소 그 이상을 뜻한다. 그것은 장대한 환경 속에 자리한 장소다. 생태적 지위란 동물(혹은 식물)의 직분이다. 늑대거미의 생태적 지위는 먹이를 얻고 새끼를 기르기 위해 행하는 모든 행위를 지칭한다. 그런 일들을 할 수 있으려면 늑대거미는 제가 살아가는 장소 및 그곳에서 더불어 살아가는 다른 거주민들과 적절하게 관계를 맺어야 한다. 늑대거미가 생존하기 위해서, 그리고 다윈이 말하는 적자(適者)로 남기 위해서 하는 모든 활동이 바로 그 종의 생태적 지위다.

생태학자들이 물리적 생활권을 지칭하는 전문용어는 '서식지(habitat)'다. 서식지는 어느 한 종에 속한 개체들이 살아가는 주소 혹은 위치다. 늑대거미에게 서식지는 그들의 사냥터인 숲 바닥이고, 늑대거미되기(wolf-spidering)가 그들의 생태적 지위다. 늑대거미되기라는 생태적 지위를 주조하는 힘은 다름 아닌 자연선택이다.

우리는 생태적 지위라는 개념을 통해 생태학자들이 풀고자 하는 일반적인 질문 가운데 하나—즉 개체 수의 항상성—에 다가갈 실마리를 얻을 수 있다. 흔한 종은 흔한 채로 희귀한 종은 희귀한 채로 남아 있는 것은 각 생태적 지위의 기회, 즉 직분의 기회가 환경에 의해 정해지기 때문이다. 늑대거미되기는 알맞은 유의 숲에서 살아가는 알맞은 유의 이웃을 필요로 한다. 그런데 어떤 특정 지역에서 이런 조합이 이루어지는 횟수는 제한적이다. 따라서 늑대거미의 수 역시 제한적일 수밖에 없다. 그 생태적 지위를 취하면 그에 따른 수가 고정된다. 그 수는 극단적인 어떤 일인가가 벌어져서 그 지역의 면모를 크게 뒤바꿔놓지 않는 한 일정하게 유지된다.

동물의 생태적 지위는 인간의 직종과 흡사한데, 이렇게 비유하면 생태적 지위의 수가 제한적이라는 사실을 확실하게 이해할 수 있다. 교수라는 직종을 예로 들어보자. 도시별로 존재하는 교수의 수는 그들이 얻을 수 있는 교직 및 연구직의 수에 의해 좌우된다. 만약 어느 지역의 대학이 교수직의 수보다 더 많은 수의 학자를 배출하면, 유망한 젊은이 가운데 일부는 제아무리 졸업 성적이 우수하다 해도 종신 교수직을 얻을 수 없다. 그들은 다른 지역으로 이민을 가거나 아니면 먹고살기 위해 그만 못한 직종을 선택해야 한다.

그와 마찬가지로 늑대거미라는 직종보다 더 많은 늑대거미도, 영양이라는 직종보다 더 많은 영양도, 왕바랭이(crab grass)라는 직종보다 더 많은 왕바랭이도 있을 수 없다. 모든 종은 저만의 생태적 지위를 지닌다. 그리고 일단 자연선택에 의해 그 생태적 지위가 정해지면 그 종의 수도 정해진다.

이 같은 생태적 지위 개념은 번식 노력에 관한 논의 없이도 개체 수 문제를 이해하게끔 도와준다. 실제로 이 개념은 동물의 번식 방법은 그 동물의 수가 어느 정도인지와는 거의 관련이 없음을 말해준다. 이 주제에 생소한 사람에게는 무척이나 기이한 개념일지도 모르겠다. 그러므로 **번식 노력은 최종적인 종의 개체 수 규모에 전혀 영향을 끼치지 않는다**, 이 개념을 찬찬히 따져볼 필요가 있다. 무수한 알은 종의 개체 수를 늘려줄지 모르지만 모종의 재앙이 뒤따르게 되므로 오직 단기적으로만 그렇다. 살아남는 개체 수는 환경에서의 생태적 지위 수에 의해 정해지는 것이지 그 종이 얼마나 빠르게 새끼를 만들어내는가와는 거의 무관하다.

하지만 그럼에도 개별 개체들은 가능한 한 빠르게 번식하고자 노력해야 한다. 저마다 그 종에 속한 다른 개체들과 누구의 새끼가 생태적 지위를 차지하게 될지 결정하는 경쟁을 치르기 때문이다. 실제로 후대에 살아남게 될 개체 수는 환경에 의해 정해진다. 즉 총개체 수란 그 시기와 장소에서 살아가는 동물종과 그 지역의 수용력(carrying capacity, 혹은 용량)이 상호작용한 결과인 것이다. 하지만 누구의 새끼가 그 제한된 장소를 차지할 것인가 하는 문제는 전혀 확정적이지가 않다. 자연선택이 작동되는 지점이 바로 여기다. '적합한' 개체란 그 정의상 제한된 생태적 지위 가운데 하나를 성공적으로 차지하는 존재이며, 부모의 적합성(fitness)은 자녀들이 향후 얼마나 많은 생태적 지위를 차지하느냐에 의해 측정된다. '적자생존'에서 말하는 적자란 가장 많은 후예를 살아남게 만드는 존재다. 대대적인 번식 노력은 미래의 개체 수에 하등 영향을 끼치지 못하지만 그 혈통 자체의 유전적 미래에는 더할 나위 없이 중요하다. 이것이 바로 모든 생명체가 대가족을 거느리는 능력을 갖추게 된 까닭이다.

하지만 야생의 가족에게는 대규모의 정도가 저마다 다르며, 그 대규모의 정도에서 벌어지는 차이는 생태학자의 시선으로 보아야만 제대로 이해할 수 있다. 수천 개의 작은 알이나 씨앗을 기반으로 한 가족은 '가능한 한 큰 규모의 가족을 거느리지 않으면 유전적으로 잊힐 것'이라는, 직관적으로 분명하게 이해되는 법칙을 견지한다. 이것은 가장 흔한 번식 전략인 듯 보인다. 집파리·모기·연어·민들레가 이런 식의 전략을 취한다. 나는 이것을 '작은 알 전략(small-egg gambit)'이라고 부른다. 이 전략은 매우 분명한 이점을 지니지만, 더 큰 새끼를 낳는 좀더 현명한 동물들이라면 피해갈 대가를 치른다.

자연선택은 작은 알 전략을 구사하는 동물을 놓고 분명한 셈을 하기 시작한다. 만약 알 하나를 약간만 더 작게 만들면 부모는 같은 양의 먹이로 알을 하나 더 만들 수 있고, 그렇게 되면 진화 경쟁에서 좀더 유리한 고지를 차지할 수 있다. 얼마든지 사리에 닿는 말이다. 따라서 자연선택은 최적의 작음에 도달할 때까지 알 크기를 서서히 줄이는 가족을 선택한다. 만약 알이 그보다 더 작아진다면 새끼들이 모두 죽을지도 모르고 그보다 더 커진다면 이웃들이 물량 공세로 내 새끼들을 궁지에 몰아넣을 것이다. 가능한 한 가장 작은 알을 가장 많이 낳는 전략이야말로 다윈의 관점에서 충분히 이치에 맞는다.

하지만 작은 알 전략이 치러야 하는 대가는 혹독하다. 이 전략은 새끼들을 벌거벗은 작은 존재로 세상에 내동댕이치는 피치 못할 결과를 초래한다. 그들 대부분은 끝내 죽게 되는데, 이런 때 이른 죽음은 새끼 연어·민들레 따위에서 흔히 볼 수 있는 숙명이다. 다윈 시대 이전에는 사람들이 연어·민들레·곤충의 대가족은 새끼들의 대량 사망을 보상해준다고 주장하곤 했다. 새끼 물고기의 삶은 너무나 끔찍하므로 자연의 섭리는 연어에게 수천 개의 알을 낳음으로써 그중 적어도 한두 마리는 살아남을 가능성을 부여한다는 논지다. 이것은 자연스러운 가정처럼 보이지만 여전히 일부 생물학자를 혼란에 빠뜨렸다. 그런데 그 논쟁은 앞뒤가 뒤바뀌었다. 작고 무력한 새끼들의 사망률이 높은 것은 수천 개의 작은 알이 낳은 결과이지 원인이 아니다. 이웃을 상대로 이기적인 경쟁을 펼친 결과 각 개체는 수천 개의 작은 알을 낳았고, 새끼들의 이른 사망은 그 이기심이 초래한 대가다.

하지만 작은 알 전략에도 나름의 논리는 있다. 만약 이 전략을 밀어붙인다면 거기에는 노름꾼의 심리가 깔려 있는 것이다. 드넓게 멀리 흩어진 수많은 새끼들은 살아남을 기회를 적극적으로 찾아 나서는데, 그 기회가 희박하면 희박할수록 거기에서 거둔 성공은 커다란 보상을 받는다. 잡초나 유해 종들이 이런 이점을 누린다. 민들레의 풍산종자(parachute seed, 風散種子)가 숲의 나무줄기 사이를 떠돌다가 갓 갈아놓은 토끼 굴의 흙에 내려앉는 것을 예로 들 수 있다. 그 씨앗이 선택한 작은 알 전략은 카지노를 찾은 도박꾼이 모든 경우에 저가의 칩을 거는 전략에 비견된다. 그가 칩을 충분히 지녔다면 이길 가능성이 높다. 특히 보상이 클 경우에는 더욱 그렇다. 하지만 그러려면 수많은 칩을 허비해야 한다. 이것이 바로 경제학자들이 도박을 지지하지 않는 이유다.

경제학자처럼 사고하는 이들에게 작은 알 전략은 일을 도모하기에 도무지 야무지지 않은 방법이요 말도 안 되는 논리처럼 보인다. 작은 알 전략의 지지자들은 자기 직분에 온 생애를 걸면서 제가 살아가는 장소에서 가능한 한 많은 자원을 얻은 뒤 그 자원을 결국에는 대부분 죽게 될 작은 새끼들에게 투자한다. 자본이익률이 터무니없을 정도로 낮은 것이다. 경제적으로 보면 오갈 데 없는 바보짓이다. 무릇 경제학자라면 유전이라는 내기에서 진짜 이기려거든 자본 전체를 결국에는 모두 살아남게 될 더 적은 수의 크고 강한 새끼들에게 투자하라고 동식물에게 조언할 것이다. 실제로 수많은 동물이 이 조언을 따른다. 나는 이것을 '큰 새끼 전략(large-young gambit)'이라고 부른다.

큰 새끼 전략에서는 동물이 이용 가능한 먹이를 가지고 큰 알 몇 개를 낳거나, 아니면 사실상 안전한 어미 몸 안에서 새끼들을 키운다. 어느 쪽이든 간에 새끼는 성체가 될 때까지 살아남을 개연성이 매우 높다. 새끼는 일단 몸집이 커지고 스스로를 돌볼 수 있을 때까지 부모가 먹이고 보호해준다. 부모는 손에 넣은 먹이의 대부분을 살아 있는 새끼들에게 제공한다. 그러니만큼 낭비되는 먹이가 거의 없다. 경제학자와 마찬가지로 자연선택도 이 전략을 지지한다. 장수할 가능성이 대단히 높은 덩치 큰 새끼들은 결국에 가서 먹이 투자량 대비 살아남는 후손 수가 더 많아진다는 것을 뜻한다. 이처럼 현명하게 자원을 지출하는 부류는 조류·태생(胎生)의 뱀·대백상어·염소·호랑이·인간 등이다.

덩치 큰 새끼를 적게 낳은 다음 그들이 크고 튼튼해질 때까지 돌보는 전략은 현존하는 방법 가운데 향후 가장 확실하게 살아남을 수 있는 것이다. 하지만 이 전략은 한 가지 중요한 조건을 충족해야만 성공할 수 있다. 새끼 수가 적절해야 하는 것이다. 만약 어떤 동물이 커다란 알을 너무 많이 낳는다거나 시끄럽게 울어대는 새끼를 다량 만들어낸다면 일정한 먹이로 그들 모두를 부양할 수 없을 테고, 결국 그들의 일부 혹은 전부가 죽고 말 것이다. 그럴 경우에는 작은 알 전략을 취하는 이들의 경제적 낭비를 고스란히 되풀이하게 된다. 따라서 번식에 너무 욕심을 내면 곤란하다. 그렇지만 지나친 절제 또한 손해를 낳는다. 다른 동물들이 새끼를 한 마리 더 기르고 그만큼 미래에 살아남는 후손 수가 많아지면 당신의 혈통은 유전적 망각에 이르는 외길로 치닫기 때문이다. 딱 적절한 길을 걸어야 한다. 새끼가 너무 많아서도 적어서도 안 되는 것이다. 자연선택은 가장 최선의, 즉 최적의 가족 크기를 '선택'하도록 프로그램화되어 있는 만큼 바로 그 같은 가족 혈통을 보존한다.

많은 생태학자들은 이런 개념을 염두에 두고 조류를 연구해왔다. 그 결과 한 번에 낳는 알의 수와 먹이 공급 간에 매우 긴밀한 상관관계가 드러난다는 사실을 발견했다. 새들은 먹이가 풍부한 해에 먹이가 부족한 해보다 대략 알을 한두 개 더 낳았다. 어찌 보면 미미하달 수도 있지만 매우 분명하게 드러나는 차이다. 북극 툰드라 지역에서 살아가는 크고 하얀 새 흰올빼미(snowy owl)는 땅바닥에 거대한 둥지를 짓는다. 그들은 새끼에게 북극에서 살아가는 작은 갈색 쥐인 나그네쥐(lemming)를 잡아 먹인다. 나그네쥐가 희귀할 때면 흰올빼미의 둥지에는 새끼가 한두 마리밖에 없지만, 툰드라 지역에 나그네쥐가 들끓을 때면 흰올빼미 둥지에 무려 열 마리나 되는 새끼가 바글거린다. 분명 흰올빼미는 매년 자신이 새끼를 몇 마리나 감당할 수 있을지를 야무지게 판단했다.

하지만 인간은 흰올빼미보다 더 똑똑하며, 따라서 큰 새끼 전략을 거의 완벽하게 구사하는 경지에 이르렀다. 인간은 환경을 읽고 미래를 예측하고 머리를 굴려서 얼마나 많은 자식을 감당할 수 있을지 파악하고 그에 맞추어 가족계획을 세운다. 심지어 여러 시대에 여러 민족이 저질러온 영아살해 풍습조차 인구 억제책으로서가 아니라 다윈이 주장한 '적합성'에 비추어 설명할 수 있다. 오랫동안 부양할 수 없는 새끼를 살려두는 것은 아무짝에도 쓸모가 없다. 안전하게 양육하기 어려운 새끼를 살해하면 남은 새끼들의 생존 가능성이 더욱 커진다. 따라서 궁핍한 시대에 이루어진 영아살해는 결국에 가서는 더 많은 자녀가 성년이 될 때까지 살아남을 수 있도록 보장해주었다.

이렇듯 모든 종은 장대한 환경 속에서 저만의 생태적 지위, 저만의 위치를 갖는다. 그리고 모든 종은 가능한 한 많은 후손이 살아남도록 하려고 자연선택에 의해 다듬어진 번식 전략을 따른다. 생태적 지위를 확실하게 보장받으려면 우선 총개체 수의 크기가 제한되어야 한다. 동식물의 수는 그 생태적 지위에서 살아갈 수 있는 기회에 의해 정해지기 때문이다. 그런가 하면 어떤 번식 전략을 쓰는가는 통상적인 개체 수 크기에 하등 영향을 미치지 않는다. 또한 번식 동기는 어떤 가족 혈통이 생명체에 부여된 제한적인 기회라는 특권을 누리게 될지 결정하는 투쟁이다. 각 종의 총개체 수는 동일하게 유지되지만, 모든 가족은 다른 가족들보다 더 많이 번식하려고 노력한다. 이것이 바로 생태학자가 생태학이라는 학문에서 취급하는 주요 문제들에 답하려고 노력하면서 견지하는 원칙들이다.

03

크고 사나운 동물이 희귀한 까닭

동물은 크기가 저마다 다르며, 크기가 작은 동물의 수가 크기가 큰 동물의 수보다 훨씬 많다.

북반구의 온대지방에서 흔히 볼 수 있는 작은 숲지대에는 수많은 곤충이 살아가는데, 거기에서 만나는 작은 새들보다 크기가 더 큰 곤충은 찾아보기 어렵다. 한편 작은 새는 곤충들보다 훨씬 수가 적다. 동물의 크기는 껑충 뛰어 여우·매·올빼미에 이르는데, 이들의 수는 고작 한두 마리에 불과하다. 여우는 크기가 명금(鳴禽)의 10배며, 명금은 곤충의 10배다. 만약 그 곤충이 숲 바닥에 살아가며 늑대거미처럼 쌓인 낙엽 더미에서 사냥하는 포식성 딱정벌레(ground beetle) 가운데 하나라면, 이 녀석은 딱정벌레나 늑대거미가 먹이 삼는 진드기 같은 작은 곤충들보다 10배가량 크다.

이런 생태계에서 살아가는 동물들은 정말이지 크기가 매우 뚜렷하게 구별된다. 크기가 어중간한 동물도 더러 있긴 하지만 많지 않다. 크기가 큰 축에 속하는 다람쥐는 대번에 구분되지만, 곤충과 작은 새의 중간 크기인 동물들은 쉽사리 만나보기 어렵다. 도롱뇽이나 도마뱀은 예외지만, 둘 다 온대지방의 숲지대에서는 그리 도드라지는 존재가 아니다. 민달팽이나 달팽이는 애벌레 크기에 다가가고 있다. 뒤쥐(shrew)와 두꺼비는 명금과 크기가 비슷해지고 있다. 심지어 뱀도 모양이 특이한 매로 간주될 수 있다.

다른 곳에서와 마찬가지로 숲에서도 동물의 크기가 확연하게 구분되는 현상을 관찰할 수 있으며, 작은 동물들이 가장 흔하다. 바다에서도 같은 현상이 드러나는데, 그 형태는 육지보다 훨씬 더 특이하다. 외해에서는 실제로 작은 생명체가 모두 미세 규조류와 바닷말 같은 식물이기 때문이다. 이들보다 약 10배(앞뒤로 두세 배 정도는 차이가 날 수 있다) 더 큰 동물은 플랑크톤, 요각류 따위다. 요각류를 잡아먹는 새우나 물고기는 그보다 훨씬 더 크다. 여기서부터 크기가 차례로 껑충 뛰는 동물은 청어, 그다음은 상어 혹은 범고래다. 바다에서는 어디서든 예외 없이 이처럼 생명체를 서로 다른 크기로 구획하는 게 가능하다.

바다에서는 거대 동물이 희귀한 현상을 매우 분명하게 확인할 수 있다. 대백상어는 무척이나 희귀하며, 다른 종류의 상어 역시 바다 전체에 걸쳐 매우 드물게 분포한다. 청어 크기의 물고기는 상어보다 훨씬 더 흔하지만, 그렇다고 해도 바다에서 무심코 잠수하는 동안 결코 많은 수를 만나보기는 힘들다. 하지만 우리가 바다를 떠다니면서 잠수마스크 밖으로 예의주시한다면 쏜살같이 내닫는 작은 동물 무리를 흔히 볼 수 있을 것이다. 나중에 그 물을 조금 퍼와서 원심분리기에 넣고 돌리면 바닥에 얇은 초록색 거품이 깔릴 테고 그 안에 서로 독립적인 미세 식물이 수없이 뒤엉켜 있는 광경을 보게 된다.

숲이나 바다에서 살아가는 작은 존재들은 지천으로 흔하다. 그보다 더 큰 존재들은 단속적으로 크기가 커지며, 또 그에 비례하는 정도로 수가 줄어든다. 이런 현상은 동물 가운데 가장 크고 가장 희귀한 존재에 이르기까지 줄곧 이어진다. 열대 숲, 아일랜드의 늪지 등 다른 거의 모든 곳에서도 비슷한 패턴을 관찰할 수 있다. 생명체가 이처럼 '크기에 따라 일정한 범주로 나뉘는(size-fraction)' 현상은 기이하지만 엄연히 존재한다. 면밀히 살펴보면 중간적인 생명체도 예외적으로 존재하기는 하지만, 이 현상은 너무나 뚜렷하다. 크기가 큰 동물은 상대적으로 더 드물다.

옥스퍼드의 찰스 엘턴은 반세기 전 이 기묘한 현상에 주목했다. 엘턴은 나무가 없고 툰드라 기후를 띠는 북극의 섬 스피츠베르겐(Spitsbergen)으로 모험을 떠났다. 이 섬에서는 동물들이 탁 트인 평야를 활보하고 다녔다. 그는 특히 거기에서 일과를 꾸려가는 북극여우를 추적할 수 있었다. 북극여우는 길들이기가 쉽다. 언젠가 내가 베링해의 세인트조지섬(St. George Island)에서 바위에 앉아 있을 때였는데, 북극여우가 내 주머니에서 샌드위치를 꺼내 먹으려 하기도 했다. 엘턴은 그해 여름내 북극여우를 따라다니면서 녀석들의 행동을 면밀히 관찰했다. 그해 여름은 결국 생태학자들이 보낸 시간 가운데 가장 중요한 때로 기록되었다.

북극여우는 여름철에 툰드라에서 살아가는 새, 즉 뇌조(ptarmigan)·도요새(sandpiper)·멧새(bunting)를 잡아먹었다. 이 새들은 여우보다 크기가 한 단계 작은 무리에 속했고 수는 훨씬 많았다. 뇌조는 툰드라 식물의 열매나 이파리를 먹고 살았으며, 도요새와 멧새는 곤충과 지렁이를 잡아먹었다. 역시나 곤충과 지렁이는 도요새와 멧새보다 크기가 한 단계 작은 무리에 속했고 수는 훨씬 많았다. 여우는 갈매기(seagull)와 솜털오리(eider duck)를 잡아먹었는데, 갈매기와 솜털오리는 여우보다 크기가 한 단계 작은 무리에 속했고 수는 훨씬 많았다. 갈매기와 솜털오리는 바다에 지천인 작은 생명체를 잡아먹었다. 엘턴은 이 모든 현상을 그저 보기만 한 게 아니라 셜록 홈스가 왓슨에게 더러 강조했다시피 '관찰'했다. 작은 존재는 흔하고 큰 존재는 희귀하다는 것은 생각할 줄 아는 사람이라면 누구나 알고 있는 사실이다. 하지만 엘턴은 과거에 뉴턴이 떨어지는 사과를 보고 깊은 생각에 잠긴 것처럼 그 문제를 골똘히 궁리해보기 시작했다. 그 사실을 낯설게 바라보려 한 것이다. 왜 거대한 동물은 그토록 희귀한가? 왜 생명체의 크기는 그렇듯 몇 단계로 확연하게 구획되는가?

엘턴은 스피츠베르겐에서 여름 한 철을 보내면서 그 가운데 두 번째 질문에 즉시 답을 얻었다. 크기가 뚜렷하게 구분되는 현상은 먹고 먹히는 역학에서 비롯되었다. 그는 북극여우가 도요새를 잡아먹고, 도요새가 지렁이를 잡아먹는 광경을 관찰했다. 상이한 크기에 속한 이 동물들은 먹고 먹히는 눈에 보이지 않는 사슬에 의해 서로 얽혀 있었다. 북극여우는 먹이인 새를 잡아먹을 수 있을 만큼 충분히 크고 활동적이어야 하며, 그 새들 역시 먹이동물을 제압하고 한입에 꿀꺽 삼킬 수 있어야 한다. 무릇 모든 동물은 운명적으로 살아 있는 제 먹이를 가뿐하게 굴복시키고, 그것을 거의 통째로 목에 넘길 수 있을 만큼은 크기가 커야 한다. 먹이사슬을 한 단계 한 단계 올라갈 때마다 동물의 크기는 10배가량 커졌다. 생명체의 크기가 이렇듯 몇 개의 범주로 뚜렷하게 구획되는 것은 생명체들이 제 먹잇감보다 크기가 훨씬 더 크게끔 진화해야 하기 때문이다.

엘턴이 얻은 결론은 일반적으로는 분명히 맞는다. 그가 결론을 도출하면서 염두에 둔 숲이나 바다라는 사회는 그의 결론에 무척이나 잘 맞아떨어지는 것처럼 보였다. 숲이나 바다에서 살아가는 생명체는 크기가 달랐으며, 각 종은 자기가 먹이 삼는 동물보다 훨씬 더 크게끔 진화해왔으므로 크기계급(size class: 동물의 크기를 일정 간격으로 구분한 계급—옮긴이)이 분명하게 구별되었다. 하지만 우리는 먹이 크기에 관한 이런 일반적인 원칙에서 벗어나는 예외를 수두룩하게 떠올릴 수 있다. 늑대·사자·내부 기생충·코끼리·수염고래 따위다. 늑대와 기생충처럼 자기 먹이보다 작거나 반대로 수염고래처럼 자기 먹이보다 터무니없이 큰 동물도 무수히 많다. 하지만 좀더 자세히 들여다보면 그 동물들이 규칙에서 벗어나 있음에도 다 그럴 만한 이유가 있는 예외임을 알 수 있다.

육지의 초식동물은 엘턴의 모델에 적어도 완벽하게는 들어맞지 않았다. 왜냐하면 육지 식물은 저마다 크기가 다른 동물들에게 저마다 크기가 다른 한입거리를 제공해주기 때문이다. 초식동물은 육지의 식물을 먹기 위해 그 식물 전체를 죽일 필요가 없다. 그저 알맞은 조각·새싹·풀잎 몇 개·베리 한 알·이파리에서 한입 크기만큼 떼어서 먹으면 그만이다. 초목을 기반으로 한 먹이사슬은 크기가 저마다 다른 수많은 초식동물로 시작될 수 있다. 애벌레·다람쥐·코끼리가 다들 같은 먹이를 공유하기 때문이다. 그렇다 해도 이 채식주의자들 사이에 크기상의 완전한 연속선이 존재하는 것 같지는 않다. 적어도 어느 특정 장소에서는 말이다. 숲이나 초원에는 작은 초식동물도 큰 초식동물도 함께 살아가지만, 그들을 크기별로 구분하는 게 그리 어렵지는 않다. 육식동물이 먹이인 초식동물을 찾을 때 크기를 의식하지 않을 도리가 없기 때문이다. 선택에 대한 압박은 먹이사슬을 따라 아래로 작용한다. 육식동물이 능란하게 먹이를 잡아먹을 수 있는 크기로 진화하듯이 초식동물은 육식동물을 피하기에 좋은 크기로 진화한다. 누군가의 입에 딱 들어맞지 않는 크기가 되는 것은 제 먹이 크기에 딱 들어맞는 입을 갖는 것만큼이나 중요하다. 따라서 먹이사슬이 초원이나 숲의 식물들로 시작한다 하더라도 자연선택은 크기계급을 보존하려는 경향이 있다.

늑대는 홀로 설치류나 작은 먹잇감을 사냥할 때면 더러 엘턴의 원칙을 따르기도 한다. 하지만 자기 몸보다 더 큰 먹이를 제압하기 위해 무리짓기(packing-up)라는 기술을 개발했다. 녀석들은 겨울이면 가족의 보살핌에서 벗어나 무리 지어 사냥에 나선다. 무리 사냥하는 다른 동물들 역시 늑대와 대동소이한 방식을 구사한다. 거대 육식동물은 모두 먹이를 집어삼키기보다는 살해할 필요에 본인의 크기를 맞춘다. 예를 들어 사자는 병든 얼룩말을 쓰러뜨리기에 충분할 정도로 크기가 커야 하지만 그보다 더 커질 필요는 없는 것이다.

기생충은 분명한 이유에서 자기 먹이보다 작지만, 그들의 활동은 여전히 제 먹이사슬상의 동물을 저마다 관련된 상이한 크기로 구분해주는 경향이 있다. 생태학이 등장하기 전 조너선 스위프트(Jonathan Swift, 1667~1745: 아일랜드의 소설가—옮긴이)가 그의 시에서 읊조린 것처럼 말이다.

> 큰 벼룩이 작은 벼룩을 잡아먹으려고 그의 등 위를 덮쳤네
> 작은 벼룩은 저보다 더 작은 벼룩의 등 위를 덮쳤네
> 그렇게 먹고 먹히는 일은 끝없이 이어졌네.

고래는 대단히 특수하고 흥미로운 바다 동물로, 녀석들에 관해서는 이 장 말미에서 다시 논의하겠다. 그러나 바다에 사는 그 외 동물의 경우, 그들의 크기 패턴은 대체로 먹이 크기의 작용 방식에 관한 단순한 해석과 잘 맞아떨어진다. 이것은 바다 식물이 작고 개별적이고 자신을 먹이 삼는 존재들의 사냥감으로 희생되어야 하기 때문이다(해안에서 살아가는 커다란 켈프 같은 해조는 드넓은 바다에서 거의 중요하지 않은 존재다). 따라서 바다에서는 가장 단순한 식물에서 출발하여 갑각류와 어류, 대백상어에 이르는 먹이사슬이 꽤나 완벽한 일련의 단계를 밟아간다.

이 같은 엘턴의 사고를 따라가노라면 자연의 수수께끼 가운데 하나와 마주치게 된다. '왜 육지 식물은 큰데 바다 식물은 작은가?' 이 문제는 다음 장에서 다룰 것이다.

이제 희귀성 문제를 살펴보자. 엘턴은 먹이사슬을 따라 올라가면서 크기 도약이 나타나고, 먹이사슬의 상층에 놓인 동물은 크기가 커야 함을 보여주었다. 그렇다면 왜 크기가 큰 동물은 희귀한가? 게다가 그들은 그냥 희귀한 게 아니라 몹시 희귀하다. 이 사실을 확인하려면 그저 청어와 상어, 애벌레와 울새의 크기를 비교해보는 것만으로도 충분하다. 크기가 한 단계 도약할 때마다 개체 수는 훨씬 큰 폭으로 줄어든다. 엘턴은 이 생명 현상을 기술하기 위해 '수 피라미드(Pyramid of Numbers)'라는 용어를 만들어냈다. 그는 마음의 눈으로 작은 동물로 이루어진 대군이 저보다 10배나 크지만 개체 수는 훨씬 더 적은 동물을 먹여 살리는 현상을 그려보았다. 그들은 계속해서 자신보다 크기가 10배 큰 동물을 부양했지만, 그 동물들은 선택된 소수에 지나지 않았다. 그가 머릿속에 떠올린 생명체 그래프는 가로축에는 개체 수가 세로축에는 크기와 함께 먹이사슬상의 위치가 표시되어 있다. 그는 머릿속으로 동물 사회를 마치 이집트 사카라(Saqqara)에 있는, 조세르(Zoser) 왕이 건설한 계단식 피라미드의 옆모습처럼 그린 것이다. 네다섯 개의 거대한 계단을 통해 정상에 이르게끔 정사각형의 층을 쌓아 올려서 전체적으로 거대한 삼각형 모양을 띠는 구조물이다. 생태학자들은 이렇게 얻은 결과물을 '엘턴 피라미드'라고 부른다. 그렇다면 왜 자연에는 북극 툰드라에서 열대 숲, 탁 트인 바다에 이르기까지 우리가 보는 곳마다 예외 없이 '수 피라미드'가 존재할까? 왜 덩치 큰 동물, 거대 사냥동물은 언제나 그 수가 놀랄 만큼 적은가?

우리는 뭐가 문제냐고, 큰 동물이 작은 동물보다 수가 적은 게 당연하지 않냐고 되묻고 싶은 충동을 느낀다. 하지만 그런 주장은 엘턴 피라미드가 단지 기본적인 공간기하학적 사실을 반영한 데 지나지 않는다고 말하는 것이나 마찬가지다. 좀더 큰 동물을 수용할 수 있는 실제 공간은 필시 차고 넘친다. 이를테면 스피츠베르겐섬에서 북극여우들이 돌아다닐 수 있는 공간은 널렀고, 세상에 존재하는 해양은 바다 먹이사슬의 최상위 포식자인 거대한 상어와 범고래를 놀랄 정도로 다량 수용할 수 있다. 거대 식물도 지구상에 무수히 자라고 있어서 우리는 그렇게 이루어진 장소를 '숲'이라고 부르지 않는가? 그렇다면 유독 거대 동물만이 차별대우를 받는 까닭은 대관절 무엇인가?

두 번째로 주장하고픈 충동을 느끼는 것은 사용 가능한 동물 살(flesh)의 양, 즉 생태학자들이 '생체량(biomass)'이라고 부르는 것이 한정되어 있으며, 그 살은 큰 몸체를 소량 만들거나 작은 몸체를 다량 만드는 데 쓰일 수 있다는 것이다. 큰 동물은 케이크에서 큰 조각을 취하기 때문에 희귀하다. 이런 주장은 어느 정도야 사실이지만 충분하지 않다. 만약 피라미드상에서 상이한 크기 수준에 속한 동물의 개체 수를 세는 대신 그들의 질량을 잰다면, 작은 크기 집단에 살이 훨씬 더 많음을, 즉 개체 수가 훨씬 더 많을 뿐 아니라 생명체의 현존량(standing crop)도 훨씬 더 많음을 확인할 수 있다. 숲지대에 살아가는 모든 곤충을 합한 질량은 새들 전체의 질량보다 몇 배나 많고, 명금·다람쥐·생쥐를 모두 합한 질량은 여우·매·올빼미를 모두 합한 질량보다 훨씬 더 많다. '수 피라미드'는 질량 피라미드이기도 하며, 이 문제는 해결되지 않은 채 남아 있다. 어째서 크기가 큰 동물 계급에서는 생체량이 그토록 적은가?

엘턴은 이 질문에 딱 부러진 답을 내놓지 못했다. 그는 작은 동물들이 생식 속도가 매우 빠르기 때문이라고(이것은 틀림없는 사실이다. 나비가 산란하는 속도와 애벌레를 먹는 새가 산란하는 속도를 견주어보라), 빠른 생식이 개체 수가 불어나는 데 중요한 요소라고 생각했다. 하지만 개체 수가 번식 전략에 의해 결정된다는 생각은 생물학자와 신학자가 견지해온 유서 깊은 오류다. 이런 비(非)다윈적 생각에 관해서는 이미 앞 장에서 다룬 바 있다. 어느 동물종의 개체 수는 그 종의 생활양식을 영위할 기회에 의해 결정되는 것이지 그 종의 번식 방법에 의해 결정되는 것이 아니다. 교수의 수는 이용 가능한 교수직의 수에 의해 정해지는 것이지 대학원에서 얼마나 생산적인 교육이 이루어지느냐에 의해 정해지는 게 아닌 것과 마찬가지다. 큰 동물이 희귀하다는 사실은 그들의 번식 동기와는 아무 관계가 없다. 이에 따르면 엘턴의 설명은 옳지 않다.

과학계가 엘턴이 1927년 제기한 질문에 해답을 얻기까지는 거의 20년이 걸렸다. 예일 대학의 레이먼드 린드먼(Raymond Lindeman)과 에벌린 허친슨이 먹이와 몸체를 살이 아니라 칼로리로 해석함으로써 거둔 결실이었다.

생체량, 즉 살은 잠재적 에너지를 뜻하며 에너지는 칼로리로 측정된다. 단백질 한 덩어리를 연소하면 많은 칼로리를, 동일한 양의 지방을 연소하면 훨씬 더 많은 칼로리를 얻을 수 있다. 오늘날 풍요를 구가하는 서구인들에게는 잘 알려진 지식이다. 살이 찔까 봐 음식에 들어 있는 칼로리에 잔뜩 신경들을 쓰기 때문이다. 1930년대와 1940년대에는 심지어 글을 읽거나 쓸 줄도 모르는 할리우드의 아역 스타들조차 이런 사실을 잘 알고 있었다. 하지만 생물학자들은 칼로리 개념에 꽤나 굼뜨게 눈을 떴다. 크고 사나운 동물이 희귀한 까닭에 관한 답은 바로 먹이를 칼로리로 사용하는 데 있었다.

동물의 살을 칼로리로 측정함으로써 사람들은 몸이란 영혼을 담는 그릇이기도 하지만 그와 더불어 연료이기도 하다는 중요한 사실을 깨달았다. 동물은 살아가기 위해 끊임없이 연료 공급원을 연소하고 입이나 콧구멍 같은 일종의 굴뚝으로 배기가스를 내보내고, 그 칼로리를 우주 공간에 복사열로 내놓는다. 동물은 자신의 살을 소비하며 더 많은 먹이를 섭취하여 잃어버린 물질을 대체하고 그런 다음 다시 그 대부분을 연소한다. 생명 연소에 의한 이 같은 물질 소비 과정은 엘턴 피라미드의 모든 단계에서 지속되며, 동물 피라미드가 의존하는 식물은 연신 새로 연료를 대준다. 피라미드상에 놓인 모든 단계에서 동물은 제 아래 단계로부터 빼앗은 연료(먹이)로 어떻게든 연명해야 한다. 하지만 이들은 아래 단계 동물이 소비하지 않고 남겨둔 것의 일부만 취할 수 있으며, 위 단계 동물은 그 적은 양을 가지고 몸을 만들 뿐 아니라 살아가기 위한 연료로도 사용해야 한다. 이것이 바로 그들의 수가 아래 단계 동물 수의 극히 일부에 불과한 까닭이며, 왜 그들이 그토록 희귀한지 말해주는 이유다.

생명체가 궁극적으로 기대는 것은 결코 약해지지 않는 빛으로 열량을 제공해주는 태양이다. 지구상에서 이용 가능한 모든 지표면에는 식물이 태양 빛을 얻기 위해 자리를 차지하고 있다. 초록 식물은 마치 인공위성에 달린 금도금 전지마냥 자신의 에너지 수용체와 변환체를 그 빛나는 에너지원을 향해 뻗고 있다. 식물은 우리가 이파리라고 부르는 초록 변환체에서 연료를 합성함으로써 끊임없이 유입되는 태양에너지를 지속적으로 나눠준다. 식물은 이들 연료 가운데 일부는 몸을 만드는 데 쓰지만 일부는 생명활동을 유지하기 위해 연소한다. 동물은 이런 식물을 섭취하지만, 우리가 알다시피 땅 위에 동물의 먹이가 되지 못한 채 갈색으로 썩어가는 식물 잔해가 잔뜩 깔려 있는 것으로 보아 모든 식물 조직을 취하지는 못한다. 또한 동물은 식물이 이미 연소한 연료도 사용할 수 없다. 따라서 지상에는 식물의 생체량만큼 많은 동물의 생체량이 존재할 수 없다. 큰 식물은 더없이 풍부하게 존재하거나 나란히 열 지어 살아갈 수 있지만, 그와 같은 크기의 동물은 풍부한 정도가 그 10분의 1에 지나지 않으므로 듬성듬성 흩어져서 지낸다.

모든 동물이 채식주의자라 하더라도 이 말은 사실일 것이다. 하지만 모든 동물이 초식동물은 아니다. 육식동물의 경우 획득 가능한 최대 열량은 먹이인 초식동물의 몸 일부에 그치며, 그들은 이 일부를 가지고 한편으로 몸을 만들고 다른 한편으로 연료를 공급해야 한다. 더욱이 그들의 몸은 생계를 위해 사냥할 수 있을 만큼 크고 왕성해야 한다. 이 육식동물의 살을 먹는, 먹이사슬의 더 높은 단계에 놓인 동물은 그보다 더 작아진 일부를 가지고 훨씬 더 크고 사나운 몸을 지탱해야 한다. 이것이 바로 크고 사나운 동물이 그렇게나 깜짝 놀랄 만큼(혹은 다행스러울 만큼) 희귀한 까닭이다.

1940년대에 예일 대학의 린드먼과 허친슨은 세상에서 관찰할 수 있는 희귀함과 풍부함의 장려한 패턴을 연구했다. 그 무렵에는 사람들의 생활양식 탓에 가장 중요한 물리적 제약이랄 수 있는 에너지 공급 문제가 불거지고 있었다.

생물학은 1950년대와 1960년대에 그들이 자연사에 기여한 공로를 알아차렸고, 자존감 높은 젊은 생물학도들은 거기에 한껏 고무되기 시작했다. 현장 경험에서 중요한 물리학 법칙을 고려하게 된 것이 바로 그즈음이다. 우리는 에너지가 먹이사슬을 따라가면서 점차 소산되어 일로 전환될 수 있는 잠재력을 잃고 계속 열 흡수원으로 사라진다고 생각했다. 엘턴이 스피츠베르겐에서 목격했으며 수많은 동식물연구가들이 전부터 직관적으로 알고 있던 장대한 생명 현상 패턴은 열역학 제2법칙의 분명하고도 직접적인 결과였다.

이제 우리는 왜 현존하는 것보다 더 사나운 동물은 존재하지 않는지 그 까닭을 이해한다. 에너지 공급이 유독 사나운 동물을 유지하기에 충분치 않기 때문이다. 바다의 대백상어나 범고래, 그리고 육지의 사자와 호랑이는 오늘날 지구가 부양할 수 있는 가장 위력적인 동물임에 틀림없다. 그런 동물들조차 매우 희소하다. 누구든 세계의 해양을 수십 평생 헤엄치며 누비고 다녀도 대백상어를 단 한 마리도 만나지 못할 공산이 큰 것이다. 또한 산 하나를 통틀어 호랑이가 단 한 마리밖에 살고 있지 않다는 옛 중국 속담도 있다. 진화의 법칙에 따르건대, 이런 동물들이 존재하면 이론적으로야 다른 동물들이 그들을 잡아먹는 방향으로 진화한다. 그러나 실제로는 대백상어와 호랑이를 사냥하는 직종이나 생태적 지위를 통해 얻을 수 있는 식품 칼로리가 너무 적어서 응당 더 크고 사나워야 마땅한 그 동물들로서는 살아남을 재간이 없다. 따라서 진화를 통해 그런 동물들이 등장한 사례는 없다. 대백상어와 호랑이는 물리학 법칙에 따라 오늘날 지구가 부양할 수 있는 가장 덩치 큰 포식동물인 셈이다.

하지만 우리는 이 논의에서 진정한 난관이다 싶은 문제에 부딪혔다. 그것은 바로 호랑이와 상어보다 훨씬 더 덩치 큰 동물들이 현재에도 존재하며, 과거에는 그보다 엄청나게 큰 동물들도 더러 살았다는 사실이다. 어떻게 해야 그들의 존재가 앞에서 제시한 열역학 제2법칙과 모순되지 않을까?

코끼리와 발굽이 둘로 갈라진 덩치 큰 동물들은 호랑이보다 몸집이 더 크다. 과거에는 대형땅늘보(giant ground-sloth)와 티타노테리움(*Titanotherium*) 같은 훨씬 큰 포유류도 존재했다. 티타노테리움은 커다란 코끼리처럼 생겼으며 육상 포유류 가운데 덩치가 가장 큰 동물이었다. 또한 중생대 때는 커다란 파충류, 스테고사우루스(*Stegosaurus*), 브론토사우루스(*Brontosaurus*), 이구아노돈(*Iguanodon*) 같은 육중한 공룡도 실제로 존재했다. 그런데 그들 가운데 어느 것도 우리 모델에 배치되지 않는다. 모두 초식동물이기 때문이다. 엄밀한 엘턴의 모델에서는 모든 초식동물이 작고, 실제 현실 세계에서도 그들은 대체로 작다. 바다에서는 초식동물이 작아야 한다는 이런 규칙이 엄밀하게 지켜진다. 부유 식물이 너무나 미세하기 때문에 매우 작은 동물만이 그것을 먹이 삼아 성공적으로 살아갈 수 있어서다. 하지만 육지에서는 사정이 다르다. 식물은 더러 끊임없이 이어져 이파리의 매트 꼴로 등장하곤 한다. 우리는 이것을 초목(vegetation)이라고 부른다. 따라서 거대하고 굼뜬 동물들 역시 특별히 정교한 사냥 기술 없이도 얼마든지 초목을 손쉽게 뜯어 먹을 수 있다. 엘턴 피라미드의 하단에 놓인 초식동물의 생태적 지위에서는 다량의 에너지를 사용할 수 있다. 그 결과 거대 동물조차 부양하는 게 가능해진다. 따라서 브론토사우루스도 코끼리도 에너지 흐름 모델에 관한 우리의 믿음이나 열역학 제2법칙과 배치되지 않는다.

다만 나머지 두 동물은 설명하기가 다소 까다롭다. 하나는 오늘날의 바다에서 살아가는 대형 수염고래다. 지금껏 바다에 존재한 것들 가운데 가장 큰 동물이다. 다른 하나는 티라노사우루스 렉스(*Tyrannosaurus rex*) 같은 육식 공룡이다. 둘 다 육식동물이며 대백상어나 호랑이보다 확연할 정도로 덩치가 크다.

첫째, 수염고래는 속임수를 구사하는 방법을 터득했고, 비(非)엘턴적 방식으로 먹이를 사냥한다. 정상적인 엘턴 피라미드 구조에서 필요한 요소는 모든 육식동물이 제 먹이동물의 크기와 직접적 연관성을 보여야 한다는 것이다. 즉 육식동물은 먹이동물을 잡아먹을 수 있을 만큼 커져야 하지만, 그렇다고 애써 사냥한 보람도 없이 먹이동물이 한입거리도 못 돼 보일 만큼 몸이 커져서는 안 되는 것이다. 이 모델에 따르면, 흰긴수염고래(blue whale)나 참고래(right whale)의 먹이는 1~2미터쯤 되어야 한다. 하지만 실제로는 그렇지 않다. 수염고래는 고래수염(baleen)의 체로 이런 애로사항을 피해간다. 즉 그 체로 표층수를 걸러서 크릴새우 같은 작은 새우를 별 어려움 없이 어마어마하게 잡아들이는 것이다. 수염고래는 중개자를 배제함으로써 엘턴 모델의 다른 여느 식자들과 달리 크릴새우가 물고기에게 전달되고 그 물고기가 다시 더 큰 물고기에게 전달

될 때 발생하는 에너지 손실을 겪지 않고 자신이 직접 크릴새우를 취한다. 따라서 수염고래는 비록 초식동물은 아니지만 에너지 공급이 여전히 상대적으로 큰, 먹이사슬의 하단에서 먹이를 얻는다. 바다에 떠다니는 수염고래는 게을러빠진 사냥을 하느니만큼 에너지를 거의 사용하지 않는다. 녀석들은 그저 입을 벌린 채 바다라는 수프 속에 들어 있는 고깃덩어리를 체로 거르면서 유유히 돌아다니면 그만이다. 따라서 확연한 예외처럼 보이는 수염고래의 사례도 실은 전혀 예외가 아니며, 우리의 모델은 여전히 유효하다.

둘째, 티라노사우루스 렉스는 수염고래보다 논의하기가 약간 더 까다롭다. 티라노사우루스는 커다란 육식 공룡으로, 두꺼비를 닮은 못생긴 머리통, 끔찍한 이빨, 흉측한 목 아래 달린 아무짝에도 쓸모없는 팔랑대는 작은 팔 한 쌍이 특징적이며, 전체적으로 캥거루처럼 생긴 거대한 초록색 동물이다. 이 같은 크기의 티라노사우루스라는 공룡이 실제로 존재했다는 것을 우리는 알고 있다. 뼈 전체의 표본이 남아 있기 때문이다. 티라노사우루스의 크기는 사자나 호랑이, 혹은 그 밖에 기록으로 남아 있는 다른 여느 포식동물보다 몇 배나 컸다. 그는 어떻게 열역학 제2법칙이 그의 모든 후예들에게 부과한 제약을 피해갈 수 있었을까?

우선 티라노사우루스가 오늘날의 그 후계자들인 육지의 대형 고양잇과(사자나 호랑이—옮긴이), 그리고 바다의 수염고래와 동일한 수준에서 먹이를 먹었다는 사실에 주목하면 도움이 된다. 녀석은 먹이사슬에서 상대적으로 낮아 여전히 상당한 에너지를 얻을 수 있는 단계, 즉 엘턴 피라미드의 바닥에 가까운 단계에 속한 초식동물을 먹고 살았다. 따라서 몸이 거대해지지 말란 법도 없어 보인다. 우리는 티라노사우루스가 살아가던 시절에 몸집이 무척이나 큰 초식동물종이 수도 없이 많았다는 사실을 알고 있다. 그 초식동물은 개처럼 무리 지어 사냥하는 포식동물이 없었으므로 오직 대단히 막강하고 공격적인 동물만이 제압할 수 있는 존재들이었을 것이다. 따라서 중생대의 포식동물은 크고 사나울 정도로 활동적이어야 했다는 결론이 자명하게 들릴지도 모른다. 살아 있는 고기를 그토록 대량으로 소비할 수 있는 포식자가 달리 없었기에 자연선택은 용맹한 티라노사우루스 렉스를 낙점했다는 것이다.

나는 늘 이런 추론이 미심쩍었다. 만약 자연선택이 당시 티라노사우루스를 만들어낼 수 있었다면 왜 이어지는 시기에는 그렇게 하지 못했는가? 특히 포유류의 시대, 즉 제3기(Tertiary) 후반기에는, 그러니까 오늘날의 아프리카 평원은 그에 대면 아무것도 아닐 정도로 지상의 모든 평원에 사냥감동물이 북적이던 시대에는 왜 티라노사우루스 같은 존재가 없었는가? 나는 포유류의 시대 전반에 걸쳐 사나울 정도로 왕성한 포식동물의 크기에 가해진 제약이 중생대의 파충류에게도 가해졌어야 옳다고 봐야 할 것 같았다. 그런데 그렇게 되면 생태학적 관점에서 볼 때 티라노사우루스 렉스가 아예 존재하지 않았다고 말하는 입장에 놓인다. 그렇지만 그의 뼈는 엄연히 존재한다. 의심할 나위 없이 주장되는 것과 같은 크기의 거대한 육식동물의 뼈다. 그런데 그 뼈를 다르게 조립하려는 최근의 시도를 형상화한 그림을 보면서 나는 내심 안도했다.

통통 뛰어다니는 포식성의 '폭군 도마뱀(티라노사우루스)'에 대한 전통적 이미지는 19세기에 그 동물을 재구성한 결과물에서 비롯되었다. 1968년 〈네이처(Nature)〉에 그 동물을 과거와 다르게 재구성한 결과물이 처음 실렸는데, 여기서 티라노사우루스는 뒤뚱뒤뚱 걸으면서 천천히 이동하는 동물로 묘사됐다. 우리가 흔히 상상하듯이 전속력으로 질주하는 한 무리의 브론토사우루스를 성큼성큼 추격하는 이미지와는 사뭇 달랐다. 하지만 그럼에도 티라노사우루스는 브론토사우루스를 손에 넣을 수는 있었다. 바로 병들거나 죽어가는 개체를 골라내는 식일 텐데, 어쩌다가 그저 썩은 고기를 줍는 경우도 있었을 것이다. 그러니까 실제로 티라노사우루스는 사납고 활동적인 포식동물이 아니었다. 녀석들은 똑바로 서지 못했을 뿐 아니라 겅중겅중 뛰지도 않았다. 자신의 육중한 몸을 수평으로 유지했다. 긴 꼬리로 균형을 맞추면서 짧은 순간 동안 재빠르게 움직이기 위해서였던 것 같다. 하지만 그들은 하루의 시간을 대부분 배를 땅에 대고 누워서 지냈다. 에너지를 아껴 쓰기 위한 자세다. 그리고 가끔가다 그 자세에서 벗어나서 몸을 움직이곤 했다. 두꺼운 도보용 다리로 균형을 잡을 수 있을 때까지 작은 두 앞 팔로 서서히 거대한 몸을 들었다. 티라노사우루스는 고기를 섭취함으로써 육중한 몸을 지탱한 게 맞지만, 자신의 먹이인 거대 동물을 제압하기 위해 활동적이 되는 에너지 소모적인 노력은 피했다. 육지의 티라노사우루스는 수염고래가 바다에서 구사하는 것과 기본적으로 동일한 전략을 채택했다. 즉 초식동물을 제대로 된 기법으로 사냥하지 않고서도 그 고기를 얻을 수 있는 비엘턴적 방식을 터득한 것이다. 그 후로는 그와 비슷한 전략을 더는 목격할 수 없었다. 포유류의 시대에 살아간 진짜 활동적인 포식동물들이 티라노사우루스 같은 굼뜬 동물이 가져가기 전에 고기 공급원을 말끔히 해치워버렸기 때문이다. 그와 같은 활동적인 포식동물은 심지어 티라노사우루스 자체를 먹이로 삼았을지도 모를 일이다.

대중적으로 묘사된 티라노사우루스 렉스는 일종의 신화에 불과하다.

하지만 아마도 우리 문화에서 그에 대한 신화는 여느 신화나 그렇듯이 오래 지속되리라고 말하는 편이 안전하다. 현실 세계에서 만나는 포식동물의 크기와 포악성은 호랑이 정도에 그친다. 게다가 그런 동물들조차 언제나 희귀하다. 열역학 제2법칙이 우리에게 그렇다고 말해준다.

04

생명체의 효율

이제부터는 생태계가 어떻게 작동하는지를 과학적으로 개관하고자 한다. 초록 식물은 저마다의 생태적 지위에 따라 이용 가능한 생태계 공간을 저희끼리 공유한다. 각 종의 식물들은 각기 별개의 생태적 지위를 누린다. 어느 것은 옥토에 어느 것은 박토에 뿌리 내리는 식으로, 어느 것은 철 이르게 어느 것은 느지막이 등장하는 식으로, 또 어느 것은 크게 어느 것은 작게 자라는 식으로 말이다. 그리고 이들 초록 식물은 연료를 만들기 위해 얼마간의 태양에너지를 받아들인다. 연료의 일부는 자기네가 사용하고 일부는 동물이 취하며 나머지 상당 부분은 그냥 썩어간다. 엘턴 피라미드의 하단에 자리한 동물이 가져가는 연료는 대부분 그 초식동물들 자신이 연소하지만, 일부는 그들의 포식자가 가져간다. 이런 과정이 먹이사슬의 최상층까지 두어 차례 되풀이된다. 이 피라미드의 각 단계에는 수많은 종의 동물이 존재하며, 각 종의 수는 그들이 선택한 직종, 즉 생태적 지위에 의해 결정된다. 모든 동물과 식물은 가능하면 많은 수의 자녀를 생산하는 데 연료의 상당 부분을 소비하고, 그들 새끼의 대다수는 다른 동물의 연료로 쓰인다. 생태계는 피라미드상에 놓인 단계나 생태적 지위에 따라 모든 동식물에게 장소를 지정해준다. 생명체들은 먹고 먹히는 거대한 그물 속에서 서로 얽혀 있다. 생태계는 에너지 소비자들로 이루어진 복잡한 공동체이며, 이들은 너나없이 그 공동체에서 최선을 다하고 가능한 한 많은 것을 얻어내고자 한다. 이 모든 개체의 노력이 어우러진 결과가 바로 우리가 경이로운 눈길로 바라보는 자연의 자기영속적 메커니즘이다.

이 메커니즘은 실제로 얼마나 훌륭한가? 이 메커니즘은 분명 잘 작동하며 오래 지속될 게 틀림없다. 그렇다면 효율적이기까지 한가? 이 질문은 그저 학문적인 관심사에만 그치는 게 아니다. 인류의 미래가 생태계의 연료 수집 효율에 달려 있다고 해도 과언이 아니기 때문이다. 따라서 우리는 자연 생태계에 존재하는 동식물이 효율적인 에너지 변환체인지, 인간이 의존하는 농업 생태계가 자연 생태계보다 더 나은지 그만 못한지 따져보아야 한다. 일단 이 질문들에 관한 답을 얻으면, 이어서 효율을 규정하는 요인이 무엇인지, 그 요인을 개선하기 위해서 할 수 있는 일은 무엇인지 따위의 질문이 뒤따른다. 나는 먼저 식물에 관해 살펴볼 것이다. 태양을 이용하여 연료를 만드는 가장 중요한 과업을 수행하는 존재이기 때문이다. 그런 다음 그들이 연료 공장으로서 얼마나 효율적인지 따져보겠다.

현존하는 식물은 필시 '적합한' 존재일 것이다. 그리고 분명 과거에 실재했다가 도태된 식물이 그랬을 법한 것보다 더 많은 후손을 남길 수 있다. 이것은 그들이 도태된 식물보다 더 먹이를 많이 얻고, 태양을 끌어들이는 데 더 효율적임을 뜻한다. 따라서 다윈의 접근법을 따르는 생태학자들은 모든 식물이 대단히 효율적일 거라고 믿는다. 이른바 '이파리'라 불리는 초록색 에너지 수용체와 변환체가 엄청난 규모로 지면을 뒤덮은 광경이 우리 앞에 떡하니 펼쳐져 있지 않은가. 여기까지는 아무 문제가 없다. 우리는 그 초록색 변환체의 화학과 열역학이 이파리의 풍부함만큼이나 효율적일 거라고 기대한다. 엔지니어들은 자동차나 증기기관차의 효율을 언급할 경우 연료가 유용한 작업에 쓰일 때 얼마나 많은 에너지가 공급되는지를 기준으로 삼는다. 그들은 흔히 그 효율이 20~30퍼센트라고 말한다. 우리는 그 생각에 입각해 실제로 식물과 동물이 무슨 일을 할 수 있는지 측정하고자 한다.

최초로 식물의 효율을 계산한 것은 이론 학문의 결실인 어느 훌륭한 논문에서였다. 콜럼버스시 소재 오하이오 주립대학의 낡은 건물 사무실에서 연구한 넬슨 트랜소(Nelson Transeau)의 논문이었다. 당시 그는 대통령이 그 지역 과학계에서 행할 연설 자료를 준비하고 있었다. 그 학자가 고심하던 식물은 소박한 옥수수였던 만큼 이론 연구를 수행하기에 무리가 없었다. 옥수수에 관한 모든 수치는 현장에 직접 나가지 않고도 도서관에서 얼마든지 얻을 수 있기 때문이다. 그제까지는 옥수수의 효율을 측정하는 방법에 관해서 아무도 생각해내지 못한 상태였지만, 이 기발한 학자가 효율을 계산하는 데 필요한 수치는 이미 빠짐없이 나와 있었다.

옥수수 작물은 먼저 쟁기질한 맨땅에서 생을 시작한다. 생산성과 효율이 제로인 장소다. 이어 옥수수 작물은 동물과 해충에 의해 피해를 입지 않도록 정성껏 보살피는 농부의 손길에 힘입어 성체가 될 때까지 자란다. 옥수수는 그러는 사이 햇빛을 받아서 그것을 처음에는 당으로, 이어 그 식물을 구성하는 여러 성분으로 전환한다. 옥수수가 끌어들인 칼로리는 두 가지 운명 가운데 하나를 따른다. 식물 자신에 의해 연소되어 성장과 생명 활동에 쓰이거나, 아니면 작물의 잠재적 에너지로 추수 때까지 남아 있거나. 옥수수의 무게를 재는 일은 너무나 흔히 이루어진 터라 농업 안내서에서 수확한 곡물의 입자·이파리·줄기·뿌리 등 모든 부분에 관한 평균 수치를 쉽게 찾아볼 수 있다. 또한 1그램의 옥수수 입자·이파리·뿌리 등에 얼마나 많은 칼로리가 들어 있는지도 잘 알려져 있다. 1그램의 설탕이나 아이스크림에 들어 있는 칼로리양 역시 잘 알려져 있다. 따라서 누구라도 옥수수 밭의 칼로리 수치를 어렵지 않게 손에 넣을 수 있다. 옥수수 작물이 살아가는 동안 칼로리를 얼마만큼 연소하는지 계산하는 작업은 좀더 까다롭지만, 곧 보게 되듯이 그 역시 해낼 수 있다.

트랜소는 일리노이주의 땅 1에이커를 선택했다. 누군가 그 주에서 전형적인 여름날 태양으로부터 얼마나 많은 칼로리가 땅에 내리쬐는지 측정해놓았으므로 연구를 진행하기에 더없이 좋은 곳이었다. 그 땅에서 잘 자라고 있는 옥수수 작물은 총 1만 그루쯤 되었다. 옥수수 작물은 발아 시기에서 추수 시기까지 신기하게도 딱 100일 만에 성장을 마쳤다. 그는 이어서 농업 안내서를 뒤적여 잘 자란 옥수수 작물 1만 그루의 무게가 얼마나 나가는지 확인했다. 트랜소는 그런 다음 약간의 계산을 거쳐 거기에 함유된 섬유소, 단백질, 기타 화학물질을 모두 그들이 본래 기원한 당으로 전환했다. 그는 사삭거리면서 누렇게 익어가는 옥수수 1만 그루가 아니라 아름답게 반짝이는 흰 설탕(당)이 쌓여 있는 광경을 마음의 눈으로 그려보았다. 당의 무게는 6678킬로그램이었다.

이제는 옥수수 1만 그루가 100일에 걸친 생애 동안 얼마나 많은 양의 당을 연소했는지 알아내는 일만 남았다. 이 수치는 트랜소 자신의 공책에 이미 실려 있었다. 트랜소는 식물의 호흡 측정 분야를 선도하는 연구자로서 1926년 대통령 연설이 이루어질 즈음에는 자신에게 필요한 수치를 모두 손에 넣은 상태였다. 트랜소는 공기 공급을 조절할 수 있는 유리 실험실에서 본인이 직접 키운 옥수수 작물로부터 그 수치를 얻었다. 그는 들어오고 나가는 이산화탄소양을 측정했다. 실험실에서 자라는 식물은 완전히 어두워지면 동물과 마찬가지로 호흡을 한다. 활동에 쓰이는 칼로리를 만들어내기 위해 당을 연소하고 연소가스를 대기중으로 내보내는 것이다. 따라서 유리 실험실에서 배출된 이산화탄소 초과분을 통해 연소 정도, 즉 연소된 당의 양을 측정했다. 트랜소는 본인의 공책을 참조하여 다양한 연령대의 보통 옥수수 작물이 하루에 당을 얼마만큼 연소하는지 알아냈다.

옥수수 1만 그루가 100일 동안 당을 어느 정도 연소하는지 계산하는 일은 간단했다. 그는 첫 번째 설탕(당) 더미 옆에 하얗게 반짝이는 두 번째 설탕 더미를 그려보았다. 옥수수 작물이 만들어내고 연소한 설탕 더미 말이다. 두 번째 설탕 더미는 무게가 2045킬로그램이었다. 따라서 첫 번째와 두 번째 설탕 더미를 합하면 8723킬로그램이 되었다. 이것이 그해 여름 그 옥수수 밭에서 생산된 총설탕량이었다. 고지가 눈앞에 있었다. 포도당 8723킬로그램은 3300만 칼로리에 해당하지만, 일리노이주에 쏟아져 들어오는 태양을 측정한 연구자에 따르면, 1에이커는 여름 100일 동안 태양으로부터 그 50배가 넘는 20억 4300만 칼로리를 받아들인다. 트랜소는 3300만을 20억 4300만으로 나누고 거기에 100을 곱해 1.6이라는 수를 얻었다. 즉 일리노이주의 노른자위 땅에서 농부의 세심한 보살핌과 보호를 받으며 자란 옥수수는 효율이 고작 1.6퍼센트에 불과했다.

우리는 놀랍게도 경이로운 자연의 작용인 적자생존 개념이 시사하는 몇몇 최고 수준의 효율조차 증기기관차의 20~30퍼센트에 한참 못 미치는, 1.6퍼센트라는 비참한 수준임을 알게 되었다. 현장에 나가지 않고 이론만으로 연구한 책상물림이 잘못된 수치를 얻어냈을 가능성은 없을까? 사람들은 트랜소가 내놓은 모든 계산 결과를 옥수수뿐 아니라 사탕무 같은 다수확작물에 적용해본 결과 거의 그와 비슷한 약 2퍼센트라는 수치를 손에 넣었다. 또한 그들은 식물에 들고 나는 원료와 폐기물의 흐름을 추적·관찰함으로써 광합성에 따른 생산율을 좀더 직접적으로 계산했다. 수많은 연구가 작물로부터 얻은 수치를 거듭 확인해주었다. 비옥하고 생산성 좋은 토양에서 자란 작물조차 효율이 2퍼센트에 그친다는 것이다.

아무래도 농사에는 뭔가 문제가 있는 듯하다. 그토록 심하게 비효율적인 것은 아마도 비자연적 조건에서 자라는 작물에 한한 결과이리라. 하지만 그런 식으로도 피할 길이 없기는 마찬가지였다. 야생 식물의 효율을 측정하는 일은 작물을 측정하는 일보다 더 까다롭지만 아예 불가능한 것은 아니다. 야생에서 자라는 식물은 옥수수 작물처럼 동일 나이대에 수확하기는 어려우나 컴퓨터를 잘 다룬다면 얼마든지 표집을 하고 관련 수치를 얻는 게 가능하다. 우리는 이제 재배 작물뿐 아니라 야생 식물도 다룰 수 있게 되었다. 결론적으로 대략적 수치인 2퍼센트가 그들 모두의 효율을 말해주었다. 그것도 대단히 우호적인 환경에서 자랄 때 말이다. 대다수의 야생 식물은 그렇게 잘 해내지 못하므로 농사를 통해 재배하는 식물의 효율은 2퍼센트에 결코 미치지 못한다. 그 이유를 밝히는 것이 우리의 몫이다. 도대체 어떤 알 길 없는 환경 때문에 태양에너지의 98퍼센트가 드넓게 펼쳐진 채 태양을 열렬히 갈구하는 살아 있는 생명체에게 돌아가지 못하는가?

실험실 연구자들은 이와 관련해 우리가 알아야 할 것을 들려주었다. 유리 실험실의 식물은 마치 인큐베이터에서 지내는 아기처럼 뭔가에 피해 입지 않고 편안하게 살아가도록 모든 조건을 엄격하게 통제한 상태로 자란다. 식물의 호흡은 실험실에서 들고 나는 가스를 측정함으로써 추적·관찰할 수 있다. 식물은 이산화탄소와 물을 이용해 당을 만듦으로써 태양에너지를 화학에너지로 전환하느라 분주할 때면 산소를 방출한다. 센서가 그것을 감지한다. 식물은 어두운 가운데 호흡할 때면 이산화탄소를 내놓는다. 표집에 습식화학분석(wet chemistry)을 적용해볼 수 있다. 즉 식물이 탄소의 방사성 동위원소를 이용하도록 만들어 그 생리 활동을 측정하거나, 아니면 실험 용기를 현대적인 분석화학 실험실에 있는 고가의 정교한 전자장치에 연결하는 식이다. 어떤 측정 방법을 선택하든 간에 우리는 실험실 식물이 '포도당'을 만드는 비율, 그리고 그 식물이 에너지를 고정하는 비율을 추산할 수 있다. 물속에서는 화학작용이 한층 단순해지므로 미세 녹조류 같은 수중식물을 이용하면 더욱 간단하다. 유리 인큐베이터에 익히 알려진 강도의 빛을 쏜 다음 식물에게 무슨 일이 일어나는지 기록하는 거다.

놀랄 만한 첫 번째 발견은 식물에 비추는 여러 종류의 빛 가운데 절반은 그들의 화학작용에 이렇다 할 영향을 끼치지 않는다는 것이었다. 햇빛 에너지의 절반은 스펙트럼상의 붉은색 끝, 즉 우리가 적외선이라고 부르는 곳에 놓인다. 그 빛은 볼 수는 없으나 열선으로 우리에게 흘러든다.

그리고 강도는 낮지만 태양에서 우리에게 도달하는 에너지의 절반가량을 차지한다. 수중식물에 붉은 램프를 비추면 물의 화학작용은 달라지지 않는다. 식물은 우리가 볼 수 있는 것보다 더 긴 파장의 빛 에너지를 끌어모을 수 없다. 오로지 '가시'광선만을 이용한다.

우리는 식물이 왜 비효율적인지 그 까닭 가운데 하나를 분명하게 알아냈다. 하지만 다윈을 지지하는 생물학자들에게는 흥미로운 문제가 하나 주어졌다. 식물은 왜 눈(目)이 사람처럼 생겨서 오로지 '가시'광선만 사용할 수 있는가 하는 문제다. 식물은 분명 우리가 지지하는 다윈의 게임 규칙에 따라 작동한다. 새끼를 생산하기 위해 자신을 둘러싼 환경으로부터 될수록 많은 칼로리를 얻으려 애쓰는 것이다. 자연선택은 지난 수십억 년 동안 그렇게 하도록 식물을 이끌어왔으므로, 식물이 거기에 능란하리라는 것은 의심의 여지가 없다. 그럼에도 식물은 자신에게 쏟아지는 에너지를 절반도 쓰지 못하는 것처럼 보인다. 뭔가 이상하지 않은가?

처음 이런 사실이 밝혀졌을 때 그것을 설명하기 위해 기발한 주장이 제기되었다. 식물은 모두 처음에는 바다에서 진화했고, 붉은빛은 물속을 멀리까지 뚫고 들어가지 못하지만 빠르게 흡수된다는 것이다. 스킨다이버라면 누구라도 해수면 아래서는 모든 것이 파랗게 보인다는 사실을 알고 있다. 물속에서 살아가는 식물에게는 결코 붉은빛이 다다르지 않으며, 그들은 스펙트럼상의 절반에 속한 파란빛을 가지고 생명활동에 필요한 일을 모두 해내야 한다. 따라서 모든 식물의 조상은 오직 물속을 통과할 수 있는 강력한 빛, 특히 가시광선만을 사용할 수 있도록 진화했다는 것이다. 하지만 식물은 지금껏 수억 년 동안 육지에서 살아왔는데, 생물학자가 식물이 그 기간 내내 붉은빛을 지닌 더 밝은 세상(육지—옮긴이)에 적응할 수 없었다고 믿기란 어렵다. 다행스럽게도 현대 물리화학자들은 우리에게 그보다 좀더 나은 설명을 제시해주었다.

이른바 '광합성'이라고 부르는 에너지 고정 과정에서는 원자핵 주위를 궤도운동 하는 전자에 격렬한 교란을 가해주어야 하는데, 그 과정은 강력한 에너지를 필요로 한다. 가시광선 복사는 에너지를 고정하기에 충분할 만큼 강력하지만 붉은빛 복사는 그렇지 못하다. 생명체는 언제나 물리법칙이라는 냉혹한 현실에 순응하며 태양에서 유입되는 에너지의 오직 절반만으로 생명활동을 수행한다. 붉은빛은 식물을 덥혀줄 수 있으며 실제로 그렇게 한다. 그뿐만 아니라 식물이 물을 증발하도록 도움으로써 식물의 순환계가 가동하는 데 기여한다. 하지만 그게 전부다.

물리법칙이 식물로 하여금 태양 빛의 오직 절반만 사용하도록 이끄는지라 우리는 거기에 맞춰 효율을 달리 계산해야 한다. 계산을 통해 얻은 야생 초목과 재배 식물의 효율 수치에 2를 곱해야 하는 것이다. 그렇게 한 결과 비참한 2퍼센트가 비참하기는 매일반이지만 어쨌거나 4퍼센트로 달라졌다. 하지만 증기기관차와 자동차의 효율은 여전히 20퍼센트를 웃돌고 있느니만큼 식물이 왜 그토록 비효율적인지에 관한 질문의 상당 부분은 여전히 해결되지 않은 채로 남아 있다.

그다음으로 실험실 과학을 통해 얻은 깨달음은 식물의 효율이 빛의 강도에 좌우된다는 사실이었다. 만약 실험실에서 연구자가 식물이 담긴 병에 아주 희미한 빛, 이를테면 여명이나 황혼 녘의 빛을 비추면 식물은 놀라울 정도로 잘해낸다. 그처럼 빈약한 광원(光源)을 이용할 때의 효율을 계산한다면 분명 20퍼센트, 혹은 그 이상의 효율을 보인다는 결과를 얻을 것이다. 이것은 증기기관차나 자동차와 비교해도 손색이 없는 수치다. 증기기관차는 다른 누군가가 만들고 관리하지만, 식물은 활동하는 동안 스스로를 유지·관리한다는 점을 생각해볼 때 더욱 그렇다.

따라서 우리는 희미한 빛 아래서는 식물의 효율이 인공 기계의 효율과 비교해도 결코 밀리지 않음을 알 수 있다. 물론 식물은 희미한 빛 아래서는 생산성이 그리 높지 않다. 사용할 수 있는 총에너지 자체가 보잘것없기 때문이다. 아주 작은 것의 20퍼센트라고 해봐야 여전히 아주 작은 정도에 그친다. 희미한 빛은 보잘것없는 양의 당을 생산한다. 하지만 희미한 빛 아래서는 식물이 가용 에너지를 사용할 때 효율이 웬만하다. 그렇다면 식물은 어째서 빛이 풍부하고 얻을 수 있는 당이 넘쳐날 때는 그처럼 높은 효율을 유지하지 못하는가?

우리는 식물을 담은 인큐베이터에 빛을 점점 더 밝게 비출수록 당 생산율이 올라가리라고 기대하기 쉽다. 하지만 효율 수치는 8퍼센트(2~4퍼센트가 아니라)가 될 때까지 계속 떨어진다. 광합성과 당 생성의 비율이 가장 높아질 때의 효율은 약 8퍼센트를 가리킨다. 적정한 빛 양의 8퍼센트가 유리 속에 들어 있는 식물이 성취할 수 있는 가장 높은 에너지 흐름을 만들어내는 것이다. 식물에게 이보다 훨씬 더 많은 빛을 비추면 그들의 효율과 생산성은 계속 떨어지다가 급기야 생산성이 제로가 되는 지점에 다다른다. 너무나 강력한 빛은 식물의 작용을 완전히 중단시킨다는 사실은 새삼스러울 게 못 된다. 식물이 구이가 될 테니 말이다. 다만 우리는 적절한 밝기의 빛을 사용할 때 효율이 낮아지는 까닭을 설명할 수 있어야 한다.

연구가 이 지점에 이르자 우리가 원래 제기한 문제는 해결되기는커녕 한층 더 복잡해졌다. 우리는 작물이나 초목이 자연에게서 제공받는 태양을 다루는 데 왜 그토록 비효율적이냐 하는 질문에서 출발했는데 아직껏 답에 다가가지 못했다. 우리가 한 일이란 그저 식물이 정오의 태양보다 희미한 빛을 다루는 데 훨씬 더 효율적이라는 사실, 그리고 실험실 인큐베이터에서 배양한 조류(藻類)의 효율(8퍼센트)이 밝은 햇볕을 쬐는 밭작물의 효율(공급되는 빛의 파장에 따라 2~4퍼센트 사이에 놓인다)보다 두 배나 높다는 사실을 보여준 것뿐이다. 왜 실험실 인큐베이터에서 배양한 조류가 야생 초목보다 효율이 두 배나 높을까? 이 마지막 질문이 가장 답하기 쉬우므로 우선 이것부터 살펴보자.

한때 한 조류학자가 실험실의 조류 실험에서 얻은 수치로 동료들을 우롱하고 대중을 현혹한 적이 있다. 보십시오, 이 식물(조류)은 효율이 8퍼센트로 우리가 먹는 옥수수를 비롯한 여러 식물보다 훨씬 높습니다! 녹조류를 먹고 배를 채울 수 있는데 굳이 비효율적인 작물을 키우는 것은 어리석습니다! 이런 주장은 세계의 식량 위기를 다룬 신문기사에서도 되풀이되곤 했다. 이것은 아마도 티라노사우루스 렉스가 사납고 활동적인 포식동물이라는 신화만큼이나 근절되기 어려운 신화이리라. 하지만 그것이 신화라는 사실만큼은 변함이 없다. 조류는 다른 식물들보다 더 생산적이지가 않은 것이다.

조류 배양과 관련한 주장의 한 가지 함정이라면 바로 평균 효율이 높아지도록 만드는 요소가 조류가 아니라 배양이라는 사실이다. 작은 실험실에서 배양을 통해 잘 자라는 식물이라면 어느 것이든 조류와 다를 바가 없다. 묘목 전체가 작은 실험실 용기에 들어갈 수 있고 편안하게 자랄 수 있다면, 그 식물은 빛 에너지를 약 8퍼센트(정확한 수치는 제공되는 빛의 파장에 따라 조금씩 달라진다)의 효율을 지닌 포도당 에너지로 전환한다. 나뭇잎에서 떼어낸 조각도 배양액 속에서는 부모 식물의 도움 없이 그와 똑같은 일을 해낼 수 있다. 그 조류학자는 비교를 통해 조류가 작물보다 우위에 있다고 주장하지만, 조건이 동일하다면 조류는 작물보다 효율이 높지도 낮지도 않은 것이다.

이제 우리는 건강한 어린 식물(옥수수 포함)은 그것이 무엇이든 간에 수분이 적절하게 공급되고 비료가 충분한 밭에서 자라면 인큐베이터에서 살아가는 조류(혹은 다른 식물들)에 밀리지 않음을 알고 있다. 그 식물의 효율은 실험실에서 배양되는 식물과 마찬가지로 대략 8퍼센트에 이를 것이다. 하지만 밭에서 자라는 작물의 특별한 점이라면 그것이 서서히 늙는다는 사실이다. 식물은 늙으면 자신이 늙었다고 느끼며 생명활동을 잘 하지 못한다. 따라서 그 식물이 평생에 걸쳐 보여주는 효율의 평균치는 한창때인 8퍼센트에 한참 못 미친다.

트랜소가 100일간의 관찰을 시작할 무렵, 그가 선택한 일리노이주의 땅 1에이커는 식물이 거의 없고 생산성도 제로였다. 100일째가 되어갈 즈음에는 그다지 많은 일을 하지 않는 노쇠한 1만 그루의 개체가 존재했다. 그 사이 어느 때쯤 밭은 효율이 8퍼센트에 이르는 신선하고 푸른 이파리들로 멋지게 뒤덮였을 것이다. 하지만 100일 전체의 평균에는 처음과 마지막을 포함해야 하므로 평균 효율은 2퍼센트로 뚝 떨어졌다. 온대지방의 야생 초목도 이와 마찬가지로 혹독한 현실과 마주한다. 봄에는 이파리가 없고 가을에는 이파리가 예쁘게 단풍으로 물들면서 초록색이 줄어드는 것이다.

조류 배양과 관련한 커다란 속임수는 대개 식물생리학자들이 편리함 탓에 실험에서 민물 조류를 이용하는 우연적인 상황에서 비롯된다. 설사

우리가 녹조류를 먹고 싶다 해도 이런 식의 배양은 좋은 식량 생산 방법이 못 된다. 배양을 하려면 전통적인 작물 농사보다 훨씬 더 방대한 노력과 에너지가 필요하기 때문이다. 효율 방정식에 이렇게 투입된 에너지까지 포함하면 효율 추정치는 형편없이 낮아진다. 조류라고 해서 다른 종류의 식물보다 더 효율적이지는 않은 것이다. 우리의 세 번째 질문(왜 실험실 인큐베이터에서 배양한 조류가 야생 초목보다 효율이 두 배나 높을까?)에 대한 답은 이렇다. 즉 작물도 야생 초목도 '전체적으로 보면' 배양 식물이나 성장 중인 묘목보다 효율이 덜한데, 그것은 생명체의 물리적 우여곡절, 봄의 헐벗은 대지, 겨울이 오기 전 노화하기, 물과 영양소의 부족, 부족한 자원을 두고 이웃 식물들과 경쟁하기 등에 따른 결과다.

이제 우리는 첫 번째와 두 번째 질문, 즉 희미한 빛에서 효율이 높은 까닭과 유리한 조건에 놓인 새끼조차 효율을 8퍼센트 넘게 끌어올리지 못하는 까닭이 무엇인지 해명해야 한다. 두 질문과 관련해서는 식물이 광합성이라는 중요한 화학작용에서 사용하는 원료의 공급에 대해 찬찬히 생각해보면 그럴듯한 답을 얻을 수 있다. 식물은 이산화탄소와 물을 이용하여 당을 만든다. 따라서 다들 익히 알고 있다시피 식물은 물이 충분히 공급되지 않으면 변변찮게 자란다. 반면 물이 충분하면 사실상 그 물을 거의 무제한으로 사용할 수 있다. 그러나 다른 한 가지 원료인 이산화탄소는 늘 존재하긴 하지만 항시 부족하다.

이산화탄소는 희소한 기체다. 이산화탄소는 대단히 미미하게도 부피 기준 평균 0.03퍼센트 농도로 대기중에 존재한다. 그런데 이산화탄소는 식물이 당을 만드는 데 꼭 필요한 원료다. 식물의 이파리는 얇으며 작은 숨구멍〔기공(氣孔)〕이 무수히 뚫려 있다. 식물이 쉴 새 없이 자신의 당 공장을 가동하려면 이 구멍들을 통해 되도록 여러 방향에서 이산화탄소를 빨아들여야 하기 때문이다. 그렇더라도 식물이 이 소중한 기체를 빨아들일 수 있는 비율은 지극히 낮다. 심지어 가장 우호적인 장소에서 자라는 식물조차 당 생산 능력이 제약받는 것은 바로 이 원료의 부족 때문이라고 봐야 한다. 식물이 태양에너지를 화학에너지로 전환하는 기계로서 영 신통찮은 까닭은 원료가 부족하기 때문이다.

식물이 희미한 빛 속에서 자라면 그 에너지 공장은 빠르게 가동되기 어렵다. 빛이라는 '연료'가 부족한 데 따른 자연스러운 결과다. 식물은 희미한 빛 속에서는 여분의 이산화탄소를 사용할 수 있으므로, 광합성의 정도를 억제하는 것은 오직 식물의 화학작용과 열역학의 고려사항뿐이다. 이 경우 식물은 대단히 효율적으로 변신한다. 하지만 그 식물에게 더 많은 빛을 제공하면 이산화탄소에 대한 수요가 급작스레 증가하고 이내 되도록이면 가장 빠르게 그 기체를 대기중에서 추출해 사용하는 단계에 이른다. 이때 식물은 자신의 공장을 가능한 한 최대 속도로 가동하고 있는 것이다. 그들의 효율은 약 8퍼센트에 육박한다. 만약 식물에게 정오의 햇살이 내리쬐는 식으로 계속 더 많은 연료를 공급하면 초과분은 열로 변쇠(變衰)하거나 버려지는 식으로 낭비된다.

우리는 여분의 이산화탄소를 식물 인큐베이터에 주입한 다음 무슨 일이 벌어지는지 관찰함으로써, 이산화탄소가 식물의 생산성을 결정한다는 가설을 시험해볼 수 있다. 그렇게 하면 밝은 빛 속에서 당 생산성은 늘어나고 에너지 전환 효율도 다소 높아진다. 그 상태에서 너무 많은 이산화탄소를 집어넣으면 식물은 질식하고 말겠지만 크게 걱정할 필요는 없다. 식물은 이산화탄소가 희박한 세상에서 진화했고 그들의 화학작용은 거기에 적응해왔기 때문이다. 어쨌든 간에 우리는 이 실험을 통해 당 생산은 이산화탄소의 공급에 좌우된다는 사실을 분명하게 확인했다.

이런 결과를 일반화하는 데는 약간의 주의가 필요하다. 이산화탄소 같은 원료가 너무 부족하면 생산 속도가 제약을 받게 마련이라는 논리는 타당하다. 그리고 실험에서 얻은 데이터도 우리가 맞는다는 것을 확실하게 보여준다. 하지만 이산화탄소 부족으로 인한 결과는 무척이나 복잡해서 광합성에 이차적인 제약을 가할 수도 있다. 식물은 대기중에서 탄소를 뽑아낼 때면 다량의 기체를 흡입해야 하는데, 바로 그 흡입으로 인해 제약이 따라올 수 있다. 식물이 흡입한 공기 속에 산소가 지나치게 많으면 화학적 산화-환원에 의존하는 반응이 영향을 받는다. 또한 열린 기공으로는 물 분자가 빠져나갈 게 분명하다. ……식물 공장의 생산성을 높이는 작전은 그것이 무엇이든 간에 자체적 제약을 수반하며, 식물이 상이한 환경에서 공급되는 이산화탄소를 최대한 활용하는 방향으로 진화하면 수많은 새로운 제약이 등장하리라고 예측할 수 있다. 이 같은 가능성은 오늘날 식물에서 일어나는 화학적 합성의 여러 '경로'에 대한 숱한 논의에 반영되고 있다. 다소 어렵게 이야기했지만 한마디로 식물이 에너지 변환체로서 대개 비효율적인 까닭은 육지 환경에서 이산화탄소가 희귀한 기체이기 때문이라고 할 수 있다.

이 발견은 현실적인 사람들에게 정말이지 중요하다. 인간의 식량이 자랄 가능성에 대단히 협소하게 정의된 제약이 존재한다는 의미가 되기 때문이다. 최종적인 수확량은 공기중의 이산화탄소가 결정하느니만큼 우리로서는 딱히 식물이 더 잘하도록 거들 여지가 없어진다. 점잖은 녹색혁명의 주창자들이 뭐라고 떠들어대든 간에 이른바 우리의 다수확밀 품종 따위는 실제로 그와 비교되는 야생 식물보다 더 효율적이지가 않은 것이다. 농업 전문가들이 한 일이라곤 식물이 보유한 당 가운데 더 많은 양을 인간이 먹고 싶어 하는 부분에 투입하게 한 것뿐이다. 무슨 말인고 하니 다수확밀은 줄기, 뿌리, 그리고 자신을 해충이나 잡초로부터 보호해줄 에너지를 희생하는 대신 좀더 많은 곡물 입자를 만들어낸 결과다. 최고의 과학적 노력조차 자연이 만들어낸 식물보다 한 치도 더 효율적인 식물을 만들어내지 못했다.

생명에 관한 엄청난 난제를 부여안고 씨름하는 생물학자에게 식물의 비효율은 조금 다른 의미를 띤다. 모든 생명체에 공급되는 연료는 태양에서 얻은 것의 극히 일부분으로 제한된다. 이론적으로 상한치는 약 8퍼센트지만, 이 수치는 매우 제한된 장소에서 매우 짧은 기간 동안만 도달되는 수준이다. 모든 식물은 젊음과 노화를 경험하고, 사실상 예외 없이 계절 변화를 겪는다. 너나없이 때로 물이나 영양소의 부족에 시달릴 수도 있다. 그 어떤 식물도 영원히 최고 효율을 발휘하면서 지내지는 못한다. 지상에 살아가는 온갖 생명체의 평균적인 조건을 따져볼 때면 우리는 비옥한 범람원뿐 아니라 사막이며 산비탈, 극지방의 만년설까지를 두루 고려한다. 그러므로 지구의 평균 생산성은 크게 떨어질 수밖에 없다. 트랜소의 옥수수 밭이 보여준 1.6퍼센트에도 훨씬 못 미칠 게 뻔하다. 아마 지구에 내리쬐는 태양에너지의 1퍼센트 가운데 오직 일부만이 실제로 식물을 위한 연료로, 그리고 동물을 위한 먹이로 살아 있는 생명체에게 흘러갈 것이다.

동식물종의 수를 설명하려 할 때면 언제나 연료 공급에서의 이 같은 커다란 제약을 기억해야 한다. 이를테면 식물을 먹고 사는 동물은 제 먹이식물이 만든 당 가운데 오직 일부만을 취한다. 측정하기가 까다롭지만 현실적인 사람들은 일반적으로 그 상한치가 10퍼센트 정도라고 생각한다. 따라서 초식동물은 좋은 목초지에서 태양의 2퍼센트의 10퍼센트를 받아들인다고 볼 수 있다. 초식동물을 잡아먹는 호랑이는 아마도 이론상으로는 태양의 2퍼센트의 10퍼센트의 10퍼센트를 취할 것이다. 이런 식의 과정이 먹이사슬을 따라 이어진다.

그러므로 우리는 지상에 살아가는 상이한 동식물종의 수는 대기중에 존재하는 이산화탄소양에 의해 좌우된다는 결론에 이른다. 이산화탄소가 식물 생산의 정도를 규정하고 따라서 모든 동물의 먹이 공급을 최종적으로 결정짓는 요소다. 만약 지구 표면에 이산화탄소가 좀더 많아진다면 아마도 식물은 더욱 많은 식량을 제공할 테고 동물에게 주어지는 기회도 좀더 늘어날 것이다. 그뿐만 아니라 심지어 호랑이를 잡아먹는 용이 생겨나거나 포악한 티라노사우루스가 그저 신화에 불과한 게 아닌 상황과 마주하게 될지도 모른다. 하지만 동식물의 영향력이 전혀 미치지 않는 메커니즘을 통한 지구 표면의 화학작용으로 인해 이산화탄소 농도는 낮은 상태로 유지된다. 따라서 식물의 비효율뿐 아니라 동물의 수에 관한 수많은 일반적 질문에 대한 답변은 바로 '지구의 대기중에 이산화탄소가 희박하기 때문'이 된다.

05

나무로 이루어진 민족국가

18~19세기의 방랑 동식물연구가들은 지구상에 존재하는 식물들은 대륙이나 지리적 여건에 따라 마치 민족국가 같은 모습으로 정렬되어 있다는 놀라운 소식을 유럽의 대학에 전해주었다. 드넓은 영역에 걸쳐 모두 다 같은 형태의 식물이 들어서 있다는 것이다. 표면상으로는 딱히 그럴 만한 이유가 없어 보이는 현상이었다. 물론 동식물연구가들은 식물이 분명하게 구분할 수 있는 수많은 형태를 띤다는 사실, 즉 원뿔꼴의 나무, 위가 둥근 나무, 가지가 제멋대로 뻗는 초본(草本), 무리 지어 자라는 초본 등속이 있다는 사실은 알고 있었다. 하지만 그 나무들이 말하자면 식물로 이루어진 민족국가처럼 늘어서 있다는 것은 새로운 설이었다. 이 주장은 지상에 살아가는 생명체의 특성에 관해 뭔가 흥미로운 생각을 불러일으켰다. 우리는 지금도 주위에서 그와 같은 특성을 떠오르게 하는 현상들을 보고 있다.

항해용 선박을 타고 천천히 세계를 일주한 동식물연구가들은 일반적으로 시골의 농부 출신이었을 가능성이 많다. 시골에서는 개발이 덜 된 야생지역에 낙엽수가 숲을 이루고 있을 것이다. 북대서양 사람에게 낯익은 그런 숲은 분명 한때 그의 농경지 전체를 뒤덮었을 야생 숲의 원형을 간직하고 있을 것이다. 그 숲은 사방으로 뻗어나가는 멋진 나무들이 독차지했다. 나무의 가지는 여름이면 높이 머리 위에 수관을 만들었지만 겨울이 되면 잎을 떨구고 가지만 앙상했다. 나무 아래에는 여기저기 덤불이 우거져 있는가 하면 덩굴식물도 더러 눈에 띄었다. 숲 바닥은 낙엽이 쌓이면서 갈색으로 물들었지만, 봄이 되면 마치 축복처럼 수많은 꽃이 돋아난 이파리 사이로 다투어 피어나 사방에 향기를 퍼뜨렸다. 우리에게 이런 숲은 눈에 선할 정도로 친숙한 광경이었다. 꽃과 나무의 이름은 장소에 따라 다를지언정 숲의 형태와 느낌은 유럽 대부분의 지역에서 대동소이했다. 하지만 우리의 여행객들이 적도지방을 항해했을 때 그들은 식물이 이상할 정도로 다르게 배열되어 있다는 사실을 확인했다.

적도지방 저지대에서 살아가는 나무들은 유럽의 숲과 비교했을 때 일단 크기가 방대했다. 나는 젊었을 적에 케임브리지 킹스칼리지 교회 앞에 서 있는 커다란 마로니에가 참으로 웅장한 나무라고 생각하곤 했다. 하지만 그 뒤 나이지리아의 열대우림을 여행하던 어느 운명적인 날, 그 장려한 마로니에가 나이지리아의 열대우림에서는 그저 주변 나무들보다 키도 작고 아담한 식물에 지나지 않는다는 사실을 깨달았다. 하지만 유럽의 방문객들은 위풍당당한 크기보다 훨씬 더 희한한 광경과 마주했다. 적도지방의 숲은 상록수로 이루어져 있어서 연중 푸르렀다. 큰 나무들 아래 그보다 키 작은 나무들이 있고, 다시 그 아래에는 그보다 키가 작지만 여전히 충분히 크다고 할 수 있는 나무들이 살아갔다. 서로 얽히고설킨 이파리들이 태양 빛을 가리기 때문에 오직 희미한 초록빛만 통과했으므로 아프리카를 여행한 스탠리(Stanley)는 마치 거대한 대성당에 들어선 것마냥 느꼈다. 그의 주위로 나무줄기들이 고딕 양식의 기둥처럼 뻗어 있었고, 초록색 스테인드글라스로 장식된 창문을 통해 빛이 들어오고 있었던 것이다. 열대 난초들과 브로멜리아드(bromeliad: 파인애플과 식물의 총칭—옮긴이)가 이끼 뿌리로 나무기둥에 들러붙어 있었다. 리아나(liana: 열대산 칡의 일종—옮긴이)가 쉽게 보기 힘든 그물망처럼 위에 늘어져 있고 대기에는 낯선 소리가 가득했다.

스칸디나비아·러시아·캐나다 등 북쪽으로 떠난 스탠리는 그곳 민족국가의 숲은 원뿔꼴 나무들, 즉 잎이 뾰족뾰족한 진초록 침엽수로 달라져 있음을 깨달았다. 그보다 더 위쪽에서는 놀랄 만큼 느닷없다시피 나무가 종적을 감춘 지역과 마주했다. 그의 주위로는 광대한 툰드라 평원이 펼쳐져 있었다. 어느 곳은 꽃이 만개했고 또 어느 곳은 심지어 산딸기류가 지천이었지만, 사방에 나무가 완전히 사라진 그런 땅이었다.

그런가 하면 스탠리는 초원도 방문했다. 미주리강에서 로키산맥까지, 혹은 아르헨티나에서 안데스까지 키 크고 하늘거리는 풀이 드넓은 광야에 드리워져 있었다. 유럽의 왕국들만큼이나 광활한 아프리카 사바나도 만났는데, 거기서는 아카시아 나무 사이로 마른 풀들이 사그락거렸다. 그리고 지중해 지방의 담팔수과 관목(maqui) 숲, 캘리포니아의 떡갈나무 덤불(chaparral), 기이한 종들이 프랑스 남부의 수풀과 비슷해지고 있는 오스트레일리아의 황야 지역도 보았다.

그런 거대 식물 군계(formation, 群系)들은 저마다 뚜렷하게 구분되는 듯 보였는데, 이 현상은 그 여행객의 뇌리에 깊이 각인되었다. 저마다 지구에서 별개의 지역을 차지한 식물들이 낯선 나라를 이루고 있다 싶었다. 누구라도 식물 군계를 실제로 지도화할 수 있었다. 그 일은 대체로 쉬웠을 것이다. 아마존 어귀에서 페루산맥까지는 열대우림이 펼쳐져 있었고, 대략 미국의 미시시피강 줄기에서부터 서부의 산맥들까지는 초원이었다. 유럽에서 낙엽수로 이루어진 숲은 내륙의 흑해에서 서쪽의 피레네산맥까지 드리워져 있었다. 이 지도는 자연의 윤곽선을 그대로 따를 수도 있고, 그게 아니면 식물 자신이 좌표를 정할 수도 있다. 숲의 가장자리가 너무나 또렷하게 도드라져서 수많은 이들이 그 숲에 관한 기록을 남겨놓은 북극 수목한계선에서 그랬듯이 말이다. 남아시아처럼 보고가 잘되어 있지 않고 따라서 자료가 부족할 경우에는 그저 가능한 한 경계선을 잘 그으면 된다.

이렇게 해서 완성된 세계 지도는 지상의 모든 식물을 거대한 부분으로 나눈 집단(결국 군계라고 부르게 된다)의 형태로 보여주었다. 그 군계들은 마치 민족국가들처럼 구획되어 있었으며, 저마다 선지자가 구상해놓은 듯한 어떤 공통의 기획을 따르고 있었다. 조물주의 작품이라고 우긴다 해도 크게 무리는 없어 보였다. 아마도 그는 본인이 무슨 일을 하는지 잘 알고 있었을 것이다. 하지만 만약 그 모든 식물종이 임의적 다양성에 영향을 미치는 자연선택에 의해 주조된다면 우리는 몇 가지 질문에 답해야만 한다. 어떻게 전쟁 중인 국가들처럼 서로 국경을 마주한 채 노려보고 있는 상이한 군계들이 존재할 수 있는가?

다윈이 《종의 기원(On the Origin of Species)》을 집필하는 동안, 어느 프랑스 식물학자가 본업이 아닌 일종의 부업으로서 이 문제에 천착했다.

그는 식물분류학자 알퐁스 드캉돌(Alphonse de Candolle)로, 여행은 거의 다니지 않았지만 파리에 수집해놓은 세계의 모든 알려진 식물을 마음대로 사용할 수 있었다. 그는 그 식물들을 가지고 작업에 착수했고, 결국에 가서 과학계에 알려진 식물종 전체를 기술하려 시도한 최후의 인물이 되었다. 그 결실이 바로 《전구증(Prodromusm, 前驅症)》이라는 제목으로 출간된 걸작이다. 캉돌은 식물종에 관해 기술하면서 그 종들이 군계로 조직화되는 방식이 무척이나 흥미롭다는 것을 분명하게 알아차렸다. 그리고 그런 현상은 설명이 필요한 문제라고 느꼈다. 날씨의 어떤 측면인가가 확실한 답이 되어줄 것처럼 보였다. 물 부족, 지리적 우연은 사막의 군계, 그리고 아마도 초원의 군계를 설명해줄 수 있을 테지만 다른 영역의 군계들을 설명하려면 그 밖의 뭔가가 필요했다.

캉돌은 그 답이 분명 측정하기 쉬운 다른 날씨 파라미터, 즉 기온에 있을 거라고 생각했다. 그는 한 군계에서 다른 군계로의 변화가 이루어지는 변경 지대에서는 한 해의 특정 시기에 열 형태(heat regimen)가 크게 바뀐다고 주장하는 데까지 나아갔다. 게다가 그는 군계의 경계선을 따라 등온선이 그어질 거라고 추측하기까지 했다. 1850년대만 해도 세계의 날씨에 관한 관심이 시작되기 전이니만큼 캉돌은 실제로 기온 지도를 그려볼 기회는 얻지 못했다. 하지만 우리 연구팀은 내 실험실에서 오늘날의 기록을 토대로 캉돌의 등온선을 그려보았다. 그 결과 초기의 세계 식생 지도와 매우 흡사한 지도를 얻을 수 있었다.

이 주제에 관한 캉돌의 저술은 세계의 날씨에 관해 막 관심을 기울이기 시작한 선구적인 기상학자들의 생각에 지대한 영향을 끼쳤다. 다른 여느 과학들도 마찬가지지만 이들이 가장 먼저 한 일은 기상학적 현상을 분류한 것이었다. 날씨를 분류한다는 것은 분명 날씨를 지도화한다는 것을 뜻했다. 하지만 모든 나라에 기지가 있는 것도 궤도를 도는 인공위성이 있는 것도 아니면서, 기상 전선들이 끊임없이 이동하는 것처럼 보이는데 대관절 어떻게 날씨를 지도화할 수 있단 말인가? 이 문제를 해결하기 위해 기상학자들은 식물 국가들의 경계선이 어디에 그어지는지 결정하는 것은 날씨라는 캉돌의 결론을 받아들이기로 했다. 그들은 식물을 지도화하고 그것을 '날씨'라고 불렀다.

그 시대 기후학자들 가운데 가장 유명한 인물은 오스트리아 빈의 블라디미르 쾨펜(Wladimir Köppen)이다. 그는 캉돌의 결론을 잘 알고 있었으며 그의 지도를 이용했을 뿐 아니라 식물학자들이 밝혀낸 5대 군계가 중요한 다섯 가지 날씨 집단을 나타낸다는 데 동의했다. 열대우림, 무더운 사막, 온대 낙엽수 숲, 크리스마스트리로 쓰이는 냉대 침엽수 숲, 툰드라를 각각 기후 유형 A, B, C, D, E로 정리했다. 담팔수과 상록관목지대, 관목수풀지대처럼 그보다 규모가 작은 군계들은 5대 기후 유형의 하위집단을 이루었다. 요즘에도 사용되는 이 기후 지도는 하나같이 쾨펜과 그 동료들의 판단을 반영하고 있다.

오늘날의 지도책은 예외 없이 세계의 식생 지도 옆에 세계의 기후 지도를 나란히 싣고 있다. 페이지마다 색깔별로 구획된 그 지도책에는 캉돌과 블라디미르 쾨펜의 족적이 아로새겨져 있다. 열대우림·툰드라·냉대 침엽수에 자리를 내준 지역이 한 지도에 담기고, 다른 지도에는 기후 A, B, C, D, E가 실린다. 둘은 결국 같은 지도이므로 꽤나 비슷할 것이다.

페이지를 넘기면 세 번째로 비슷한 지도가 나타난다. 바로 토양 지도다. 세계의 한 지역에서 다른 지역으로 이동하면서 살펴보면 발아래 토양이 크게 다르다는 것을 똑똑히 확인할 수 있다. 이것은 비단 미묘한 암석의 화학작용에 따른 결과만이 아니다. 그런데 토양의 변화는 경작·배수·천연비료 따위에 정통한 사람만 알아볼 수 있는 게 아니다. 어느 지역의 토양은 다른 지역과, 마치 참나무와 소나무가 서로 판이한 것처럼 뚜렷하게 구분된다.

축축한 열대지역에서 구덩이를 파보라. 그러면 구덩이 측면의 흙이 붉은 빛깔을 띨 것이다. 반면 중부 유럽에서 구덩이를 파면 흙이 갈색이다. 러시아 남부나 캐나다의 방대한 침엽수림에서는 구덩이 측면의 토양이 기이한 빛깔들로 줄무늬가 그어져 있다. 냉대 숲에서는 지표에 향기로운 침엽수 이파리〔침엽(針葉)〕와 검은 부엽토가 깔려 있지만, 그 아래에 드넓게 띠를 이룬 약 15센티미터 두께의 반짝이는 흰빛이나 잿빛 토양을 파내야만 갈색과 녹빛(rust) 토양이 모습을 드러낸다. 오랫동안 이런 토양을 보아온 러시아 농부들은 그것이 농사짓기에 부적합하다는 것을 알아차렸다. 그들은 그 토양을 회백토(podzol)라고 불렀다. 쟁기질을 하노라면 땅이 마치 재로 뒤덮인 것처럼 보였기 때문이다. 특별한 과학적 지식이 없어도 이처럼 희한한 층을 이룬 땅은 그 남쪽 지역에서 흔히 보는 갈색이나 붉은색 땅과 확연히 다르다는 것을 대번에 알아볼 수 있다. 그 수목한계선의 북쪽에서는 삽질을 하다 보면 줄무늬 토양 대신 탕탕 부딪치는 얼음 덩어리를 축축한 부엽토가 얄팍한 매트처럼 감싸고 있다는 사실을 발견한다. 바로 툰드라 토양이다.

날씨 연구자들과 마찬가지로 토양 연구자들도 토양을 이해하기 위한 첫걸음으로 그 같은 두드러진 차이를 지도화해야 한다고 느꼈다. 하지만 토양을 지도화하는 일은 날씨를 지도화하는 데 거의 비견할 만큼 버거운 작업이었다. 토양이 비협조적인 방식으로 움직이는 날씨와 달리 움직이지 않는다는 것은 분명한 사실이다. 하지만 토양은 암석 부스러기나 식물 따위로 뒤덮여 있어서 구덩이를 파보지 않고서는 살펴볼 수가 없다. 땅을 파려면 시간이 걸린다. 따라서 가능하면 최소한의 구덩이를 파고 땅의 일반적인 외양을 이용하여 한 구덩이와 다음번 구덩이 사이의 토양을 지도에 반영해야 한다.

나 역시 호구지책으로 직접 토양을 지도화해본 경험이 있다. 뉴브런즈윅(New Brunswick: 캐나다 동남부 주—옮긴이) 북부의 사랑스러운 황야 지대에서였다. 우리는 항공사진을 써서 작업했는데, 입체뷰어(stereoscopic viewer)를 통해 항공사진과 일치하는 부분을 관찰함으로써 미묘한 차이를 보이는 숲지대들이 서로 만나는 선을 찾아냈다. 그런 다음 숲 항공사진이 일러주는 장소에 구덩이를 팠고, 나무가 우리에게 보여준 선을 따라 그 사진 위에 분포된 토양 유형을 표시했다. 우리는 식물을 지도화하고 그것을 '토양'이라고 불렀다.

우리 작업팀은 뉴브런즈윅의 숲에서 상이한 토양을 관찰하는 동안 작은 차이점이 드러난다는 것을 알아차렸다. 너무 미묘해서 오직 오랜 관찰을 통해서만 발견할 수 있는 세부사항들이었다. 우리가 발견한 토양은 모두 회백토였으며 그런 토양에서는 어김없이 침엽수가 자랐다. 우리는 여러 종류의 회백토를 구분했으며, 전 세계의 토양 지도를 작성한 이들 역시 그와 같은 방법으로 작업을 진행했다. 그들은 식물을 지도화하고 그것을 토양이라고 불렀다. 따라서 지도책에서 세계의 식생 지도와 상당히 흡사한 토양 지도를 본다 해도 그리 놀랄 일은 아니다. 게다가 두 지도는 기후 지도와도 비슷할 것이다. 세 가지는 결국 같은 지도이기 때문이다.

기상학자와 토양학자는 자기네가 작성한 지도가 잘 먹혀들었으므로 거대한 속임수를 담은 그 지도들을 꽤나 오랫동안 사용해왔다. 만약 우리가 지도책에 색칠된 부분 가운데 하나의 중앙으로 들어간다면, 그 지역의 토양과 기후가, 대략적으로 말해, 그 지도의 범례가 나타내는 바와 같다는 것을 확인하게 될 것이다. 따라서 그 지도를 기반으로 한 가정이 올바르다는 결론에 이른다. 날씨가 토양과 나무로 이루어진 민족국가를 결정하는 요인이라는 것이다.

날씨가 식생을 결정한다는 사실을 받아들이기는 쉽다. 실제로 농부들은 이 점에 관한 한 과학자들을 한층 능가했다. 날씨와 식생이 토양을 통제한다는 사실도 거의 그만큼이나 이해하기 쉽다. 이를테면 희한한 회백토는 오직 겨울이 춥고 여름이 따뜻하고 침엽수가 자라는 장소에서만 발견된다. 그런 장소의 땅은 언제나 침엽수 낙엽에 뒤덮여 있다. 더디기 짝이 없게 썩는 침엽수 낙엽은 토양수에 산을 더해주어 표토를 산성으로 만든다. 지렁이 같은 동물은 이처럼 산성을 띠는 땅에서 살아갈 수 없고, 따라서 땅을 휘저어줄 존재가 없어진다. 땅은 해가 가도 광물 조각이 계속 쌓일 뿐 거의 움직이지 않는 상태가 된다. 산성의 차가운 물이 미묘한 화학작용을 거쳐서 땅에 스며들어 일부 표토층을 씻어내 잿빛으로 탈색한다. 하지만 그보다 더 따뜻하며, 서서히 썩어가는 낙엽으로 땅을 질식시키는 침엽수가 살지 않는 장소에서는 토양이 그만큼 산성을 띠지는 않으므로 지렁이가 살아가면서 땅을 고루 섞어준다. 그런 곳에서는 토양이 대부분의 서구 농부에게 낯익은 갈색이다. 그런가 하면 열대지방에서는 태곳적부터 그래왔다시피 1년 내내 갑자기 쏟아지는 따뜻한 비가 훨씬 더 강력한 화학작용을 일으킨다. 그런 화학작용은 불용성의 붉은 산화철과 산화알루미늄이 섞인 점토를 만들어낸다. 이렇게 해서 무더운 지역을 여행하는 사람들은 붉은 점토를 볼 수 있게 된다.

우리 지구는 저마다 다른 날씨가 마치 누비이불처럼 분포되어 있으며 그런 누비이불 유형은 식생과 토양에도 충실하게 반영된다. 이것은 충분히 안전한 주장처럼 들리지만 몇 가지 풀어야 할 문제를 남겨놓는다. 날씨가 그 유형을 결정한다면 왜 어느 한 장소와 그에 이웃한 장소 간의 차이가 그토록 확연한가? 가문비나무 숲과 참나무 숲은 판이하다 할 정도로 서로 다르고, 또한 가문비나무 숲과 참나무 숲의 집합은 나무가 없는 툰드라와 그보다 훨씬 더 큰 차이를 보인다. 왜 각각의 장소들 사이에는 이처럼 현격한 형태상의 변화가 드러나는가? 왜 각각의 장소에서 살아가는 사실상 모든 식물들은 진화 과정에서는 선조들이 서로 달랐을 가능성이 있음에도 불구하고 그저 우세한 방식을 따르는가? 그 방식은 한 장소에서 이웃 장소로 넘어가는 사이 놀랄 만큼 삽시간에 달라질 수 있다. 코네티컷주를 가로질러 북쪽으로 한 시간 남짓 차를 몰아 캐나다 남부에 접어들면, 차창 밖으로 스치는 풍광이 순식간에 영국에서와 같은 활엽수가 펼쳐진 숲에서 스웨덴에서와 같은 침엽수가 도열한 숲으로 달라진다. 변화가 어찌 그리 느닷없을 수 있는가? 왜 지상의 식물들은 제가 선호하는 날씨를 보이는 장소에서 함께 패거리를 짓는가? 보이지 않는 손, 즉 생명체를 이끌어가는 어떤 법칙인가가 그들을 군계가 모방하는 민족국가의 국민들 같은 구조로 정리해놓은 것인가? 최초의 식물학자가 세계의 식물 지도를 작성한 이래 우리는 지금껏 이 문제들과 씨름해왔다.

지난 수십 년 동안 과학자로 살면서 누린 최고의 특권은 이 같은 커다란 수수께끼가 불현듯 해결되는 순간을 목격한 일이다. 이를테면 식물의 형태 문제를 예로 들어보자. 왜 나무는 열대지방과 추운 캐나다·스웨덴에서는 연중 잎을 달고 있는 데 반해, 그 중간에 낀 온대지방에서는 겨울이 되면 잎을 떨구는가? 왜 사막의 식물은 파이프 오르간의 음관(音管) 같은 모양을 띠는가? 왜 북극에서는 나무가 전혀 살지 않는가? 날씨가 그런 형태를 결정짓는다는 것은 틀림없는 사실이다. 그렇다면 날씨는 대관절 어떻게 그런 특이한 디자인이며 동질성을 부여할 수 있는가? 식물학자들은 1세기 동안 이 문제들을 해명하고자 고심해왔지만 확실한 답을 얻어내지는 못했다. 그러나 지금 우리는 그 답을 알고 있다.

먼저 북극에 나무가 살지 않는 문제를 살펴보자. '그거야 나무가 살아가기에는 날씨가 너무 혹독해서지'라고 중얼거리는 것만으로는 충분치 않다. 북극지방에도 엄연히 연약한 꽃을 피우는 다육식물이 들판에 흐드러지게 펼쳐져 있기 때문이다. 도무지 혹독한 날씨를 이기고 살아남을 수 있을 것 같지 않은 가냘픈 존재들이다. '혹독하다'는 단어를 쓴 사람은 그 단어가 정확히 무슨 의미냐는 질문을 받았다. 그런데 그는 그 단어의 의미를 오랫동안 나무가 겪어온 경험들로 해석하려 함으로써 나무가 북극에서 살아갈 수 없는 까닭을 제대로 설명해주지 못했다. 북극은 아마도 바람이 쌩쌩 불었을 것이다. 하지만 나무가 자라지 않는 북극의 어느 장소들은 훨씬 더 남쪽의 몇몇 지역보다 바람이 더 많이 불지 않는다. 또한 북극지방은 겨울이 극도로 춥기 때문이라고 주장하기도 어렵다. 베링해의 프리빌로프 제도(Pribilof Islands) 같은 장소에서는 나무가 자라지는 않지만 겨울이 상대적으로 따뜻하며, 또 어떤 장소에서는 겨울이 영하 30도로 혹독하지만 숲이 펼쳐져 있기도 한 것이다. 영구동토라고 해서 아예 나무가 자라지 않는 것도 아니다. 유콘(Yukon)강(캐나다 북서부의 유콘주에서 시작하여 알래스카 중앙부를 지나 베링해로 흘러드는 강—옮긴이) 계곡에서는 영구동토 위에 숲이 조성되어 있다. 따라서 북극지방에서 날씨가 너무 혹독하기 때문에 나무가 살아가지 않는다고 말하는 것은 옳지 않다.

식물생리학자들은 그 질문에 관한 부분적인 해답이 북극지방의 짧은 생장 철, 그리고 식물이 태양에너지로 당을 만들 수 있는 기회가 극히 제한적이라는 사실에 있다고 주장했다. 북극의 식물은 먹을 것이 몹시 부족한 상태로 지내며, 이것은 그들이 먹이 칼로리의 소비를 절제해야 함을 뜻한다. 나무는 유지해야 하는 커다란 몸체를 지니고 있다. 생산을 담당하지 않고 기생하는 목재의 나무줄기와 가지들로 이루어진 몸체 말이다. 북극의 여름에 얻는 칼로리로 그 몸체를 감당하기란 너무 버겁다. 이것이 질문에 대한 부분적인 설명이 될 수 있음은 분명하지만, 여전히 100퍼센트 설득력 있는 답은 못 된다. 북극지방에도 바닥을 기는 버드나무 같은 목재 관목이 존재하며, 생산을 담당하지 않는 목재 나무줄기가 땅바닥에 붙어서 꽤나 굵직하게 뻗어나가기 때문이다. 왜 수평의 나무줄기는 지탱하면서 수직의 나무줄기는 그렇게 하지 못하는가, 하는 질문이 다시금 제기될 수 있다.

수긍할 만한 답은 데이비드 게이츠(David Gates)의 작업에서 나왔다. 그는 물리학자의 옷을 벗어던지고 식물원의 큐레이터로 전직한 인물이다. 게이츠는 식물 그리고 동물도 열 예산의 수지를 맞추어야 하는 일종의 메커니즘이라고 보았다. 식물은 낮에는 숨거나 피할 도리 없이 햇빛에 고스란히 노출된다. 그러면서 온종일 그 열을 받아들인다. 만약 식물이 열을 얻는 것과 같은 속도로 열을 잃어버리지 않는다면, 점점 더 열이 오르고 익어서 결국 죽게 될 것이다. 식물은 자기 주위의 대기를 데워주거나 물을 증발하거나 대기중과 우주의 차가운 흑체(black body)에 발산하는 식으로 자신의 열을 제거한다. 식물은 열을 흡수하는 속도와 열을 도로 제거하는 속도 간의 함수인 작동온도(working temperature)를 선택한다. 따라서 식물에게는 생명과정이 웬만큼 가능한 온도에서 열 예산 수지를 맞추는 일이 절대적으로 중요하다.

북극 툰드라에서 살아가는 식물은 표토 위 바람 없는 얕은 대기층에서 땅을 기다시피 낮게 자란다. 하지만 땅에서 30~60센티미터 떨어진 곳에는 북극의 찬바람이 몰아친다. 모든 툰드라 식물은 태양에서 열을 흡수하여 몸을 따뜻하게 만드는 경향이 있다. 우주로 열을 방출함으로써 열 예산 수지를 맞추면서도 다른 한편 자신을 에워싼 바람 없는 얕은 대기층을 따뜻하게 데워주는 듯하다. 툰드라 식물은 바닥에 가까이 있어야만 열 예산 수지를 맞출 수 있다. 하지만 나무처럼 위로 우뚝 가지를 뻗는다면 작업 부위인 이파리가 북극의 찬바람이 몰아치는 지점에 놓인다. 그렇게 되면 치명적인 온도 이하로 내려가지 않게 해주는 충분한 열을 태양으로부터 흡수하지 못할 가능성이 많다. 북극지방에서는 식물이 키가 커지면 열 예산 수지를 맞추기 어렵다. 이것이 바로 북극지방에 나무가 존재하지 않는 까닭에 대한 게이츠의 설명이다. 거의 정확하게 맞는 답이다.

열 예산에 관한 게이츠의 생각은 식물 군계의 다른 특징적 형태들 가운데 몇 가지를 설명하는 데도 도움을 주었다. 사막 식물은 북극 식물과는 정반대의 문제에 부딪힌다. 즉 과열될지도 모를 위험을 안고 사는 것이다. 사막에는 물이 부족하므로 식물은 물을 증발함으로써 몸체의 열을 식힐 수가 없다. 이 문제를 해결하는 방안 가운데 하나가 우리에게 친숙한 막대기꼴의 키 큰 형상이다. 사막 식물은 그 막대기 끝으로 저마다 태양을 가리키고 있다. 이런 모양의 식물은 유입 복사에너지에 노출되는 표면은 최대한 좁은 데 반해 열을 밖으로 발산하는 태양에서 벗어난 표면은 최대한 넓다.

열대우림의 나무들은 태양을 걱정할 필요가 없다. 자신들을 식혀줄 물이 넘쳐나고 편평한 이파리들이 연중 태양을 마주하고 있기 때문이다. 온대지방에서는 열대지방에서와 같은 넓적한 이파리가, 조건이 열대지방과 거의 유사한 여름에는 무리 없이 작용한다. 하지만 추운 겨울이 오면 심각한 어려움에 부딪친다. 반반하고 넓적한 이파리는 우주의 흑체에 노출되는 면이 넓다는 뜻이다. 따라서 복사 손실이 크며, 훨씬 더 심각한 것으로 대류에 의해 냉각되기 쉽다. 게이츠는 주물 이파리들을 풍동(風洞: 인공적으로 바람을 일으키는 장치—옮긴이)에 넣는 실험을 통해 이 사실을 실제로 입증해 보였다.

게이츠가 사용한 주물 이파리는 은으로 만들었는데, 그는 그 이파리들을 저마다 다른 속도와 온도의 바람에 노출함으로써 열 손실을 직접 측정했다. 결과적으로 반반하고 넓적한 이파리는 차가운 바람에 내놓기에는 적합하지 않은 것으로 드러났다. 세찬 바람이 이파리에 있는 열을 순식간에 빼앗아가기 때문이다. 넓은 이파리는 겨울의 햇빛 아래서는 적정한 작동온도에서 유지하기가 어려워진다. 나무는 이파리로부터 가능한 한 많은 칼로리를 거두어들인 다음, 쓸모없어진 이파리는 떨어뜨리고 이듬해 봄 새로운 에너지 변환체 세트를 갖추는 편이 한결 낫다.

훨씬 더 북쪽에서는 여름 생장 철이 짧고 서늘하므로 이런 전략의 경제적 성공 가능성이 더 낮아진다. 따라서 그에 대한 대비책은 원통형 침상의 이파리가 무리 지어 있는 꼴, 즉 침엽 상록수의 침상 나뭇잎이다. 풍동에서 이 같은 침엽 주물은 대기가 좀더 부드럽게 흐르도록 만들어 편평한 이파리보다 열 손실 속도가 느렸다. 더군다나 침엽은 원통형이라 사방팔방에서 열을 방출한다. 이웃한 침엽의 비교적 따뜻한 표면으로, 그리고 차가운 우주 공간뿐 아니라 대지로 말이다. 따라서 가문비나무는 참나무보다 열 손실이 더디다. 가문비나무는 침엽을 겨우내 떨어뜨리지 않고 유지할 수 있으며, 해가 비치는 따뜻하지만 짧은 시기를 이용할 채비를 갖춘다. 그 기간에 가문비나무는 에너지 변환체인 침엽이 상당한 당 칼로리를 생산하기에 충분히 높은 온도를 유지할 수 있다. 가문비나무는 화창한 여름날에는 참나무만큼 좋은 작업자가 못 될지도 모르지만, 고위도 지방에서의 1년을 통틀어 보면 자신의 전략에 힘입어 전반적으로 참나무보다 더 나은 결과를 얻는 듯하다.

따라서 이제 우리는 거대 식물 군계들의 형태와 대기의 온도, 물의 이용 가능성, 계절적 차이의 유무를 연관 짓는 작업 모델을 손에 넣었다. 기후가 식물의 형태에 어떤 영향을 미치는지 알게 된 것이다. 식물학자 캉돌과 기후학자 쾨펜의 작업은 전적으로 옳은 것으로 드러났다.

그렇다면 식물로 이루어진 민족국가들을 가르는 변경 지대로 다시 돌아가 보자. 지도에서 보듯이 어떤 식물의 형태가 대륙 크기의 영역에서 주도권을 차지하고 있다가 그토록 빠르게 다른 형태로 달라지는 까닭은 무엇인가? 날씨가 변하기 때문이다. 맞는 말이다. 하지만 날씨는 전체 대륙에 걸쳐 한 계절에서 다른 계절로 흐르듯이 달라지는 현상이다. 그런데 식물 군계들은 어떻게 그토록 무 자르듯 분명한 경계선을 지닐 수 있는가? 상식적으로 생각해보면 날씨가 정해주는 모종의 패턴들은 복잡하게 뒤섞일 것 같다. 하지만 우리는 나무로 이루어진 민족국가를 눈앞에서 똑똑히 보고 있다. 그렇다면 결국 모종의 숨은 결정권자가 관여하고 있기라도 한단 말인가?

전 세계의 식생 지도가 암시하는 좀더 극적인 시사점 가운데 일부는 지도가 어떻게 만들어지는지 냉정하게 따져보면 다소 빛을 잃는다. 지도 제작은 대대적인 단순화 작업의 결과다. 우리는 거대한 식생 지도를 그릴 때 식생 간의 경계선을 그어야 하는 순간이 닥치면 산맥이나 해안 같은 지형지물을 활용했다. 그러자면 순간순간 확인하게 되는 식생상의 미묘한 변화는 무시하게 마련이다. 따를 만한 지리적 경계가 없을 때는 가능한 한 최선의 선을 찾아서 그렸다. 자의적인 선택이라고밖에 달리 말할 수 없었다. 군계 간의 민족국가들을 가르는 경계선은 대부분 지도 제작자의 관습에 따른 결과일 뿐이었다. 다시 말해 뒤섞인 식물 군집들의 변화 속도가 유독 빠른 지역에서 편의적인 장소에 그은 선에 지나지 않는 것이다. 지도상에 그은 경계선은 실제로는 지상 식물들의 군계가 크게 뒤섞여 있는 지대다.

하지만 북극의 수목한계선에 관해서는 어떻게 설명할 것인가? 또한 낙엽수로 이루어진 숲과 크리스마스트리로 쓰이는 뉴잉글랜드·캐나다의 침엽수 사이의 확연하고도 급격한 변화는 어떻게 설명할 것인가? 이처럼 탁 트인 대륙의 공간에서는 상이한 나무들과 툰드라 지역이 따를 만한 지리적 경계선이 따로 없다. 그런 곳에서는 날씨가 계절에 따라 이리저리 달라지지만 그럼에도 우리는 실제로 숲의 가장자리가 선명하게 구획된 현상을 볼 수 있다. 식물은 도대체 어쩌면 그토록 똑 부러지게 일을 해낼 수 있을까?

수목한계선은 마치 느닷없는 선처럼 보이지만, 캐나다나 시베리아

같은 드넓은 대륙 지역에서 숲은 가장자리에 다가가는 몇 킬로미터에 걸쳐 그 높이가 지속적으로 낮아진다. 즉 나무의 키는 계속 작아지고 나무의 분포도 점점 성기어진다. 숲과 툰드라 사이에는 언제나 상당 정도의 점이지대가 펼쳐져 있다. 개울 계곡을 따라 늘어선 왜소한 나무들은 그들이 아니라면 나무가 없었을 평원을 차지한 채 나뭇가지 모양으로 뻗어 있다. 하지만 규모를 몇 킬로미터 단위로 키워보면 수목한계선은 꽤나 분명한 경계선으로 드러난다. 그 선의 북쪽에서는 나무가 열 예산 수지를 맞출 수 없는 게 분명하지만, 남쪽에서는 작은 나무들도 그렇게 하는 데 아무런 문제가 없어 보인다. 그렇다면 수목한계선이 황량한 북극지방에서 더 훈훈한 지역으로 껑충 점프하게 되는 지점에서는 나무가 별안간 '더 고분고분'해지기라도 했단 말인가? 나무는 어디서 멈춰야 하는지를 어떻게 알았을까? 우리는 이제 이 흥미로운 질문들에 관한 답을 알고 있는데, 그 상당 부분은 위스콘신의 기후학자 리드 브라이슨(Reid Bryson)이 최근 진행한 연구를 통해 얻을 수 있었다.

브라이슨은 북극지방 전역의 기후 지도를 그렸는데, 선도적인 기후학자들처럼 식물을 지도화하고 그것을 날씨라고 부른 게 아니라 식생은 무시하고 기후를 직접 지도에 나타냈다. 그는 대기의 온도, 풍속, 기단의 궤적을 측정했다. 10년 내내 북극에 자리한 여러 지역의 미국 기지들을 돌아다니면서 그 같은 작업을 수행한 것이다. 브라이슨은 그렇게 얻은 자료를 가지고 컴퓨터를 써서 여름에 북극 기단의 전선이 평균적으로 어느 위치에 놓이는지를 지도로 작성했다. 그 전선은 다른 전선들도 으레 그렇듯이 해마다 계절마다 크게 달라졌지만, 컴퓨터가 그린 그 전선의 여름 평균 위치는 놀라울 정도로 정확하게 식물학자들이 과거에 지도화한 수목한계선과 일치했다. 브라이슨은 기단과 식생, 두 가지가 동시발생하는 현상을 직접 증명해주었다. 하지만 그의 지도는 그보다 훨씬 더 중요한 일을 해냈다. 그 지도 덕택에 무릇 논리적인 인간이라면 수목한계선이 왜 그렇게 그어졌는지 이해할 수 있게 되었기 때문이다. 나무는 오래 살며, 숲은 그 나무들이 세대를 거듭하는 것 같은 더디기 짝이 없는 속도로만 움직인다. 우리는 틀림없이 수목한계선이 그런 속도로, 즉 인간이 한평생 살아가는 동안에는 결코 알아차릴 수 없을 정도로 느리게 움직인다고 생각한다. 중요한 것은 빠르게 움직이는 전선의 평균적 위치다. 왜냐하면 그 북쪽의 나무들은 대체로 재앙을 겪을 테고, 그 남쪽의 나무들은 대체로 무탈하게 살아남을 것이기 때문이다. 따라서 숲은 인간의 한 세대, 혹은 한 세기 동안에는 전선이 다소 종잡을 수 없을지 몰라도 결국에는 날씨의 예리한 가장자리를 인식하게 된다.

또한 브라이슨의 기단 지도는 캐나다 침엽수림의 남쪽 가장자리가 그토록 깔끔한 까닭도 설명해준다. 흔히 겨울에는 팽창한 북극의 대기가 그 지점에 닿는다. 여름에는 북극의 대기가 다시 극 쪽으로 뒷걸음질을 친다. 따라서 그 전선의 가장자리가 나무의 북쪽한계선을 결정짓는 것이다. 하지만 겨울에는 북극의 대기가 남쪽으로 쏟아져 내려온 결과 캐나다 국경지대에 얼음장 같은 대기가 머문다. 이파리가 바늘처럼 뾰족한 나무들은 캐나다에 봄이 와서 북극의 대기가 물러날 때 전면적인 생산에 돌입하고자 참을성 있게 준비하면서 차가운 대기를 견딘다. 눈이 스며들지 못하게 되튀기고, 겨울 햇볕이 허락한 따스함을 받아들이면서 말이다. 하지만 이파리가 넓은 낙엽수의 전략은 이런 식의 차가운 대기나 오직 여름에만 허락되는 짧은 무상(frost-free, 無霜) 기간에 적합하지 않다. 따라서 겨울에 북극 대기의 남쪽 가장자리는 또 하나의 유동적이고 산만한 가장자리로서, 나무들은 그 평균적 위치를 읽어내야 한다. 하지만 그 남쪽 가장자리를 북쪽 가장자리만큼 잘 읽어내지는 못한다. 오직 나무가 동면하는 때만 존재하는 겨울 가장자리이기 때문일 것이다. 예를 들어 북미의 오대호 지역에서는 생장 철 동안 북극 기단이 저만치 북쪽에 놓인 채 수목한계선을 넘나든다. 미국 중부의 낙엽수 숲과 냉대 숲은 수백 킬로미터에 걸쳐 혼재한다. 하지만 식물학자들은 그 점이지대를 분명하게 인식했으며, 지도 제작자들은 그 지대를 가리키는 선을 대략 브라이슨이 북극 대기의 겨울 전선이라고 지목한 곳에 그었다. 그 선의 북쪽으로는 대체로 상록 침엽의 전략이 가장 성공적이며, 남쪽으로는 대체로 겨울에 잎을 떨구는 효율적인 활엽의 전략이 최선이다. 그 선의 북쪽으로는 침엽수 숲이, 남쪽으로는 낙엽수 숲이 펼쳐져 있고, 그 사이에 150여 킬로미터에 이르는 점이지대가 존재한다.

따라서 나무로 이루어진 민족국가의 조직자는 다름 아닌 날씨인 것으로 보인다. 같은 기후대에 살아가는 식물은 모두 오랜 진화의 세월을 거치면서 동일한 형태를 취한다. 그런 형태가 생산의 효율을 높여야 할 필요를 충족해주고, 공급되는 물의 사용과 열 예산 수지 맞추기 사이에 최선의 균형을 제공해주기 때문이다. 북극의 대기 가장자리처럼 기후 경계선이 뚜렷한 곳에서는 식물 군계의 경계도 뚜렷하다. 이런 현상은 시간의 흐름에 따른 지질학적 변천 과정이 식물과 기후에 똑같이 산이나 해안 같은 장벽을 제공할 때도 발생할 것이다. 하지만 자연적인 지형지물이 없을 때나 기후가 북극지방에서처럼 연중 정확하게 전개되지 않을 때는 식생이 혼합되는 지역이 넓어지며, 지도 제작자는 깔끔한 패턴의 그림을 지도책에 담아내기 위해 임의로 선을 긋지 않을 수 없다.

이제 나무로 이루어진 민족국가 아래 숨은 중요한 수수께끼는 모두 풀렸다. 유일한 조종자는 날씨다. 그리고 대부분의 경계선을 그은 주체는 바로 지도 제작자라 불리는 사람들이다.

06

식물의 사회적 삶

나무로 이루어진 민족국가를 발견한 데 이어 곧 식물사회학이 태동하게 되었다.

식물은 군집 속에서 자란다. 이들은 복잡한 유형을 띠며 더불어 성장한다. 모든 식물은 이웃, 긴밀한 이웃이 있어서 그들과 얼마간 협조해야 하고, 만약 그러지 않으면 아무도 살아남을 수 없다. 각 식물종은 다른 식물종과 공존하면서 후대를 양육한다. 즉 적어도 식물은 함께 자라면서 삶의 공간을 공유하는 것이다. 군집 속에서 살아가는 식물의 삶은 우연한 결과 같지 않다. 동일한 패턴의 생명체들이 끊임없이 반복되는 광경을 볼 수 있기 때문이다. 이는 마치 사회적 과정이 작동하는 광경, 즉 식물의 사회적 삶을 보고 있는 것과 같다.

온대지방의 숲은 대부분 압도적으로 우위를 점하는 단 한 가지 혹은 두 가지 종류의 나무로 이루어져 있다. 즉 그들이 그 숲에서 우세하다고 말해야 옳을 것이다. 다른 종류의 나무들도 그 숲에서 살아가기는 하지만 하나같이 수적으로 열세인 듯하다. 또한 수많은 다른 종류의 식물, 덩굴 식물·관목·봄꽃 따위도 존재할 가능성이 있다. 그런 숲은 한두 종의 배타적인 나무가 군림하는 식물 사회가 아닌가?

잉글랜드 남부의 참나무 숲은 영국의 여느 참나무 숲과 상당히 공통점이 많다. 이들 숲에서는 참나무가 독판을 치고 있고, 그 나무 아래로 서어나무(hornbeam) 같은 낯익은 관목이 자란다. 심지어 같은 종류의 봄꽃도 피어나는 듯싶다. 우리는 그 숲이 참나무가 지배하는 사회조직이라는 인상을 받는다. 그와 비슷하게 노르웨이의 가문비나무 숲은 노르웨이의 여느 지역에서 보는 또 다른 가문비나무 숲과 매우 흡사하다. 이곳은 가문비나무가 장악한 사회조직이다. 미국 중서부의 훌륭한 농지에 자리 잡은 비옥한 숲에서는 너도밤나무(beech)와 사탕단풍(sugar maple)이 우점종이다. 총 열여덟 가지 상이한 나무들이 군데군데 발견되고 95종이나 되는 관목과 초본이, 주종을 이루는 너도밤나무와 사탕단풍의 틈바구니에서 살아간다고 기록되어 있긴 하지만 말이다.

이 조직은 스스로를 동일하게 되풀이한다. 식물학자들은 자신들이 밝혀낸 이 기막힌 개념을 기술하기 위해 '군총(association, 群叢)'이라는 단어를 사용했다. 그러니까 잉글랜드에는 참나무 군총이, 노르웨이에는 가문비나무 군총이, 미국 중서부에는 너도밤나무-사탕단풍 군총이 있는 것이다. 물론 그 밖에도 수많은 다른 식물 군총이 있다. 천연 숲의 패치(patch: 생태 단위 조각—옮긴이)들은 동일한 우점종, 유사한 물리적 구조, 공존하는 더 작은 식물들 종의 비율이 상당한 점 등 군총 유형에 관한 일반적인 기술과 맞아떨어졌다. 식물 군총들은 흔히 함께 살아간다는, 추상화를 통한 이 같은 결론을 접하면 우리는 쉽게 강제성이라는 개념을 떠올린다. 식물들이 예측 가능한 질서 속에서 함께 살아가도록 이끌어주는 요인은 무엇인가, 이런 사회를 규제하는 경찰은 누구인가, 하는 질문을 던지게 되는 것이다.

식물이 친밀한 집단들 속에서 어우러져 살아간다는 사실은 중요한 발견이며, 실제로 관찰한 결과 역시 그와 같다. 하지만 그 집단들이 일종의 사회를 나타내며, 널리 받아들여지는 사회적 삶의 법칙에 따라 모여 있다는 사실은 좀더 흥미로운 함의를 지닌다. 식물들의 사회적 삶이라니, 믿기 어려울 만큼 흥미진진하지 않은가. 하지만 식물 군총들은 묘사할 수 있는 친숙한 군집들이다. 왜 그런지에 대해서는 약간의 설명이 필요하다.

50여 년 전 수많은 식물학자가 원대한 희망을 품고 식물 군총 수수께끼를 풀기 위해 길고도 고달픈 탐색에 나섰다. 그들은 자신들이 새로운 정신적 모험을 시작하는 문턱에 서 있음을 자각했으며, 식물 군총으로 표현되는 자연질서를 규명하고 그것을 이끌어가는 법칙을 발견하고자 했다. 그 1세기 전의 동물학자와 식물학자 들은 서로 다른 동식물종에서 드러나는 그보다 더 단순한 자연질서를 밝혀냈고, 그런 노력은 끝내 진화론으로 결실을 맺었다. 자연 군집 전반을 연구한다면 모종의 새롭고도 멋진 이론이 도출되지 말란 법도 없었다.

따라서 식물학자들은 종(species, 種)보다 훨씬 더 복잡한 조직을 좌우하는 법칙을 알아내기 위해 연구에 착수했다. 다윈이 그의 '수수께끼 중의 수수께끼(mystery of mysteries)'에 다가갔을 때처럼 이 식물학자들 역시 자기네가 위대한 진실에 성큼 다가가고 있다고 느꼈다. 그들은 스스로를 '식물사회학자'라고 불렀다.

초기의 식물사회학자들은 프랑스 남부와 그에 이웃한 스위스의 알프스산맥에서 연구를 진행했으며, '취리히-몽펠리에 학파(Zürich-Montpellier School)'라고 불렸다. 그들의 연구 방법은 먼저 '좋은' 식생을 발견하는 것이었다. 5000년 동안 농사를 지은 장소이자 숲이 그곳을 편리한 울타리처럼 에워싸고 있는 장소에서는 아마도 너무나 손쉬운 주관적 선택이었을 것이다. 그들은 그런 다음 그 군집을 탐구하고, 어떤 식물이 지배종인지, 어떤 식물이 흔한지, 어떤 식물이 희귀한지, 어떤 식물이 무리 지어 살아가는 사회적 부류인지, 어떤 식물이 외따로 살아가는 비사회적 부류인지 따위를 기록했다. 그러고 나서 식생이 처음 것과 비슷한 지역을 찾아 그곳에 대해서도 기술했다. 이런 과정이 내내 되풀이되었다. 이내 엇비슷한 식물 군집들을 기술해놓은 목록이 쌓여갔다. 그들은 그 목록을 서로 비교했다. 각각의 목록은 유독 거기에만 해당하는 개성 강한 식물을 몇 가지 포함하고 있었는데 그것들은 제외했다. 남은 것, 즉 모든 목록에 공통으로 나타난 지배적이고 충직한 종들, 그리고 그보다 덜 충직하지만 상당히 빈번하게 등장하는 훨씬 더 많은 종들이 어느 한 식물 군총의 공식적 정의를 이루었다.

취리히-몽펠리에 학파 소속의 한 학자는 자신이 '사회학자판 종'이라 여긴 것을 기술했고, 그렇게 정의한 군총을 한 박물관 분류학자(찰스 다윈—옮긴이)가 기술한 종만큼이나 생생한 단위라고 믿었다. 어쨌든 그 박물관 분류학자는 표본을 주관적인 방법으로 기술한 것에 지나지 않았다. 그는 수많은 개체를 관찰하고 평균적으로 기술할 내용을 마련하고, 그리고 그 결과를 한 종이라 불렀다. 그 취리히-몽펠리에 소속의 사회학자가 했던 일이 정확히 이와 같았다. 그의 개체들이 저마다 온전한 하나의 사회라는 점만 빼면 말이다.

취리히-몽펠리에 학파는 스위스와 프랑스 남부의 서로 다른 식물 군집들 모두를 이런 식으로 기술하는 데까지 나아갔다. 그런 다음 더 넓은 지역을 아우르면서 새로운 게 분명한 군집을 발견할 때마다 거기에 대해 기술하는 식으로 '군총' 목록을 늘려갔다. 박물관 수집가들이 알려진 종 목록에 새로운 종을 더해간 것처럼 말이다. 숲뿐만 아니라 황무지·목초지·숲지대·툰드라·사막 같은 모든 종류의 식물 군집을 총망라했다. 어느 장소에든 식물 공동체들은 있게 마련이다. 그 모든 군집에서 '군총'을 기술할 수 있었다. 그들은 이어서 그 기저에 깔린 자연법칙을 드러내기 위해 대대적으로 수집한 '군총'종을 정리하는 작업에 착수했다. 박물관 분류학자들은 '그들 자신의' 종을 가지고 그런 일을 함으로써 진화론으로 나아가는 길을 밝혔다. 그렇다면 이 새로운 생태학적 분류법 뒤에 숨어 있을지도 모를 막강한 지식은 무엇일까?

군총을 분류한 이들이 한 일 가운데 하나는 군총을 식물지리학자들이 언급한 거대 군계의 일부로 배정한 것이었다. 참나무, 너도밤나무와 사탕단풍, 밤나무와 호두나무, 자작나무와 미루나무가 주도하는 군총들은 모두 온대지방의 낙엽수 군계에 속한다. 가문비나무, 소나무, 낙엽송이 주도하는 군총들은 냉대 숲의 침엽수 군계에 해당한다. 그리고 툰드라에 배정될 법한 고산 초원의 군총들도 있을 수 있다. 툰드라 군총 대부분이 자리한 데서부터 남쪽으로 수백 킬로미터 떨어진 장소에서 관찰되는 것들이다. 분류학자들은 여기까지는 해낼 수 있었지만 그 이상의 진척은 이루지 못했다. 군총은 박물관의 종처럼 분류군인 속·과·목에 들어맞지가 않았다. 적어도 모두가 동의할 만큼 충분한 방식으로는 아니었다. 많은 이들이 애를 썼지만 누구도 성공하지 못했다. 마치 식물사회학에 기초해 자연을 새로이 이해하려는 노력은 가능하지 않은 것처럼 보였다. 그러던 차에 또 다른 식물사회학 학파가 여기에 가세했다. 그런데 그들이 선택한 방법은 분명 잘못이고 근원적인 아이디어가 아니다 싶었다.

웁살라 학파(Uppsala School)는 스웨덴을 포함한 스칸디나비아 전역, 그리고 북유럽 일부에서 연구를 진행했다. 다양성을 뽐내는 프랑스 남부와 알프스산맥 일대와는 판이한 지역이었다. 그곳은 침엽수가 끝 간 데 없이 펼쳐진 단층의 단순하고도 짙은 숲지대였다. 또한 거친 황무지와 드넓은 툰드라 지역이었다. 농지보다는 황야가 더 많았다. 이런 지역에서는 우세하다고 할 만한 식생을 선택하기가 그리 쉽지 않았다. 비슷비슷한 식생이 끝없이 펼쳐져 있고 광활한 지역에 걸쳐 오직 미묘한 변화만이 일어날 뿐이었기 때문이다. 따라서 웁살라 학파는 애써 노력하지도 않았다. 대신 수학적 기법을 써서 무작위로 개체 수를 조사했다. 숲이나 황무지에서 임의로 선택한 장소들을 골라 식물의 개체 수를 세기 시작한 것이다. 그들은 점점 더 지역을 넓혀가며 같은 과정을 되풀이한 결과 기존의 목록에 추가할 새로운 종류의 식물들을 발견했다. 하지만 얼마 뒤 그러기를 관두었다. 식물들이 너무 드넓은 영역에 퍼져 있어서 해당 군집에 살아가는 거의 모든 식물을 포괄할 수가 없었기 때문이다. 결국 식물 개체 수 세는 일은 중단되었다. 그들에게는 이제 취리히-몽펠리에 학파의 것과 비슷한 목록이 남았다. 그 목록에는 수많은 식물의 이름이 실려 있었는데, 어떤 식물은 흔하고 어떤 식물은 희귀하며 어떤 식물은 모여 살고 어떤 식물은 외따로 살며 어떤 식물은 우세하고 크기가 크며 어떤 식물은 미천하고 열등했다. 하지만 이 목록은 통계학자가 객관적인 방법으로 작성한 것이라서 임의로 식생을 선택한 이들이 드러내기 쉬운 주관적인 과학의 흔적은 담겨 있지 않았다.

한편 웁살라의 사회학자들은 프랑스 남부의 연구자들이 그랬던 것처럼 수많은 목록을 비교하기 시작했다. 그들 역시 나름의 '종'을 식별했고, 취리히-몽펠리에 학파의 '군총(associations)'과 헷갈리지 않도록 그것을 '기군집(sociations, 基群集)'이라고 불렀다. 그런 다음 남쪽의 주관적인 연구자들과 달리 새로운 과학적 진실을 밝혀내기 위해 그 '기군집'을 분류하려 애썼다. 하지만 그들에게 그 이상의 운은 허락되지 않았다. 식물 사회는 그 어떤 의미 있는 분류화도 거부했다.

분류화를 위해 고심하고 있을 무렵 식물 사회의 기이함과 씨름하던 과학자들은 마음속으로 평범한 사실 하나를 떠올렸다. 식물 군집은 학자들이 거기에 어떤 사회적 이름을 붙이든 간에 사실상 그 지역의 지표면에서 일어나는 물리적 변화를 반영한 결과일 따름이라는 것이다. 축축한 바닥에서는 모종의 군총이, 메마른 산허리에서는 또 다른 종류의 군총이, 비옥한 범람원에서는 또 그에 걸맞은 군총이 생겨나는 식이다. 과학자들이 자기네가 정교하게 구축한 목록을 가지고 기술한 것은 사회가 아니라 서식지였다. 어떤 특정 부류의 토양과 부지는 해당 지역에서 관찰할 수 있는 식물 목록에 적합했으며, 그 식물들은 생명활동에 적합한 그 같은 물리적 조건을 갖춘 곳이라면 어디서든 함께 무리 지어 자라는 모습으로 발견될 터다. 식물 사회를 규제하는 경찰은 모든 생명체들이 알아보는 게 분명한 물리적 조건이었다. 이 얼마나 싱거운 말인가. 하지만 산허리의 식생에 관해 오랫동안 열정적으로 작업을 이어간 한 인물 덕택에 논쟁의 불씨가 되살아났다.

우리에게 산허리의 식생 문제를 제기한 이는 미국 서부를 탐구한 C. 하트 메리엄(C. Hart Merriam)이었다. 메리엄은 1889년 애리조나주의 일부 지역을 대상으로 생물학 조사 업무를 맡게 되었다. 당시는 개척의 시대였던 만큼 그 지역의 생물학적 상황이 잘 알려져 있지 않았다. 어느 계절에 젊은 메리엄은 새로운 포유류 20종을 과학계에 알렸다. 하지만 그는 3900미터 고지의 샌프란시스코산(San Francisco Mountain)을 오르면서 만나본 식생대에 유독 강한 인상을 받았다. 소노라 사막(Sonoran Desert)에서 발원한 그 산에서는 군데군데 파이프오르간의 관처럼 생긴 '사와로(saguaro: 멕시코와 미국 남부에서 자라는 키 큰 선인장—옮긴이)'와 딱딱하고 질긴 관목이나 가시 돋친 관목이 자라고 있었다. 메리엄은 그 찌는 듯한 사막에서 기어 나와 낮은 쪽 산허리에 펼쳐진 작달막한 참나무 숲으로 들어갔다. 그리고 1800미터 고지에서 키 큰 소나무 숲과 마주했다. 시냇물이 그들 사이를 발랄하게 흘렀고 발아래 침엽 카펫에서는 약초 냄새가 났다. 1800미터, 놀랍게도 사막이 소나무 천국으로 달라지는 데는 1800미터면 족했다. 메리엄은 계속 산을 올랐고 소나무 숲 위쪽에서 미송(Douglas fir) 숲을 만났다. 훨씬 더 위쪽에서는 돌연 나무들이 사라졌다. 산 정상에 고산 툰드라가 펼쳐져 있었던 것이다. 메리엄은 그 같은 놀라운 변화에 큰 감동을 받았고, 사막·참나무 관목·소나무 숲·미송·툰드라, 이 사랑스러운 식생대를 각각 묘사한 글을 남겼다. 그리고 그것을 생물분포대(life-zones)라고 불렀다. 아마 '군총'이라고 표현해야 마땅했겠지만 당시는 아직 그 용어가 널리 쓰이지 않을 때였다.

메리엄은 생물분포대에 관해 마치 그 각각이 서로 뚜렷하게 구분되는 것처럼 썼다. 만약 각 생물분포대가 식물의 어느 특수한 사회조직을 반영한다면 이 접근법이 맞는다고 볼 수 있다. 하지만 식물이 물리적 서식지를 그저 수동적으로 따르는 존재에 그친다면 이 접근법은 말이 되지 않는다. 물리적 서식지는 고도가 약 1000미터 높아질 때마다 이전 단계와 확 다르게 바뀌는 게 아니라 우리가 산을 오를 때처럼 점진적으로 달라지기 때문이다. 산을 오르면 대기는 서서히 차가워지고 바람의 세기나 강수량도 점차 커지고 많아진다. 생명체에 관한 다윈의 관점에 따르면, 식물 종들은 산허리에서 스스로의 수위를 유지하면서 산이 높아짐에 따라 끊임없이 재결합하는데, 그 결과 식생의 유형이 계속 뒤섞이고 통합된다. 하지만 메리엄은 생물분포대가 서로 명확하게 분리되어 있어서 하나의 층 위에 또 다른 층이 얹히는 구조로 이루어졌다고 주장했다.

'직접 보면 믿을 수밖에 없다'는 말대로라면, 수많은 산악인은 메리엄의 편을 들 것이다. 만약 그가 했던 대로 애리조나주의 계곡 위로 올려다본 산에서, 갈라파고스 제도에서, 알프스산맥에서, 카메룬산(Mount Cameroon)이나 킬리만자로(Kilimanjaro)산에서, 뉴잉글랜드나 애팔래치아산맥에서는 식생대가 정말이지 한 층 위에 다른 층이 켜켜이 쌓여 있는 것처럼 보인다. 해마다 가을에 차를 몰고 애팔래치아산맥을 경유하노라면 누구라도 색색의 띠가 층을 이룬 광경을 목격할 수 있다. 참나무와 단풍나무의 붉은색, 침엽수의 짙은 초록색, 아직 단풍이 들지 않은 채 서 있는 나무들의 좀더 밝은 초록색이 극명한 대조를 이루는 것이다. 우리는 산맥을 따라 그 색깔의 띠들이, 생물분포대가, 군총들이 층층이 펼쳐진 모습을 두 눈으로 똑똑히 확인할 수 있다.

평지의 군총을 분류하는 것은 무척이나 까다로운 일로 드러났다. 면밀하게 관찰한 모든 군총들은 그저 물리적 서식지를 반영한 데 지나지 않았던 것이다. 하지만 한 식물사회학자는 위와 같은 산악인들의 지식에 힘입어 용기를 낼 수 있었다. 산허리는 기본적으로 점진적이고 계속적인 변화가 일어나는 장소지만 그런 물리적 여건을 지닌 산허리에서도 식물 군총은 큰 폭의 변화를 보였다. 각 군총들이 산허리에서 드넓은 띠 모양으로 펼쳐져 있었고, 한 식물 사회는 이웃한 사회 영역으로 넘어가는 경계에 이르는 지점까지 그 구성원들을 철저히 보호했다. 이것은 다시 한번 나무로 이루어진 민족국가들이자 세력권을 주장하는 경계선들이었다.

하지만 아뿔싸, 실상은 그렇지 않았다. 산악인들도 식물사회학자라고 추정되는 인물들도 착시의 희생자였던 것이다.

지금은 코넬 대학에 있는 로버트 위티커는 산허리를 좀더 자세히 들여다보는 일에 착수했다. 그는 지대니 식물 사회니 하는 모든 가정을 무시하고 곧바로 산허리의 숲으로 들어가 산을 오르면서 중요한 식물들에 대해 개략적으로 개체 수 조사를 실시했다. 그가 한 일은 단순하고 분명했다. 위티커는 개체 수를 조사하면서 그 분명한 지대들의 경계선 턱밑까지 다다랐다. 그러니만큼 그 선들을 경계로 불연속성이 존재한다는 사실을 확인할 수 있어야 했다. 하지만 경계선 지대를 따로 찾아낼 수 없었다. 대신 그가 얻은 자료는 개별 식물종들이 우리가 어느 산을 오를 때처럼 매우 점진적으로 나타났다가 사라진다는 사실, 그리고 각 식물종이 저마다 자유롭게 처신할 경우에 나타나는 결과로, 사회조직의 이점을 누리지 못하고 끊임없이 혼재한다는 사실을 분명하게 보여주었다.

그렇다면 식물학자든 비전문가든 그들이 육안으로 똑똑히 볼 수 있었던 식생대는 대체 무엇이란 말인가? 한마디로 둘 사이에 모순은 없다. 계곡에서 멀리 산을 올려다보는 사람은 중요한 것, 즉 각각 붉은 참나무,

소나무, 진달래속 덤불의 무성한 층위들을 분간해낸다. 같은 색깔과 질감이 집중적으로 녹아든 장소들은 보는 이의 의식 저변에 깔린다. 이따금 무지개에서 변화하는 색깔들의 스펙트럼을 볼 때처럼 변화하는 식물의 스펙트럼을 보고 있는 것이다. 우리는 무지개의 빛스펙트럼에서 보라색이니 초록색 띠에 관해 이야기하지만, 실상 빛의 파장은 그 스펙트럼의 한쪽 끝에서 다른 쪽 끝까지 끊임없이 연장선을 이룬다. 무지개에서 뚜렷하게 구분되는 색깔의 띠는 그저 기억하거나 표현하는 데 도움을 줄 따름인 일종의 착시다. 산의 식생대도 그와 마찬가지다. 즉 실제로 식생대들은 뚜렷하게 구분되는 지대로서 존재하지 않는 것이다.

군총이라는 개념과 관련하여 여전히 해명해야 할 문제가 하나 있다. 다름 아니라 어떤 식물종이 식생대를 주도하고 있는 현실에도 불구하고 다른 식물종들이 함께 진화해온 점이다. 다른 식물종들의 존재에 의리를 보이는 식물종도 있다. 그 종들과 긴밀하게 손잡고 자기 삶을 영위하기 때문이다. 참나무가 자라는 곳에서 살아가는 생태적 지위를 차지하거나 너도밤나무와 사탕단풍의 그늘 아래서 생계를 꾸려가는 일은 얼마든지 가능하다. 다른 종들의 존재를 이용하기 위해 새로운 생태적 지위가 진화함에 따라 상이한 식물종들 사이에 이러저러한 군총이 생겨나기도 한다. 군총은 많은 종이 아니라 일부 종만 아우르는 개념이지만, 이른바 생물학자들이 말하는 '공생(symbiosis)'의 느슨한 형태가 될 수 있다.

하지만 이런 유의 군총은 전적으로 다윈의 아이디어다. 여러 종으로 이루어진 군총이 나타나는 것은 각 종이 저마다 진화적 적합성을 얻기 위해 프로그램화한 결과다. 우리는 이제 실제적인 경험을 통해 이런 유의 의존관계는 대체로 느슨하며 결코 한 번에 많은 종으로 확대되지 않음을 알고 있다. 이렇게 말할 수 있는 것은 군집을 연구하는 동안 식물 사회(plant society) 혹은 독립체(entity)라고 주장했던 모든 식생 패치들이 하나로 뒤섞이는 현상을 보아왔기 때문이다. 이것은 처음에 대륙 차원의 군계들, 즉 식생의 민족국가들—지구상의 물리적 경계선들, 즉 해안선·산맥·기단 따위가 있는 곳에서만 경계선을 가진다—에 잘 적용되었다. 식물사회학자들이 제창한 '군총'과 '기군집'—이들은 배수·노출·토양을 반영하는 것으로 드러날 수 있었다—에도 해당되었다. 그리고 산의 생물분포대—이들은 결국 유리 프리즘을 통과한 색깔 띠처럼 단순화한 추상의 결과다. 색깔 띠의 가장자리는 실은 항상 이웃한 색깔들과 미세하게 뒤섞이기 때문이다—에도 적용되었다.

식물에 있어 명확하게 구분되는 군집들은 없다. 실제로는 다윈이 규명한 개별 종들이 스스로의 분포 범위를 유지하면서 끊임없이 뒤섞이고, 이웃과 경쟁을 벌이면서 저만의 고유한 생태적 지위 속에서 살아가는 것이다. 군집은 나타났다가 사라지며, 식물은 그저 운명이나 역사에 의해 일시적으로 동맹을 맺을 따름이다. 하지만 함께 사는 동안에는 이웃과 맞물려 삶을 영위한다. 이런 사실을 깨닫게 된 것이 식물사회학의 최대 결실이었다. 자연에서 식물의 사회조직을 찾아낸 식물학자들 덕택에 우리는 생명체가 실제로 어떻게 살아가는지를 전혀 새로운 눈으로 바라보게 되었으며, 그 개념에 '생태계'라는 이름을 붙일 수 있었다.

1930년대에 식물학자들은 본인들이 연구한 '군집'을 실제로 규정한 것은 땅의 패치들이고, 군집 구성원의 운명은 이웃 식물들의 삶이 아니라 토양, 날씨, 그리고 그 장소에서 함께 살아가는 동물들에 달려 있음을 알아차리면서, 저마다 어떻게 그 현실을 개념화할지 고심했다. 뒤이어 용어 창안자들이 나섰다. 이렇게 해서 생겨난 용어가 바로 naturcomplex, holocene, räume다. 우리는 biotic districts, biochores, biogeoceonoses 같은 표현도 지면에서 접한 적이 있다. 하나의 개념이 등장하면 그것을 잘 담아낼 수 있는 발음하기 쉽고 명료한 용어가 필요하다. 영국의 식물학자 아서 탠슬리(Arthur Tansley)가 처음 고안한 '생태계(ecosystem)'라는 용어는 바로 이렇게 해서 탄생했다.

따라서 생태계는 식물학자들이 만들어낸 '발명'품이다. 나는 조심스럽게 발명이라는 표현을 썼다. 생태계는 사람들이 떠올린 개념을 기술하는 용어다. 그 크기가 어떻든 간에 지구의 패치들을 규정하고 연구함으로써 거기에서 생명체가 어떻게 살아가는지 파악할 수 있다는 개념인 것이다. 물리적 환경과 생명체가 각기 서로 어떻게 영향을 주고받는지 알아보려면 그들을 함께 살펴보아야 한다. 생태계라는 개념은 자연을 바라보는 방법이다. 그리고 그 개념은 어떤 전지전능한 기획에 의해 움직이는 초유기체적 존재는 없다고 본다. 오직 다윈의 종들만이 존재할 따름이다. 그러나 그 종들이 지구상에서 어떻게 존속하는지 알려면 생태적 지위와 서식지를 체계적으로 고찰해야 한다. 또한 생물과 무생물 둘 다를 연구해야 한다.

탠슬리는 다른 학자들이 존경하는 학식 많고 지혜롭고 온건한 학자였다. 그는 영국의 식생에 관한 빼어난 논문을 남겼으며, 영국 왕은 영국의 식물학에 기여한 공로로 그에게 기사 작위를 부여했다. 아마도 당시 영국 왕 조지 6세(George VI)는 자신이 위대한 학자일 뿐 아니라 생태계라는 용어를 창안한 사람을 치하하고 있다는 사실을 잘 몰랐을 것이다. 식물이나 들여다보는 자에게 기사 작위를 내리다니 황금박차 훈장을 달고 아쟁쿠르(Agincourt)나 크레시(Crécy) 전투에 참전한 이들로서는 콧방귀를 뀔 노릇이었을지도 모른다. 하지만 양편 가운데 어느 쪽이 후대에 더 위대한 족적을 남겼는지는 두말할 필요가 없다.

07

순환: 농사에서 얻는 교훈

수많은 유럽의 농부들은 숱한 경험을 통해 자기 선조들이 사용한 방법이 다습한 열대지방의 일부 지역에서는 먹혀들지 않는다는 사실을 발견했다. 열대지방에서 전형적으로 볼 수 있는 붉은 땅을 개간하고 쟁기질하고 거기에 씨를 뿌리면 그 노력은 거의 보상을 받지 못한다. 수확량이 줄어드는 사태를 막아보고자 수년간 애써왔음에도 또다시 고배를 마시며, 붉은 점토로 이루어진 패치들은 야생의 잡초밭이 되고 만다. 이 같은 유형은 열대지방의 토착민에게는 익히 알려진 터라 몇 년 뒤 그 땅을 버리고 다른 작은 패치를 개간하기 위해 옮아가는 게 일반적이었다. '이동농업(shifting agriculture)'이라고 알려진 과정이다. 서구 문명을 지탱해준, 모종의 작물을 끊임없이 수확할 수 있는 농업이 수많은 열대지방에서는 가능한 것 같지 않아 보인다. 어쨌든 간에 참 이상한 현상이다. 열대지방은 따뜻하고, 작물은 분명 따뜻함을 좋아하지 않는가? 농사가 실패하는 장소는 상당수가 다습한데, 식물은 물도 좋아하지 않는가? 게다가 이들 지역에서 발견되는 야생의 식생은 북부 농부들의 상상을 초월할 정도로 풍부하다. 하지만 그처럼 푸르고 울창한 장소에서 농사만 시도했다 하면 여지없이 실패하고 만다.

이런 실패의 직접적인 원인에 대해서는 잘 알려져 있다. 열대지방의 토양이 화학적 의미에서 비옥하지 않기 때문이다. 즉 그곳의 토양은 인·칼륨·질소·석회질이 부족하다. 또한 따뜻하며, 유사 이래 지금껏 쏟아지는 빗물에 거의 잠겨 있다시피 하다. 그런지라 칼륨, 칼슘, 기타 영양물질이 땅에서 씻겨나가는 것도 무리는 아니다. 실제로 따뜻한 물이 쉴 새 없이 쏟아진다는 점은 열대지방의 토양을 붉은색으로 만들어주는 부분적인 이유이기도 하다. 비가 용해성의 식물 영양물질뿐 아니라 북부지방의 땅을 회색으로 물들이는 실리카(silica)—부싯돌 같은 암석을 구성하는 중요한 물질—를 씻어내기 때문이다. 다습한 열대지방의 옛 토양에 남은 것이라고는 산화알루미늄과 산화철을 함유한 좀더 단순한 점토의 비용해성 모암(母巖)뿐이다. 이 붉은 혼합물은 보크사이트 광석이나 철광석이 되는 길로 순조롭게 나아가고 있다.

따라서 서구의 농부는 수많은 열대지방에서 농사를 시도하는 족족 실패하고 만다. 그가 쟁기질하는 토양에서는 식물 영양물질이 말끔히 씻겨나가 버리기 때문이다. 그렇다면 어떻게 야생 식생은 주요 화학물질이 땅에 없는데도 잘만 살아가는가? 식물 영양물질은 밀이나 옥수수에 중요한 정도만큼 열대우림에도 중요하며, 열대우림의 땅은 농부가 그 땅을 개간하기 전까지는 당연히 열대의 나무로 이루어진 거대한 숲을 잘 지탱해주고 있었다. 우리가 뭉뚱그려 '열대우림'이라고 부르는 숲에서 다른 수많은 식물들과 연합해 살아가는 수목들은 어떻게 영양물질이 모두 씻겨 나간 토양에서 그토록 무성하게 자랄 수 있을까? 선의를 지닌 농부가 숲의 나무들을 잘라내기 전에 그 숲 가운데 하나를 면밀히 관찰해보면 그 질문에 대한 답을 얻을 수 있다.

숲이 훼손되지 않고 건강한 곳에서는 토양의 상태에도 불구하고 영양물질이 잘 보관된 장소가 한 군데 있다. 그 영양물질 공급원은 살아 있는 식물 그 자체에 들어 있다. 열대지방 생태계에서 생명체들은 저마다 영양물질의 저장고이며, 숲은 그 자신의 화학 저장고를 유지하고 계속 그곳을 영양물질로 채워 넣을 책임이 있다. 이것은 겉보기에는 불확실한 저장고다. 공격받는 게 다반사기 때문이다. 큰 나무가 죽을 때마다 균류와 흰개미가 그 사체를 분해하며, 이 공동 저장고의 특정한 일부가 썩으면서 붉은 광물질 토양으로 흘러들어 간다. 동물은 쉴 새 없이 초록색 나뭇잎을 베어 먹고 배설물을 통해 땅으로 영양물질을 찔끔찔끔 떨어뜨린다. 하지만 그렇게 소실된 영양물질은 씻겨나가지 않는다. 숲이 지극히 복잡하고 정교한 잔뿌리 망을 통해, 그리고 나무뿌리에서 살아가는 특별한 균류의 도움을 통해 그것을 몽땅 거두어들이기 때문이다. 식물에게 별 가치가 없는 것은 그 망을 거치면서 씻기고 배수된다. 이것이 바로 열대우림이 비옥하지 않은 토양에서도 그토록 번성할 수 있는 비결이다. 생명체 군집은 자신들이 살아가는 데 필요한 화학적 영양물질을 저장하고 재활용한다.

농부는 저지대 열대우림을 개간하고자 할 때면 식물을 잘라 죽이는데, 이것은 다름 아니라 영양물질 회수 시스템 자체를 파괴하여 화학물질이 토양을 타고 강이나 바다로 씻겨가도록 내모는 꼴이다. 농부는 요구 많은 자신의 작물들이 실패하면 토양이 척박하기 때문이라고 구시렁거린다. 물론 토양은 척박하다. 하지만 그렇게 만든 이는 바로 농부 자신이다.

스스로의 어리석음으로 곤경에 처한 농부가 농사를 작파하면 그가 망가뜨려놓은 붉은 토양에서는 야생 식물들이 자란다. 하지만 아직 그가 베어버린 숲 자체가 복구되는 것은 아니다. 영양물질이 극도로 빈약한 상태를 견딜 수 있는 특별한 식물들이 먼저 도착한다. 다행히도 이들은 거의 남아 있지 않은 영양물질을 끌어모으는 과정에 착수하고, 비와 흙에서 서서히 더 많은 영양물질을 수집한다. 저장고는 조금씩 조금씩 도로 채워진다. 그러다 보면 언젠가 풍부한 영양물질 저장고를 보유한 숲도 되살아날 것이다. 혹은 애초에 숲이 그 자리에 조성되려면 그 비슷한 일이 일어났으리라고 추측할 수밖에 없으므로 그렇게 상상하는지도 모르겠다. 좌우지간 그렇게 되는 데는 족히 수백 년 혹은 수천 년이 소요된다. 열대우림은 아주 먼 옛날에, 즉 지금과는 기후가 달랐을 수도 있고 토양도 막 생겨난 때에 시작되었을지도 모른다. 그 숲은 우리 시대에는 그저 그 생애주기에 따라 지속될 따름이다. 우리가 이까짓 것 하고 업신여기면서 파괴하면 그 숲은 영영 사라져버릴 수도 있다.

우리는 이제 서구인의 전통적인 농사가 그 자신의 터전인 유럽에서뿐 아니라 다른 곳에서도 잘되는 까닭을 알아야 한다. 북부에서 최상의 농경지는 물 공급이 원활한 곳이다. 주기적으로 비가 내려서 칼륨염·질산염 따위를 잘 용해하고 그것들을 토양으로 흘려보내 바다로 실려 가게 만드는 곳 말이다. 그런 땅에 조성된 야생 숲을 자르고 갈색 토양을 일구면 작물이 해를 거듭해도 잘 자랄 수 있다. 그런 토양들 가운데 일부에서 우리는 수천 년 동안 농사를 지어왔으며, 아직도 그러기를 그만둘 까닭이 없다. 우리는 화학비료 대신 가축의 배설물을 땅에 되돌려주면 좋다는 것을 알아냈다. 심지어 형편없는 농부조차 그럭저럭 해낸다. 우리는 그 방법을 붉은 열대지방의 토양에 적용한 사람이 맞이할 실패 따윈 결코 겪지 않는다. 누구에게나 흔한 경험이지만 잘 생각해보면 정말 희한하지 않은가? 왜 그 같은 과감한 농사 행위는 그토록 잘 먹혀드는가?

온대지방 숲의 영양물질 저장고를 이해하면 그 질문에 답할 수 있다. 온대지방 숲에는 영양물질 저장고가 열대지방 숲처럼 딱 하나가 아니라 세 개나 있다. 첫 번째는 식물 그 자체에 들어 있는 (열대지방 숲과 같은) 저장고이지만, 이것은 전체의 극히 일부에 지나지 않는다. 다른 두 저장고는 부식토와 좀더 차가운 토양에 존재하는 이상하리만치 복잡한 점토광물 속에 들어 있다.

부식토가 이롭다는 것은 주지의 사실이며 이것이 바로 부식토의 존재 이유이기도 하다. 겨울이 추운 북쪽 지역에서는 부식 과정에 훨씬 더 애로가 많으므로 죽은 식물의 잘 썩지 않는 부분이 오랫동안 남아 있다. 그 부분이 제 몸을 만드는 데 쓰였던 영양물질을 마지못한 듯 토양수에 넘겨주며, 이 소량의 영양물질은 온대지방 나무의 뿌리 시스템(열대지방의 나무보다 훨씬 효율이 떨어지긴 하지만)이 거두어간다. 심지어 작물조차 그 소량의 영양물질을 가로챌 수 있다. 더욱이 부식토는 그런 화학반응을 거치므로, 음전하를 띠는 질산염이나 인산염 같은 영양물질이 실제로 무생물의 화학적 과정에 의해 토양수에서 빠져나와 부식토 입자에 쌓인다. 따라서 온대지방의 농업이 잘되는 까닭 가운데 하나는 서늘한 기후 덕에 부식토가 쌓이고, 그 부식토가 영양물질 공급을 좌우하는 수동적인 무생물 규제자 노릇을 하기 때문이다.

다양한 점토광물들은 부식토보다 훨씬 더 중요한 것 같다. 우리는 갈색이나 회색을 띠는 북쪽의 땅과 달리 열대지방의 땅이 붉다는 사실을 통해 두 토양의 물리적 차이를 알아차린다. 식물들에게 이는 좀더 다습하고 오래된 열대지역의 토양에는 발음하기도 까다로운 몬모릴로나이트(montmorillonite)나 복잡한 알루미노규산염(aluminosilicate) 같은 광물이 존재하지 않는다는 것을 말해준다. 알루미노규산염은 북쪽에서 발견되는 끈적끈적한 점토의 주성분으로, 쟁기질된 축축한 밭을 걸어 다닐 때 장화를 푹푹 빠지게 만드는 주범이다. 하지만 음전하를 띠는 그 광물은 표층에 있는 칼륨·나트륨·칼슘 같은 금속성 이온을 모아주므로 장화만 끌어당기는 게 아니라 영양물질도 잡아두어 식물이 의지할 수 있는 창고 노릇을 한다. 따라서 온대지방 토양에 제공되는 세 번째 비료 저장고는 바로 알루미노규산염이라는 점토광물의 영양물질이다.

서구식 농사가 전형적인 열대지방의 토양에서보다 북쪽에서 훨씬 더 잘되는 까닭을 제대로 이해하려면, 먼저 토양을 붉게나 회색으로 만드는 요인이 무엇인지 알아야 한다. 지금까지는 이 문제에 대해 확실한 해답을 얻기가 어려웠다. 기온과의 상관관계는 분명해 보였지만, 상관관계가 인과관계까지 말해주는 것은 아니기 때문이다. 붉은 토양은 기온이 더 따뜻한 곳에서 만들어지지만, 우리는 왜 따뜻하면 토양이 더 붉어지는지 그 이유를 설명해야 한다. 붉은 토양은 직접적인 기온 외에 이를테면 더 따뜻한 장소에서 살아가는 식물종, 혹은 토양동물(soil animals: 흙 속에서 생활하는 동물의 총칭—옮긴이) 따위와도 상관관계를 보일 수 있다. 그중 가장 흥미로운 상관관계는 언젠가 내가 뉴잉글랜드에서 노스·사우스캐롤라이나주를 향해 남쪽으로 차를 타고 갔을 때 동행한 버지니아주의 토착민이 들려준 것이다. 버지니아주를 경유할 즈음 양키랜드(Yankee Land: 미국 북부의 여러 주—옮긴이)의 회색이나 갈색 흙이 남쪽의 붉은색 흙으로 서서히 달라지고 있었다. 그 같은 변화는 과학자의 눈에 흥미로운 만큼이나 인간의 감성도 들뜨게 만들었다. 대체로 그렇듯이 나는 그 광경에 감동을 받았고 일행과 버지니아주의 흙이 붉다는 사실에 대해 대화를 주고받았다. 그가 말했다. "저런, 땅이 양키의 피로 물들었네." 버지니아주의 토양은 오직 약간만 붉다. 진짜 열대지방 저지대의 붉디붉은 토양과 달리 여전히 규산염을 함유하고 있으며 농사짓기에도 적합하다. 비료는 아마도 양키의 피였던 모양이다.

붉은 토양에서는 알루미노규산염의 실리카를 찾아볼 수 없다. 북부 토양에서는 오래된 모암의 플린트를 함유한 회색 규산염 상당수가 끊임없이 비에 씻겨나가 토양에 남는다. 이처럼 영양물질이 잘 씻겨나가는 토양 가운데 가장 차가운 북부 침엽수 숲의 회백토에서는, 색깔 빠진 규산염층이 표면 가까이 잔류해 있다. 우리의 농사 대부분이 이루어지는 좀더 갈색을 띠는 낙엽수 숲의 토양에도 산화철이나 산화알루미늄과 혼합되어 있긴 하지만 여전히 규산염이 풍부하게 남아 있다. 하지만 열대지방에는 규산염이 씻겨나가고 없다. 규산염이 없으면 토양의 광물 합성 경로가 크게 달라진다. 그리고 열대지방의 토양은 영양물질을 붙잡아두는 복합 점토를 잃어버린다. 따라서 토양이 붉은색이나 회색을 띠는 문제, 그리고 열대지방 토양이 척박한 문제는 둘 다 날씨가 추워지면 규산염을 취하고 따뜻해지면 버리는 메커니즘과 관계가 있다.

토양의 화학반응은 더없이 복잡하므로 아직까지도 그 메커니즘의 작동 원리는 정확하게 규명되지 않은 상태다. 토양을 작은 입자들이 활발하게 화학반응을 일으키는 거대한 여과지라고 생각하면 좋다. 물이 그 반응

자리의 미로를 통과해 조금씩 흘러내리면, 이제 막 지나간 광물, 물이 스며 나온 유기 폐기물, 토양 생명체들이 들이마시는 가스에 의해 산성도가 결정된다. 산성도는 상이한 광물의 용해 속도에 영향을 미치지만, 다른 광물들의 화학적 환경 혹은 유기 콜로이드의 존재도 그렇다. 토양에서 늘 이루어지는 새로운 광물의 합성은 다시 토양 용액 속 용질의 농도에 영향을 주며, 이것은 다시 산성도와 새로운 합성을 좌우한다. 모든 토양에서는 놀라울 정도로 복잡한 화학반응이 계속된다. 그 일부, 특히 토양수의 산성도는 동물과 식물에게 상당한 영향을 끼친다. 다른 부분들은 순전히 물리적 과정의 결과다. 그리고 생물이든 무생물이든 모든 과정은 온도의 영향을 받는다. 구체적인 메커니즘이 어떤 것으로 드러나든 간에 좀더 따뜻한 기후에서는 화학반응이 규산염을 배제하는 쪽으로 진행된다. 그런가 하면 좀더 추운 장소에서는 규산염을 지키고 몬모릴로나이트 같은 광물을 합성한다. 이것은 토양을 회색으로 만들고 토양이 농업에 적합해지도록 하는 데 크게 기여한다.

서구 농업은 그 본거지인 서구에서는 성공적이다. 북부 토양은 식물로부터 조금만 도움을 받아도 영양물질을 단단히 붙잡아둘 수 있기 때문이다. 이것은 물리적 우연이며 추운 날씨로 인한 간접적 결과다. 북부 생태계에서 영양물질 순환의 상당 부분은 무생물 과정이 주도하며, 동식물은 그 과정을 그저 이용할 따름이다. 농부가 애초에 무생물을 죽일 수는 없는 노릇이므로 그가 어느 식생을 다른 식생으로 대체한다 해도 그곳의 중요한 생명 유지 체제는 파괴되지 않는다. 물론 그가 지나치게 부주의해서 토양이 침식하도록 내몰 수는 있지만, 대개는 그렇게 되지 않도록 하는 법을 알고 있다. 토양이 훼손되지 않으면 영양물질의 저장고도 대체로 망가지지 않는다.

심지어 열대지방에서도 대대적인 무생물 요소가 영양물질 공급에 투입되는 장소가 몇 군데 있다. 그중 가장 두드러진 곳은 대규모 삼각주다. 갠지스강·나이저강·메콩강·나일강 어귀에는 매년 상당량의 퇴적물이 부려지는데, 그 퇴적물에 강 상류의 모든 생태계가 실어 보낸 수많은 영양물질이 함께 떠내려온다. 누군가 이 강 하구 삼각주를 원하는 만큼 열심히 일군다 해도 그 땅은 파괴되지 않는다. 해마다 강물이 흘러내려 와 농사로 인한 손실을 메워주기 때문이다. 이것이 바로 열대지방의 강 하구에 사람들이 그토록 많이 몰려 사는 까닭이다. 물론 그 강을 댐으로 막기 전까지이긴 하지만 말이다.

열대지방에는 토양이 비옥한 장소가 또 한 군데 있다. 특히 영양물질이 풍부한, 얼마 안 된 화산암에서 비롯된 토양을 보유한 곳이다. 바로 그 같은 토양이 하와이의 일부 파인애플 재배자들을 백만장자로 만들어주었다. 참으로 이상하게 들리지만 또 다른 비옥한 땅은 강우량이 줄어든 장소에서 찾아볼 수 있다. 그런 곳에서는 토양의 화학반응이 다르기 때문이다. 인도 아대륙의 좀더 건조한 절반 지역에서는 열기·비·건기가 토양을 검은색으로 만들어주며, 그런 검은색 토양은 농사짓기에 안성맞춤이다. 하지만 사시사철 덥기만 하고, 수천 년 전 만들어진 땅의 표면에 변함없이 비가 쏟아져 내리는 전형적인 저지대 열대지역은 토양에 영양물질이 거의 없으며 식생은 오로지 저만의 영양물질 저장고를 구축함으로써 삶을 지탱해나간다. 자연선택이 야생 생태계에서 살아가는 식물들로 하여금 그렇게 하도록 이끌었다. 그러므로 만약 당신이 식물들을 잘라버린다면 그 생명체를 지탱하고 있는 시스템 자체를 파괴하는 꼴이 된다.

08

바다는 왜 파란가

바다는 파랗다. 바다 역시 젖어 있고 태양 아래 펼쳐져 있다는 점을 생각하면 이것은 매우 이상한 현상이다. 바다가 육지처럼 식물이 있다면 초록색이어야 옳지만 그렇지 않다. 해안과 강 하구는 탁한 색이고, 경수(硬水)가 흐르는 폭풍우 몰아치는 해협은 초록색이며, 안개에 휩싸인 모래톱은 은회색을 띤다. 하지만 심해와 외해를 비롯해 대부분의 바다는 파란색이다. 이렇듯 바다는 희한하게도 파란색인데, 이 사실은 우리에게 많은 것을 이야기해줄 수 있다.

바다가 왜 파란지에 관한 한 가지 설명은 매우 간단하다. 바다는 그것을 초록색으로 만들어줄 만큼 충분한 식물이 없어서 햇빛을 받는 순수한 물의 색깔을 띤다는 것이다. 빛은 완벽하게 깨끗한 물을 통과하면서 조금씩 조금씩 흡수되고, 태양에너지는 그 여정을 거치면서 열로 방산되어 마침내 모든 에너지가 열 흡수원으로 흘러들어 결국 완전한 암흑이 된다. 하지만 하얀 빛의 색깔은 차례로 달라진다. 먼저 우리가 '빨강'이라고 부르는 저에너지 파장이 오고, 이어서 순차적으로 그 스펙트럼의 좀더 강력한 부분들인 주황·노랑·초록이, 그리고 마지막으로 다양한 색조의 파랑이 온다. 오직 파란 빛만이 약 1000미터 아래까지 닿으며, 따라서 결과적으로 표층수에서 심해까지 다시 심해에서 표층수까지 여행하는 반사광은 모두 파랑이다. 그러므로 바다는 파랗다.

하지만 바다가 파란 진짜 이유는 바다를 초록색으로 만들어줄 식물이 충분치 않기 때문이다. 이것은 우리가 살아가는 세상에서 관찰할 수 있는 이상한 현상들 가운데서도 가장 이상한 현상이다. 왜 드넓은 해양은 식물의 초록색이 아니란 말인가?

우리는 바다에서 실제로 초록색을 띠는 몇몇 장소들, 특히 도거뱅크(Dogger Bank) 같은 얕은 모래톱, 혹은 페루 연안처럼 거대한 용승(upwelling, 湧昇: 해양에서 비교적 차가운 심해수가 아래로부터 위로 표층수를 제치고 올라오는 현상—옮긴이)이 일어나는 지역 따위를 살펴봄으로써 해답에 다가가는 첫 번째 힌트를 얻을 수 있다. 그런 지역들은 거대 어장이며, 그곳의 바닷물은 식물 생명체들로 인해 탁한 초록색을 띤다. 거대 어장이라는 사실은 곳곳에 흩어져 있는 그 장소들의 생산성이 풍부함을 증명해주며, 탁한 초록색은 거기가 대단히 비옥한 곳임을 말해준다. 실제로 대단히 비옥하다는 것은 단순히 화학적 의미에서 그곳이 어장이고 색깔이 탁한 초록색이라는 사실 둘 다를 설명해준다. 모래톱과 해안 용승 지역은 화학 영양물질의 공급이 풍부한 곳이고, 따라서 바다에 사는 작은 식물 플랑크톤이 크게 번성한다. 그 결과 바닷물은 동물이 몸을 담그고 살아가는 초록색 수프로 달라지고 결국에 가서는 어부의 생계에 이바지한다.

바다가 이례적으로 비옥한 곳에서는 작은 식물들이 빠르게 번식하고, 그들의 몸체로 인해 바닷물이 초록색으로 변한다. 하지만 대부분의 바다는 비옥하지 않다. 화학적 관점에서 사막이나 다름없다. 바닷물 속에는 언제나 칼륨·인·규소·철·질산염 등이 존재하지만 농도가 낮다. 농사라는 측면에서 볼 때 외해는 대책이 없을 정도로 척박하다. 만약 바다가 척박하다면 거기에서 식물이 잘 자라지 않을 테고, 아마도 그 때문에 바다에 식물이 그토록 적다고 생각하는 것이 이치에 맞는다.

여기까지는 별 문제가 없어 보인다. 하지만 이 논쟁과 관련해서는 커다란 난관이 하나 숨어 있다. 모든 것은 바다 식물이 너무 작다는 데서 비롯된다. 매우 비옥한 바다(오염된 강 하구가 좋은 예다)에서는 미세 식물이 크게 불어나서 바닷물이 그들의 몸으로 인해 완두콩 색깔을 띤다. 하지만 만약 그 수역이 망망대해처럼 영양물질이 부족한 불모지라면, 빛이 들어오는 바다 상층부의 화학물질은 오직 극소수의 식물 세포만을 만드는 데 그칠 것이다. 결국 그 수역은 기본적으로 텅 빈 것과 같고, 태양은 곧바로 심해로 쏟아져 들어오고 그 결과 바다는 파란색을 띤다. 하지만 이것은 오로지 식물이 아주 작다는 가정하에서만 그렇다.

열대우림의 나무들이 열대지방의 땅을 뒤덮은 것처럼 바다 표층수에서 거대 식물들이 부유하면서 그 이파리로 바다를 온통 뒤덮었다고 가정해보자. 이처럼 거대한 식물은 바닷물에 영양물질이 부족하다고 걱정할 필요가 없을 것이다. 앞 장에서 살펴보았듯이 열대우림의 나무들이 열대지방의 붉은 토양에서 영양물질이 제대로 공급되지 못하는데도 떵떵거리며 살아가는 것처럼 말이다. 거대 식물들은 영양물질을 모으고 축적하고 비축할 수 있다. 바다에 사는 거대 식물에게 그것은 식은 죽 먹기나 마찬가지다. 빛이 들어오는 바다의 표층 아래 깊은 곳에는 사실상 거의 무한대의 영양물질이 들어 있다. 대양은 중앙의 깊이가 무려 8킬로미터나 되기 때문이다. 비료 문제는 밀도의 문제다. 빛이 닿고 그에 따라 식물이 자랄 게 분명한 해양 표층에서 수십 미터 떨어진 지점에서는 일부 영양물질이 부족하지만, 그 아래의 영양물질 공급 잠재력은 실로 어마어마하다. 바다 표층의 거대 식물은 육지의 거대 식물처럼 영양물질을 흡수한다. 그리고 비슷한 수준을 유지하기 위해 끊임없이 심해에서 더 많은 영양물질을 받아들인다. 따라서 만약 외해에 거대 식물이 존재한다면 영양물질의 농도가 낮은 것은 전혀 문제가 되지 않을 것이다.

우리의 탐구 문제는 이제 다윈적 현실에 좀더 가까이 다가간다. 바다는 파랗지만, 그것은 바다가 실제로 척박하기 때문이 아니라 바다에 거대 식물이 살지 않기 때문이다. 거대 식물은 아래 심해에서 영양물질을 여과한 것처럼 영양물질을 서서히 집적함으로써 표층수의 척박함을 이겨낼 수 있다. 거대 식물은 육지의 삶에서와 마찬가지로 바다에서도 주요인으로 떠오를 것이다. 자기 아래로 대규모의 그늘진 공간을 조성하고, 모든 동물 먹이사슬이 나뭇잎을 한 조각씩 베어 먹는 유형에서 시작되도록 이끌면서 말이다. 그러나 외해에는 거대 식물이 살아가지 않는다. 거대 식물은 켈프가 그렇듯이 해안 부근에서만 서식할 수 있다. 북미 대륙 태평양 연안에서 볼 수 있는 대형 켈프 마크로키스티스속(*Macrocystis*)과 네레오키스티스속(*Nereocystis*)은 세계에서 길이가 가장 긴 식물로 알려져 있다. 하지만 이 거대 바다 식물 가운데 어느 것도 외해에서 부유하는 삶을 살아가는 데는 성공하지 못한다. 외해에서는 몇 가지 이유에서 '거대 식물로 살아가기'라는 생태적 지위가 가능하지 않다. 왜 그런가? 그것은 바다가 왜 파란가라는 질문 밑에 깔린 좀더 중요한 다윈적 질문이다.

해양학자들은 진작부터 바다에 거대 식물이 존재하지 않는다는 것이 뭔가 의아한 현상이라고 느껴왔지만, 그 중대한 질문을 그냥 흘려버렸다. 결코 스스로에게 '식물은 왜 커질 수 없는가'라는 질문을 던져보지 않은 것이다. 그들은 그렇게 물어보는 대신 작은 존재로 살아가는 것의 이점을 알아내고자 했다. 작다는 것의 이점을 따져보면 자신들이 품은 궁금증을 해소할 수 있으리라 기대한 것이다. 하지만 그렇게 해서는 결코 해답에 이를 수 없다.

이른바 작다는 것이 주는 이점을 특히 표층수 지역을 중심으로 몇 가지 떠올려보자. 작은 존재는 큰 존재보다 부피 혹은 질량 대비 체표면이 훨씬 더 넓다. 그로 인한 한 가지 결과는 가라앉는 문제에서 어려움을 덜 겪는다는 것이다. 상대적으로 넓은 표면적이 좀더 많은 마찰을 제공하여 가라앉는 속도를 늦춰주기 때문이다. 그렇지만 기포나 부레, 혹은 기름 따위를 지니고 있다면 절대로 가라앉지 않는다. 그러니 굳이 작아야 할 필요가 뭐가 있는가? 또 한 가지 결과로 몸집이 작지만 체표면이 넓으면 희소한 영양물질을 빨아들이기가 유리하다. 하지만 작은 존재가 되는 것 외에도 체표면을 넓히는 데는 이를테면 소용돌이 꼴을 띠거나 해면처럼 되거나 하는 여러 가지 방법이 있을 수 있다. 열대우림의 나무들은 헝클어진 머리털 꼴을 취함으로써 그럭저럭 해나간다. 해면 모양의 거대 바다 식물은 영양물질을 쉽게 흡수할 테고, 그런 다음 육지 식생들과 마찬가지로 그 영양물질을 비축할 것이다.

나는 어느 해양학 서적에서 작은 존재들이 영양물질을 '효율적으로' 이용한다고 주장하는 내용을 읽은 적이 있다. 만약 우리가 바다를, 은행

원이 자본을 빠르게 '회전하는' 기업처럼 생각한다면, 이는 '회전(turnover)'이 효율적이라는 의미다. 하지만 이것은 바다를 생산성이 형편없는 사막처럼 유지해주는 이상한 종류의 효율이다. 만약 바다 식물이 크기가 크다면 해저에서 영양물질을 빨아들여 그 바다 사막을 열대지방의 저지대처럼 수목이 만발하게끔 만들어줄 것이다. 생산의 '효율'이 훨씬 더 커질 것이기 때문이다. 사정이 이런데 왜 굳이 작기를 고집하는가?

작다는 것에는 분명 몇 가지 이점이 있고, 바다에서 큰 존재로 살아가는 것의 불리함을 찾아보면 역으로 작다는 것의 이점을 알아낼 수 있다. 그리고 그 불리함은 여하한 것이든 간에 필시 결정적일 것이다. 온갖 종류의 육지 표면이나 연안해의 모래톱 같은 다른 모든 곳에는 거대 식물이 자라고 있다. 거대 식물이 존재하지 않는 곳은 오직 부유하는 식으로만 존재해야 하는 외해뿐이다. 따라서 이 문제에 관한 해답은 필시 생명체가 부유하는 방식에서 찾을 수 있을 것이다.

왜 바다에서 작은 식물은 부유하는 데 성공하는 반면 거대 식물은 그렇지 못한가? 만약 부유할 수 있다면 식물은 떠돌아다닐 테고, 그렇게 되면 이내 자기가 지내고 싶은 곳에서 쫓겨날 공산이 커진다. 기포나 부레 따위로 유지되는 부피 큰 부유 생명체는 폭풍우가 몰아치면 결코 제 터전을 지키지 못하고, 해류가 끊임없이 밀려오면 휩쓸려가기 십상이다. 하지만 작은 식물이 복귀를 꾀하는 방법으로는 몇 가지를 쉽게 떠올릴 수 있다. 가장 확실한 방법은 스스로를 가라앉히는 것이다. 바다의 표면은 언제나 요동치기 때문이다. 바닷물은 바다에서 늘 이동하는 속도만큼 위치를 옮기며, 모든 해류가 떠난 자리에는 새로운 해류가 찾아온다. 작은 식물은 그 해류를 계속 따라감으로써 외해에서 번성할 수 있는 것 같다. 허공으로 흩어지는 것도 가능하다. 파도에 의해 물보라 형태로 분사되어 세계의 대양 주위에 흩날리는 것이다. 작은 식물은 제 근거지 바다에 머물기 위해 해류를 탈 수도 있고, 그곳으로 돌아가기 위해 바다를 여행할 수도 있다. 그런데 부유하는 거대 식물은 그렇게 하지 못한다.

따라서 바다가 파란 이유를 설명하기 위한 내 마지막 가정은 거대 식물이 바다에 없는 것은 영양물질이 부족해서가 아니라 바닷물이 쉴 새 없이 움직이면서 결코 돌아오지 못하도록 그들을 휩쓸어가 버리기 때문이라는 것이다. 공교롭게도 운명은 내게 그 가정을 실험해볼 흥미로운 장소를 한 군데 소개해주었다. 오늘날 볼 수 있는 대양에서 부유 물질이 휩쓸려가지 않는 장소인데, 바로 사르가소해(Sargasso Sea)다.

사르가소해는 부유하는 잡동사니들을 가운데로 끌어모으는, 느리지만 거대한 바다 소용돌이의 중앙에 위치해 있다. 그곳은 배가 항해하기에 더없이 위험천만한 지역이라 옛 선박들이 무자비하게 회오리치는 바닷물에 빨려 들어가 먼 대서양에서 속절없이 녹슬어 가고 있다는 전설이 전해질 정도다. 콜럼버스도 사르가소해를 직접 경험한 일이 있었다. 그는 옆에 보이는 해조에서 게를 한 마리 잡아 올리면서 게를 매단 해조는 육지가 가까이 있다는 표지라며 불만에 가득 찬 선원들을 다독였다. 하지만 육지는 여전히 너무나 먼 곳에 있었다. 그 해조는 우리가 모자반(Sargassum)이라고 부르는 거대한 부유성 갈조류였다. 모자반은 사르가소해 표면에 가득 떠 있다. 바다 소용돌이가 모자반 무리를 붙잡아두기 때문이다.

산재한 조각들로 부유하는 모자반은 푸쿠스속(*Fucus*)이나 아스코필룸속(*Ascophyllum*) 같은 다른 종의 조각들, 부낭을 지니며 폭풍우에 의해 찢겨나갈 수도 있는 연안 식물 조각들과 마찬가지로 세계의 수많은 해양에서 발견된다. 이처럼 부유하는 식물 조각들은 떠 있는 동안에는 살아남지만 끝내는 모두 죽을 운명이다. 바다에서의 삶에 적응하지 못하는 탓이다. 즉 이들은 부유하는 동안에는 생식을 할 수 없어서 후손을 남기지 못하고 죽어간다. 하지만 사르가소해에서는 상황이 다르다. 그곳에 서식하는 모자반종은 일평생 살면서 생식을 하고 세대를 이어간다. 바다에 이는 소용돌이가 오랫동안 지속된 결과, 자연선택은 떠돌아다니던 연안 조류의 우연한 찌꺼기가 부유하면서 생애주기를 완성할 수 있는 종으로 진화하게끔 이끌어주었다. 게다가 그 식물은 영양물질을 거의 잡아두지 못한다는 점에서 악명 높을 정도로 비생산적인 바다 유역에서 그 일을 해냈다.

우리는 모자반 이야기를 통해 부유성 거대 식물이 바다에 그대로 있는 게 가능한 장소에서는 그런 식물들을 발견할 수 있다고 믿게 된다. 그들을 모든 바다에서 발견하지 못하는 까닭은 바다가 가만히 있지를 않기 때문이다. 따라서 자연선택은 바다 식물에게 극도로 작아질 것을 강요한다. 작은 생명체야말로 바다에서 가장 효과적으로 분산할 수 있는 존재이기 때문이다. 만약 용승을 통해 표층수에 영양물질을 운반해주는 해류, 육지의 지표수, 혹은 티버(Tiber)강·허드슨(Hudson)강·메드웨이(Medway)강에서 쏟아져 나오는 것 같은 음식 찌꺼기 섞인 물 따위가 제공되면 작은 식물이 급속도로 불어나고 바다의 파란색은 사라진다. 초록색이나 탁한 색조는 생명체들이 바글거린다는 징표다.

하지만 만약 바다가 대부분의 세계 대양과 마찬가지로 영양물질이 부족한 사막이라면, 작은 식물의 수는 그렇게 많아질 수 없다. 따라서 바다에는 부유성 식생이 수관을 이루는 일도 바닷물이 작은 해조 수프가 되는 경우도 없다. 햇빛이 바닷속 깊이 투과할 수 있는데 그러는 사이 덜 강렬한 햇빛 광선은 급속도로 희미해진다. 오직 파장이 짧은 빛만이 심해로 갔다가 돌아오는 왕복 여행을 한다. 이것이 바로 바다가 파란 이유다.

09

해양 시스템

세계의 바다는 영양물질이 절대적으로 부족하고, 살아 있는 생명체들이 바다 전역에 매우 희박하게 분포되어 있는 광대한 사막이다. 이것은 바다는 왜 파란가라는 문제를 탐구하는 데 충격적인 메시지를 던져준다. 나는 조심스럽게 '충격적'이라는 표현을 썼다. 우리 세대는 툭하면 바다를 부와 풍요로움과 생산의 장소라고, 마지막으로 남은 미개척 영역이라고 주장하곤 했다. 저널리스트들은 기아 문제를 다루는 글을 쓸 때면 바다 활용 문제를 빠뜨리지 않았다. 마치 바다가 아직 손대지 않은 거대한 인류 양식의 원천이기라도 한 양 말이다. 하지만 실제로는 그렇지 않다. 바다는 우리가 이미 거두어들인 것 정도의 식량만을 보유하고 있을 따름인 불모지다.

나는 4장에서 식물이 생장 철에 새로 만들어내는 모든 조직의 질량을 재고 그 합계를 냄으로써, 혹은 식물이 받아들이거나 내뱉는 기체를 추적·관찰함으로써 식물의 효율을 측정할 수 있다고 밝혔다. 우리는 그런 식으로 일정한 땅에서 살아가는 식물이 연중 얼마나 많은 음식 칼로리를 만들어내는지 측정할 수 있었다. 그리고 식물이 딱할 정도로 비효율적이라는 사실을 발견했다. 그런데 바다 상황은 한층 더 나빴다.

생산성을 측정하는 일은 육지에서보다 바다에서 더 손쉽다. 바다 식물은 화학자들이 이상적인 매개물이라 여기는 물속에서 살아가며, 크기가 작아서 실험용 병 하나에 수많은 개체를 담을 수 있기 때문이다. 오늘날 세계의 대양을 정찰하는 수많은 국가의 해양학 연구선들은 정기적으로 실험용 병에 바닷물을 퍼 올려서 식물이 무슨 일을 하는지 관찰한다. 우리는 그에 힘입어 오늘날 세계의 모든 바다에서 얻은 충분한 측정치를 이용할 수 있었다. 결과는 참담했다.

세계의 모든 바다는 식물 조직을 연간 약 920억 톤 생산한다. 이것은 열대지방 해양의 푸른 바닷물뿐 아니라 유명 어장을 끼고 있는 비옥한 장소들을 포함한 수치다. 언뜻 큰 수처럼 보일지도 모르지만, 그 수치를 훨씬 더 좁은 육지의 식물들이 발휘하는 역량과 비교해볼 필요가 있다. 세계의 육지에서 살아가는 모든 식물이 연간 식물조직을 생산하는 양은 약 2720억 톤이다. 바닷물이 지구 표면의 약 4분의 3을 뒤덮고 있음에도 불구하고 바다 식물은 생명체가 생산하는 총칼로리의 4분의 1만을 감당하고 있는 셈이다.

바다의 생산성이 이처럼 형편없는 직접적 이유는 물론 바다를 비옥하게 만드는 화학물질이 모자라서다. 육지에서도 더러 땅을 기름지게 만드는 영양물질이 부족하게 공급될 때가 있다. 야생 식생은 대체로 자기 욕구를 충족하기 위해 무난하게 그 물질을 축적·순환하고 있기는 하지만 말이다. 결국 물이 부족하지 않다면 혹은 겨울이라 너무 춥지만 않다면, 육지 식물의 생산성이 낮아지는 이유는 원료인 이산화탄소가 부족한 탓이다. 반면 바다에서는 식물이 탄소를 중탄산염 같은 용액에서 얻으며, 실제로 이용할 수 있는 것보다 더 많은 양을 취한다. 작은 바다 식물이 '자신'의 탄소 한도까지 작업할 수 없는 까닭은 철·인산염·질산염 같은 화학물질이 모자라서다.

척박한 바다를 보고 과학기술적 식견을 지닌 자가 보이는 첫 번째 반응은 그 바다 사막에 비료를 주어 바다를 촉촉한 장미처럼 피어나게 하자는 것이다. 하지만 이는 먹혀들지 않을 것이다. 세계의 바다에는 실제로 화학적 영양물질이 부족하지 않기 때문이다. 바다에 함유된 실질적인 화학물질 저장고는 실로 어마어마하다. 이따금 바닷물에 함유된 광물을 얻기 위해 바다를 '채굴(mining)'하는 꿈을 꾸고 있을 정도로 말이다. 문제는 농도가 너무 낮다는 것이다. 식물은 햇빛이 닿을 수 있는 표층수에서 약 100미터(종종 그에 훨씬 못 미치기도 한다) 깊이에 걸친 바다 최상층에서 살아야 한다. 그리고 그들이 많은 관심을 기울이는 영양물질은 햇빛 비치는 이 얕은 상층에 있는 것들뿐이다. 그 아래 광대한 깊이에 들어 있는 수많은 영양물질은 식물들로서는 알 바가 아니다. 만약 우리가 (실제로 가지고 있다는 가정하에) 과인산염(superphosphate)과 암모늄염(ammonium salt) 수백만 톤을 바다에 쏟아붓는다 해도 그것은 원래와 마찬가지로 식물의 손이 닿지 않는 깊이로 가라앉고 말 것이다.

하지만 익히 알고 있다시피 자연은 바다의 일부 지역만큼은 비옥하게 만들어놓았다. 우리가 고기를 잡으러 나가는 북해(North Sea), 뉴펀들랜드뱅크(Newfoundland Bank), 페루 연안해 같은 곳이다. 유동적으로 흐르며 서로 뒤섞이는 바다에서 다른 곳은 다 사막인데 일부 지역만큼은 비옥할 수 있다니 꽤나 신기한 일이다. 하지만 그 이유에 대한 설명은 너무나 간단하다. 어장을 조성하는 바닷물은 사막 바닷물과 화학적으로 상이한 게 아니라 다만 끊임없이 새로 교체된다. 모래톱이나 호상(弧狀) 열도가 있는 곳에서는 움직이는 심해의 해류가 표층수에까지 닿으므로 바닷물이 아래에서 위로 흐른다고 볼 수 있다. 두 개의 심해 해류가 정면으로 부딪칠 때도 비슷한 일이 벌어져서 바닷물이 위로 밀려 올라온다. 그 유명한 '용승' 현상이다. 이처럼 모래톱이 형성되어 있거나 용승이 이루어지는 장소에서는 하나같이 천천히 움직이는 수직의 컨베이어 벨트가 심해의 신선한 영양물질을 생명체에게 끊임없이 공급해준다. 영양물질을 실은 해류 앞머리의 얇은 거품층이 그치지 않고 다시 채워지는 것, 이것이 바로 어장의 생산성이 풍부해지는 비결이다.

바다의 비옥한 장소에는 큰 강 어귀의 연안 해역도 포함된다. 연안의 좁은 해역 혹은 큰 강의 하구에 연한 탁한 바다 말이다. 이런 장소들이 행운을 누리는 까닭은 두 가지다. 첫째, 땅이 경사져서 해류가 올라오지 않을 수 없는데, 해류가 해안에 부서지면서 끊임없이 영양물질을 실어다 주기 때문이다. 둘째, 바다의 가장자리는 강에서 실려온 부스러기들로 인해 영양물질이 풍부하기 때문이다. 비옥한 강물이 흘러내린다는 것이 얼마나 중요한지는 나일강에서 최근 시도된, 강 흐름을 막는 실험을 통해 분명하게 확인할 수 있다. 아스완(Aswan)댐은 나일강이 영양물질을 실은 토사를 바다로 방출하지 못하도록 막아버렸다. 그런데 그에 따른 즉각적인 결과로 플랑크톤의 먹이인 식물이 자라지 못하게 되었다. 플랑크톤이 정어리의 식량인 만큼 끝내 정어리 어장이 붕괴하고 말았다. 그런가 하면 우리는 더러 연안이나 강에서 가까운 바다의 영양물질을 그 지역 식물들이 감당하지 못할 정도로 늘려놓기도 했다. 그 결과를 흔히 '오염'이라고 부르곤 한다.

하지만 좁은 연안해를 제외하면, 바다에서 유일하게 비옥한 지역은 차가운 심해의 해류가 바다 표층으로까지 솟아오르는 곳뿐이다. 식물은 그런 바닷물의 차가움을 좋아하지는 않지만, 그것이 가져다주는 영양물질을 얻기 위해 그 차가움을 묵묵히 견딘다. 작은 식물들은 소용돌이 속에서 위아래로 움직이며 자신들의 짧은 생애를 살아간다. 부모는 그 용승의 가운데쯤에 남아 있고, 한 달에 50~60번의 세대를 거치고, 인간의 어장을 지탱하는 먹이사슬에 연료가 되어준다. 세계 해양의 0.1퍼센트만이 실제로 용승이 이루어지는 장소이며, 해안 가운데서는 약 10퍼센트만이 생산성이 웬만한 곳이다. 그 밖의 광대한 지역은 생명체에게 아라비아 대부분의 지역보다 더 쓸모없는 푸른 사막이다.

잔인한 불모지인 바다에 용해성 식물 영양물질이 결핍되어 있다는 것은 이제 기정사실로 자리 잡았다. 그런데 이것은 지구 역사에 관해 곰곰이 생각하는 사람에게는 참으로 고개가 갸우뚱해지는 결론이 아닐 수 없다. 해양은 거의 지구가 시작될 때부터 존재해왔다. 대륙 이동과 더불어 지구의 한 부분에서 다른 부분으로 밀리며 형태가 바뀌긴 했지만 어쨌거나 지금 우리가 알고 있는 것과 거의 비슷한 크기로 존재해온 것이다. 한편 육지에서 흘러내리는 강을 타고 끊임없이 용해성 영양물질이 바다에 유입되었다. 그런 과정을 거치면서 바다는 짜졌다. 그렇지만 바다에는 생명체가 필요로 하는 영양물질이 부족하다. 어딘가 이상하지 않은가.

우리는 이 수수께끼와 관련하여 아직 세부적인 몇 가지 대목은 명확하게 밝혀내지 못했지만 해답의 전반적인 얼개는 확보해놓은 상태다. 바다의 화학반응은 다름 아니라 해저의 진흙이 조절한다. 끊임없이 흐르는 강물이 자신들의 화학물질을 바다에 내보내면 바다 바닥의 진흙이 그것을 흡수한다. 받아들일 물질을 신중하게 선별하는 진흙은 온대지방의 토양인 점토와 비슷하게 복잡한 광물을 함유하고 있다. 칼슘·칼륨·나트륨 같은 금속 양이온을 보유한 것이다. 진흙 표면에서는 이 염류를 매개로 결정체들이 (일부 채굴 기업이 물밑을 훑어 확보하려고 계획하고 있는) 망간괴처럼 천천히 자란다. 탄산칼슘(calcium carbonate)이 침전해 그와 함께 마그네슘 같은 다른 요소들까지 끌어들여서 석회암 암초로 집적되는 지역도 있다. 진흙에는 유기 쇄설물이 포함되어 있다. 박테리아는 희한하게도 그것을 먹고 사는데 그 일부 요소는 자기 시체에 박아놓고 나머지 요소들은 내버린다. 이런 식으로 주로 바다 바닥에서의 화학반응에 의해 바닷물의 화학작용은 전형적인 강물의 화학작용과 달라진다. 바닷물은 그저 민물보다 좀더 농도 높은 물에 그치는 게 아니다. 바닷물은 민물과는 꽤나 다른 여러 화학물질의 혼합체다. 이 같은 기이한 혼합은 주로 퇴적 광물들과 바다 바닥의 진흙에 의해 형성된다.

화학물질은 강에서 도착하는 것만큼 빠른 속도로 해분(海盆)에서 제거된다. 화학물질은 지각의 뒤틀림을 통해 육지로 도로 흘러들어 간다. 산맥이 튀어나오고 바다에서 해안선이 나타나는 현상을 통해 화학물질을 풍부하게 함유한 진흙이 다시 육지로 돌아온다. 석회암이나 사암에서 셰일이나 편암에 이르는 모든 퇴적암은 한때 바다 진흙의 일부였다. 퇴적암은 바다에서 융기했을 때, 자신 속에 저장되어 있던 화학적 영양물질도 함께 가져왔다. 그 영양물질은 즉시 비에 의해 암석에서 씻겨나가기 시작해 육지 식물의 뿌리에 갇히거나 한동안 육상 생태계에 머물러 있다가 서서히 강으로 빠져나갔다. 그리고 또 한 차례의 여행을 거쳐 바다로 귀환했다. 흐르는 바닷물에 실려서 널리 퍼져나간 끝에 마침내 바다 바닥에 자리를 잡은 것이다.

바다를 사막으로 만드는 것은 다름 아니라 거대한 화학적 장치다. 바다에 있는 모든 화학물질은 바다에서 서서히 순환한다. 그들은 강에서 와서 바다에서 시간을 보내는데, 농도가 묽어지고 불안정한 처지에 놓여 있다가 진흙에 합류하여 수백만 년 동안 그 상태를 유지한다. 그런 다음 암석이라는 감옥에 갇혀 다시 육지에 출현한다. 바다가 화학작용을 통해 억겁의 세월 동안 유지해온 체제다. 이것은 박테리아를 비롯한 모든 형태의 생명체들이 도중에 특히 탄산염을 분해하는 데 영향을 끼치면서 모종의 화학적 활동을 벌임에도 불구하고, 생태계는 아니다. 해가 있기 때문에 해에 의해 추동되는 수동적인 물리적·화학적 체제일 뿐 생명체가 조직한 체제는 아닌 것이다.

외해에서 살아가려면 영양물질이 부족한 상태에 적응해야 한다. 식물은 앞 장에서 논의한 몇 가지 이유로 인해 커질 수가 없다. 비생산적인 바다에서 작은 식물로 살아가는 생태적 지위를 지키려면 식물은 자기 생의 상당 기간 동안 빛이 비치는 바다의 깊이에 떠 있어야 한다. 이들은 어두운 바다로 약간 가라앉아서 모종의 소용돌이가 자신들을 도로 끌어올려 줄 때까지 잠시 공장 문을 닫고 있을 수 있다. 그렇게 하면 그들과 그 후손들이 고난을 이겨내는 데 도움이 된다. 그들은 자신에게 부과된 번식 전략에 따라 가능한 한 빠르게 성장하고 분열한다. 그러나 환하고 탁 트인 공간에서 자신들을 노리고 있는 방목식자 동물에게 애처로울 정도로 취약하다.

작은 식물을 먹는 생태적 지위를 선택한 바다 동물 역시 비슷한 제약에 직면한다. 이 초식동물들은 송어가 하루살이를, 여우가 쥐를 잡아먹는 것처럼 작은 식물을 차례차례 사냥해서 먹든가 아니면 모종의 체를 사용하여 바닷물에서 걸러 먹든가 해야 한다. 그들이 자신의 크기를 선택하는 것은 단순한 역학적 법칙에 의해 결정된다. 초식동물은 매우 작아야 하며, 그 직접적인 결과로 꽤나 단순한 방침에 의해 형성된다. 간계를 부리기 위한 뇌가 없을 수도 있고, 봐줄 만한 모양새를 갖추기 위한 정교한 눈이 달리지 않기도 한다. 그들은 단순한 역학적 법칙에 따라 빛이 드는 공간에서 사냥한다. 따라서 고래의 먹이인 크릴새우 크기에 이르는 동물을 포함해 초식의 요각류나 그 비슷한 부류들이 살아가게 된 것이다.

물론 내가 지금 언급하는 '예'들은 자연선택에 의해 만들어진다. 의식적인 설계도 자유의지도 없지만, 그 선택은 식물의 크기와 습성에 의해 결정되었으며, 우리는 그들이 무엇이 되어야 하는지도 알고 있다. 일단 그 같은 선택이 이루어지면 어떤 새로운 자연선택의 가능성이 열리는지 볼 수 있다. 첫째는 이 엉성한 식물 사냥꾼을 잡아먹는 육식동물이다. 육식동물 역시 자신의 공간을 조심스레 누비고 다녀야 한다. 한층 흩어져 있는 먹잇감을 찾아내야 하므로 더욱 개선된 사냥 기법이 필요하고 좀더 크고 좀더 복잡해져야 한다. 그리고 우리는 자연선택이 몸을 숨길 곳 없는 밝고 탁 트인 공간에서 그 육식동물을 사냥할, 훨씬 더 사나운 동물을 제공해주리라는 냉엄한 현실과 마주한다.

먹이사슬에서 상층에 있는 물고기는 몸 아래는 은빛이고 몸 위쪽은 짙은 색이다. 어느 바다에서 잡든지, 그들이 어느 조상에서 진화해왔든지 간에 이 점에는 변함이 없다. 그들이 눈을 이용해 먹잇감을 찾아내는 동물의 먹잇감이 되거나 혹은 그런 동물을 잡아먹는 것은 분명한 사실이다. 좀더 덩치 큰 동물의 상당수는 먹잇감도 자신들을 노리는 천적도 없는 바다 깊은 곳에서 낮 시간을 보낸다. 그러다가 오직 밤에만 표층수로 올라온다. 그곳에서 식물을 먹고 사는 플랑크톤과 작은 물고기들을 사냥하기 위해서다.

따라서 바다의 생태계는 육지의 생태계와는 사뭇 다른 패턴을 띤다. 바다 생태계는 엄혹한 물리적 현실을 바꾸기 위해 할 수 있는 일이 훨씬 적다. 육지 숲의 생명체들처럼 그늘 혹은 물리적 구조물이나 은신처를 제공해줄 수도, 영양물질의 공급을 조절해줄 수도 없다. 외해의 생명체들은 영양물질이나 거주지에 관한 한 그저 수동적인 물리적·화학적 구조가 제공하는 것으로 그냥저냥 꾸려가야 한다. 물리적 서식지의 조절 대신 얻게 된 것이 먹고 먹히는 생태계다. 이런 생태계에서는 동식물이 거의 사막이나 다름없지만 광막한 어둠 위에 펼쳐진 빛이 밝게 비추는 물에서의 삶에 처절하게 적응해간다.

인간이 식량을 찾아 바다로 들어가면 사막의 농산물을 수확하는 셈이다. 이것은 그 사막이 제아무리 드넓다 해도 손에 넣을 게 별로 없다는 것을 의미한다. 하지만 문제는 그런 함의보다 한층 더 심각하다. 인간이 바다의 미세 식물에 이를 수는 없기 때문이다. 또한 인간은 그 식물을 먹이 삼는 작은 동물들에도 이를 수 없다. 인간은 대체로 미세 식물을 먹고 사는 동물, 그 동물을 잡아먹는 동물조차 접할 수 없으며, 결국 먹이사슬의 상단에 놓인 물고기를 잡아야만 한다. 우리가 익히 알고 있다시피 먹이사슬에서는 각 단계를 거칠 때마다 처음 존재한 먹이 칼로리의 약 90퍼센트가 연소된다.

따라서 우리가 바다에서 물고기를 잡으면 그것은 그저 사막의 보잘것없는 산물을 수확하는 게 아니다. (우리가 영리하고 운이 좋다고 가정했을 때) 약 사막 산물의 10퍼센트의 10퍼센트의 10퍼센트를 손에 넣는 셈이다. 그렇게 해서 얻은 최선의 추정치에 따르면 인간은 이미 바다가 보유할 수 있는 양에 근접한 물고기를 잡아들이고 있다.

10

대기의 조절

나는 머리말에서 지구 대기의 기체 혼합 방식이 독특하다는 점을 언급했다. 태양계의 다른 어디에도 그런 곳은 존재하지 않는다. 태양계의 다른 행성들은 메탄 같은 탄화수소, 혹은 암모니아 가스와 이산화탄소가 질식할 것처럼 자욱하게 깔려 있거나 그런 유독가스들이 어우러져서 지독한 독기를 내뿜고 있다. 하지만 우리가 사는 지구 주위에는 산소가 흐르고 있어서 그 덕택에 우리 삶에 필요한 화학작용이 가능하다. 산소는 중요한 희석제인 비활성 질소가 떠받쳐준다. 이 두 가지 안에 안정적이고 필수적인 저농도의 산소 결합형이 존재한다. 바로 이산화탄소와 수증기다. 우리가 지금까지도 알아내지 못했다면 이처럼 이상한 기체 결합이 다른 행성의 표면에 존재하리라고 예측하기는 어렵다. 그리고 우리는 생명체 그 자체가 이 이상한 결합이 존재하고 질서정연하게 유지되는 현상과 어떻게든 연관되어 있으리라고 여길 만한 충분한 근거를 가지고 있다.

먼저 질소를 살펴보자. 우리가 만약 이 비활성 희석제의 상당 부분을 잃어버린다면 아마도 우리를 둘러싼 모든 것이 화염에 휩싸일 것이다. 그렇게 되면 남은 대기중의 기체들이 어떤 새로운 화학반응을 시작할까, 나는 이 질문에 답할 만큼 화학적 지식이 충분치는 않다. 하지만 육안으로 보이는 생명체라고 할 만한 것은 별로 남지 않을 것이다. 우리에게는 비활성 질소가 필요하다. 즉 질소는 비활성이긴 하지만 대기중에는 질소를 빼앗아가느라 여념이 없는 생명체들이 있는 것이다. 이른바 '질소 고정 박테리아(nitrogen-fixing bacteria)'다.

우리는 농부들의 경험을 통해 질소 고정 박테리아의 존재를 알게 되었다. 오래전에는 흔히들 밭에 2~3년 동안 작물을 기르고 이듬해에는 '휴경'이라 부르는 관행으로 그 땅을 그냥 놀렸다. 휴경하는 해 없이 연달아 농사를 지은 농부들은 이내 밭의 질이 나빠졌다는 사실을 깨달았다. 땅은 2~3년만 내리 작물을 심어도 갈취당하는 데 싫증을 느끼는 듯 보였고 파업을 일으켰다. 생산을 재개하기 위해 그 땅에 필요한 조치는 그냥 한 해를 묵히는 것뿐이었다. 땅을 3년 혹은 4년에 한 번씩 휴경하기만 하면 계속 풍작을 기대할 수 있었다. 농부들은 '이따금 땅을 쉬게 해주어야 한다'고 추론하게 되었으며, 인간 노동에도 고스란히 적용되는 이 간단한 조치를 통해 토지를 훌륭하게 관리할 수 있었다. 휴경하는 한 해 동안 일어난 가장 중요한 일은 질소 고정 박테리아가 대기중에서 질소를 빼앗아와 산소와 단단히 결합시켜 질산염을 만듦으로써 토양에 질산염 비료를 남겨준 점이었다.

질소 고정 박테리아는 인류의 최대 종복(從僕)이랄 수 있고, 세계 각지의 고등학생들은 완두콩·대두·메주콩 등 콩과식물의 뿌리혹에 관해,

그리고 그 인간 벗들이 살아가는 곳에 관해 배운다. 질소 고정 박테리아는 질소를 함유한 비료를 만들어서 곡물이 자랄 수 있도록 도와준다. 하지만 그런 식으로 계속 대기중에서 질소를 빼앗아가므로 그들이 노동을 멈추지 않는다면 지구상의 생명체는 종말을 고할 것이다.

질산염은 안정적인 물질이다. 그것이 그 친척뻘 화학물질인 탄산염—탄산염은 탄산칼슘 성분으로 이루어진 석회암 형태로 도버 백악절벽(White Cliffs of Dover)을 비롯한 수많은 산맥을 빚어놓았다—과 달리 큰산 표면에 집적되지 않는 무슨 확실한 이유는 없다. 다만 질산염은 물에 좀더 잘 녹기 때문에 오늘날의 탄산염 암초와 유사한 질산염 암초가 바다에 만들어진 것이다. 우호적인 질소 고정 박테리아의 노력이 빚어내는 논리적 결과는 대기중에서 질소와 산소를 취해 바다의 흰 결정질 암초뿐 아니라 육지의 흰 산들에도 집적해놓았다는 사실이다. 우리 머리 위에 남은 기체들의 불쾌한 냄새는 마치 화성에 얇게 깔린 유독가스와 같을 것이다. 지금까지 알아낸 바에 따르면, 인간이 그 운명으로부터 구제받을 수 있었던 것은 다른 박테리아들의 활동 덕택이었다.

그 박테리아들은 냄새 고약한 진흙에서, 즉 습지, 오염된 호상 퇴적층, 그리고 비옥한 강 하구의 퇴적물에서 살아간다. 그들은 그 장소에 쌓이는 풍부한 연료 공급원, 물에 잠긴 유기 물질, 그 유기물 찌꺼기와 관련된 다양한 화학 연료를 먹고 산다. 정말이지 소택지나 호수 바닥의 검은 진흙은 그곳에서 살아가도록 만들어줄 만큼 꽤나 기이한 화학작용을 일으키는 동물에게 매우 풍부한 식량 저장고일 가능성이 높다. 하지만 그들에게는 극복해야 하는 커다란 난관이 하나 있다. 소택지 바닥에는 산소가 없고, 산소가 없으면 동물은 열을 내거나 활동하는 데 필요한 유기 연료를 연소할 수 없다. 자연선택이 그런 장소에서 살아가는 일부 박테리아들에게 제공한 해법이란 바로 질산염에서 산소를 취하는 것이었다.

소택지 바닥에서 질산염을 분해하는 기술의 시행 방식에는 여러 가지가 있다. 그 상당수는 유황 혼합물의 조직을 포함하는데 그로 인해 습지 진흙에서는 특유의 황화수소(hydrogen sulphide) 냄새가 난다. 하지만 모든 메커니즘은 동일한 기술을 가동한다. 즉 질산염에서 산소를 빼옴으로써 결국 질소가 산화물이라는 속박에서 벗어나 다시 대기중으로 흘러가도록 만드는 것이다. 산소 역시 결국에는 필시 이산화탄소처럼, 아마도 일산화탄소나 덜 흔한 몇몇 기체처럼 흘러나간다. 그 박테리아들이 악취 나는 진흙에서 분주히 활동한 결과 우리의 공기는 새로 채워진다. 그들의 활동이 없다면 지구의 생명 시스템은 붕괴하고 멈춰버릴 것이다.

우리에게 질소를 되돌려주는 박테리아는 다른 한편 중요한 산소 생산자이기도 하다. 그들의 생명활동이 질산염의 산소를 대기중으로 흘려보내기 때문이다. 하지만 초록 식물은 훨씬 더 중요한 산소 생산자들이다. 그들은 태양열을 동력으로 하는 공장을 돌려서 끊임없이 산소를 만들어낸다. 이산화탄소와 물을 이용하여 당을 생산하는 과정에서 언제나 산소를 내놓기 때문이다. 지구상에 살아가는 모든 초록 생명체는 꾸준히 산소를 배출하는데, 모든 식물이 해마다 쏟아내는 총산소량은 습지의 박테리아가 만들어내는 양보다 훨씬 많다.

초록 식물은 아마도 가장 중요한 산소 생산자일 것이다. 하지만 우리는 도움을 주는 또 한 가지 물리적 과정을 탐지했다. 좀더 치명적인 태양광선이 여전히 내리쬐는 대기권 상층에서는 물 분자가 산소와 수소로 분해된다. 가벼운 수소 기체는 우주 공간으로 소실되고 더 무거운 산소는 남는다. 하지만 이런 식으로 매년 얼마나 많은 산소를 얻게 되는지는 잘 알려져 있지 않다. 이 문제와 씨름해온 수많은 과학자들이 보이는 직감적인 반응은 식물이 훨씬 더 중요하다는 것이다. 과연 우리가 보유한 최상의 모델들은 초기 지구는 대기중에 유리산소〔free oxygen: 다른 원소들과 결합하여 화합물을 이루지 않은 산소 분자(O_2)—옮긴이〕가 없었으며, 최초로 등장한 식물이 대기중에 산소를 내보냈음을 보여준다. 따라서 지구의 대기가 더없이 우수하다는 사실은 생명활동의 장관을 보여주는 또 하나의 사례라 할 만하다.

따라서 우리는 지구의 우수한 대기를 조절하는 주체는 우리를 둘러싼 생명체들임을 깨닫게 된다. 대기의 유지·관리는 지상의 모든 생태계가 연합작전을 펼친 결과다. 우리는 오늘날 인간이 그 생태계에 대규모로 개입하고 있다는 사실을 돌이켜본다. 인간이 유지·관리 시스템의 주요 부분을 잘못 건드리면 어떻게 될까? 지금과 같은 인간의 기술적 접근을 수정하지 않을 경우 환경적 재앙을 맞으리라고 경고한 이들이 나열한 자연의 응징 가운데 가장 충격적인 것이 바로 산소 공급의 중단이다.

가장 단순화한 형태로 보면 산소 재앙 시나리오는 독성물질로 인해 바다가 오염된다는 내용이다. 그에 따르면, 세계의 해양을 누비는 제초제 선적 선박이 여러 척 있는데 그중 한두 척이 침몰할 가능성이 있고, 그렇게 되면 제초제가 바다 전역으로 퍼져나가서 수많은 바다 식물을 죽음으로 내몬다. 이 모든 일은 얼마든지 일어날 수 있으므로, 지구를 사랑하는 사람이라면 누구라도 제초제를 실은 선박이 세계의 해양을 항해하지 못하도록 금지하기를 바란다. 이 주장은 바다 식물의 상실이 우리의 대기 조절 메커니즘을 심각하게 교란하는 결과를 가져온다는 데까지 나아간다. 그러나 위협을 곁들인 그런 주장은 옳지 않다.

사람들은 흔히 세계의 식물 생산 상당수가 바다에서 이루어진다고 믿어왔다. 그리고 일부 초보적인 생물학 교과서는 아직도 전체 광합성의 70퍼센트(심지어 90퍼센트라고 주장하는 경우마저 있다)가 바다에서 이루어지고 있다고 설명한다. 만약 그것이 사실이라면 바다 식물을 모두 죽일 경우 우리에게 제공되는 산소의 70퍼센트 이상이 사라지는 셈이므로, 꽤나 위험한 소리처럼 들린다. 하지만 분명히 말하건대 지구의 식물 생산 대부분이 바다에서 이루진다는 것은 '사실이 아니다'. 바다는 내가 앞의 두 장에 걸쳐 지적했다시피 심한 불모지이며 모두 합해서 지구 식물 생산의 (70퍼센트가 아니라) 25퍼센트 정도를 감당하고 있다. 우리가 제아무리 어리석은 짓을 저지른다 해도 모든 바다 식물을 죽일 수 있을 성싶지는 않다. 만약 그렇게 할 수 있다 치더라도 바다의 죽음이 이어지는 동안 연간 산소 공급량은 약 4분의 1만 제거된다. 결코 그 이상은 아니다.

그러나 만약 우리가 바다 식물뿐 아니라 육지 식물까지 모조리 죽인 결과 그 어떤 초록 식물도 산소를 만들어낼 수 없다면 어떻게 될까? 당연히 우리는 다들 굶어 죽는다. 다만 나는 학문적인 관심사로서 그 일이 우리의 산소 공급에 어떤 영향을 끼칠지 따져보고자 한다. 추가로 세계의 습지와 늪지대에서도 모두 물이 빠져나가서 박테리아가 더 이상 질산염으로부터 산소를 생산할 수 없다고 가정해보자. 그렇게 되면 우리는 상층 대기권에서의 물 분해를 제외하고 산소를 생산하는 것으로 알려진 모든 메커니즘을 파괴하는 셈이다. 상층 대기권의 물리 현상이 사실 그리 중요하지 않으므로 현재의 산소 공급원이 사라진다면 세계에 대해 최악의 그림을 그릴 수밖에 없다고 치자. 식물이 죄다 죽고 산소를 생산하는 박테리아가 몽땅 활동을 멈춘다면 우리의 대기에는 과연 무슨 일이 일어날까?

적어도 몇 세기라는 짧은 기간 동안에는 특별한 일이 일어나지 않을 것이다. 장구한 지질 세월 동안 대기에 집적된 어마어마한 양의 산소와 비교해볼 때 생물학적으로 공급되는 총산소량은 미미하기 때문이다. 지구화학자 윌리스 브로커(Wallace Broeker)는 이와 관련하여 지구 표면 가운데 전형적인 지역의 제곱미터상에서 산소 저장고와 산소 공급량을 계산한 뒤 아주 깔끔한 숫자를 제시했다. 그는 머릿속으로 한 면이 1미터인 정사각형을 밑면으로 하는 눈에 보이지 않는 사각기둥을 상상했다. 지표면에서부터 대기층에 이어 진공의 우주 공간까지 뻗어 있는 꼴이다. 이 기둥은 산소 6만 몰을 보유한 것으로 드러났다. 대기층은 잘 섞여 있기 때문에 그의 기둥은 육지 위나 바다 위 어느 장소에 놓이든지 간에 산소 6만 몰을 가질 것이다. 그 기둥의 바닥에서 매년 생산되는 산소량은 지역마다 다른데, 바다 위보다는 육지 위에 세워진 기둥이 더 많다. 하지만 바닥에서 해마다 생산되는 평균 산소량은 매년 약 8몰에 불과하고, 전체 기둥에는 모두 산소 6만 몰이 저장되어 있다. 분명 연중 생산량 8몰이 여러 해 동안 중단되어도 사람들은 그 어떤 차이도 눈치채지 못할 것이다.

우리는 매우 오랜 시간을 기다린다 해도, 즉 식물을 모두 죽이고 지상의 온갖 생명체를 종말에 이르게 한다 해도 대기중에 그 어떤 감지할 만한 차이도 만들어낼 수 없다. 그렇게 되면 산소가 대체되지도 않겠지만 대기중으로부터 산소를 빼앗기는 일도 사라지기 때문이다. 모든 생명체의 시체는 부패돼 없어지려면 산소가 필요하다는 것은 주지의 사실이다. 하지만 인간·식물·박테리아·동물·부식토 등 모든 생명체를 연소하여 이산화탄소 기체로 만드는 데는 제곱미터당 수십 몰의 산소밖에 필요치 않다. 따라서 생명체가 사라진 지구에서 그들이 처음부터 조용히 다시 시작하는 동안 독특한 산소·질소 혼합체는 줄곧 유지될 것이다.

사람들에게 산업화한 삶은 대기를 파괴할 위험이 있다고 으름장을 놓는 자칭 생태주의의 대변인들은 허튼소리를 절대적인 진리인 양 외치고 다니는 셈이다. 그런 자들은 '늑대가 나타났다'고 외친 양치기 소년의 우화를 곰곰이 되씹어보는 편이 모두에게 한결 도움이 될 것이다.

따라서 우리는 다음과 같은 도발적인 결론에 이르게 된다. 대기는 장기적으로는 생명체의 활동을 통해 조절되며 당초 태곳적 생태계에 의해 형성되었을 가능성이 있지만, 현재 축적된 기체 보유량이 엄청 방대해서 생명체의 활동은 그 양을 유지하는 데 거의 아무런 영향을 미치지 않는다. 하지만 이 편리한 결론이 안전하려면 '일부' 생명체가 아니라 '모든' 생명체의 활동을 가정해야 한다. 예를 들어 만약 습지의 박테리아 없이 질소 고정 박테리아만 활동한다면, 물론 매우 기나긴 지질학적 시간 척도에 걸쳐 그렇기는 하겠지만, 질산염 암석으로 이루어진 산이라는 망령이 솟아날 수 있다. 그런 식의 선택적 살해는 실행하기가 극히 어려운 일이므로, 우리가 산소 저장고를 다루는 데 있어 어리석게 굴 여지는 거의 없다. 본시 산소와 질소로 우리의 대기를 조성한 과정은 너무나 장대한 규모로 진행되었으므로 생물에 의한 것이든 무생물에 의한 것이든 우리가 알고 있는 그 어떤 과정도 큰 차이를 만들어낼 수 없다.

하지만 대기가 매우 미묘하고 섬세한 방식으로 규제되는 한 가지 측면은 있다. 바로 이산화탄소의 공급이다. 이산화탄소는 대기중에 약 평균 0.03퍼센트 농도로 존재한다. 이것은 오늘날 실험실에서 쓰는 정교한 분석도구 없이는 정확하게 측정하기도 어려울 정도로 미미한 양이다. 낮은 이산화탄소 농도는 정교한 일련의 상호작용 메커니즘에 의해 유지된다. 바다의 영양물질이 기나긴 지질 세월에 걸쳐 낮은 농도로 일정하게 유지되는 것과 매우 흡사한 현상이다.

세계 해양의 용액 속에 들어 있는 이산화탄소 농도는 무려 대기의 50배나 된다. 이산화탄소는 물에 쉽게 용해되며, 따라서 바다는 대체로 이산화탄소로 가득 차 있다. 이 용액 균형의 화학작용은 탄산·탄산염·중탄산염이 관여하고 있어서 그리 간단치 않지만, 그 이야기의 얼개를 달라지게 만들지는 않는다. 바다의 용액 속에는 대기의 50배에 해당하는 이산화탄소가 들어 있으며, 바다와 대기는 서로 마주하고 있으므로 둘 사이에는 자유로운 교환이 일어난다.

바다에 들어 있는 대기의 50배에 이르는 이산화탄소는 대기를 위해 거대한 완충 장치 노릇을 한다. 만약 대기에 이산화탄소가 모자라면 바다가 그것을 보충해준다. 만약 대기중에 너무 많은 이산화탄소를 내놓는 어떤 일인가가 벌어지면 바다가 그 초과분을 거두어간다. 따라서 대기중의 이산화탄소 농도 0.03퍼센트는 잘못될 소지가 거의 없는 바다와 대기의 화학적 균형이 이루어낸 결과다. 더욱이 그 완충 장치 자체도 완충의 결과다.

바다는 한편으로 대기중의 이산화탄소를 흡수함으로써, 다른 한편으로 육지에 비가 내려 끊임없이 씻겨 나온 석회암 부스러기를 실어 나르는 강물을 받아들임으로써 중탄산염과 탄산염을 집적한다. 바다는 거기에 이른 다른 모든 용해물질과 마찬가지로 여분의 중탄산염과 탄산염을 퇴적한다. 우리는 바다의 탄산염 퇴적물에 대해 잘 알고 있다. 즉 그것은 산호 암초의 구성 성분이자 언젠가 도버 백악절벽 같은 백악질 산을 만들어낼 흰 석회질 진흙이다. 탄산염은 앞 장에서 기술한 영양물질처럼 끊임없이 화학적 순환을 거친다. 그런 순환은 바다의 탄산염 보유고를 위한 완충 장치 노릇을 하면서 바다의 용해 이산화탄소 농도를 대기의 50배 수준으로 유지해준다. 따라서 대기중의 이산화탄소 농도는 바다와 대기 사이의 용액 균형에 의해 늘 일정하고 희소하게 유지되고, 바다의 농도 그 자체도 여분의 탄산염을 해저에 퇴적하는 과정을 통해 일정하게 유지된다.

이 모든 것은 수동적 화학작용이자 대기의 이산화탄소를 조절하고 생명체가 살아갈 조건을 결정하는 무생물 시스템이다. 산소와 질소의 순환과 마찬가지로 생명체도 이 시스템의 일정 단계에 관여한다. 특히 동물과 식물이 산호초를 구축한다든지 해저 진흙에 작은 석회질 뼈 부스러기를 퇴적한다든지 하는 활동을 꼽을 수 있다. 하지만 생명체가 그 과정에 반드시 필요한 것 같지는 않다. 상당량의 탄산염을 퇴적하는 것은 간단한 화학적 결과이기 때문이다. 만약 산호가 산호초를 구축하지 않는다 해도, 탄산염은 같은 장소는 아닐지 몰라도 어떤 식으로든 결국 바다 아래로 떨어질 것이다. 생태계는 이산화탄소 공급을 조절하지 않는다. 물리적 시스템이 그 일을 떠맡으며, 생태계를 이루는 생명체는 그저 자신에게 주어진 것을 가지고 살아갈 따름이다.

따라서 나는 대기가 주로 빛이 내리쬐는 지구 표면에서 이루어지는 화학적·물리적 과정에 의해 조절된다고 생각한다. 모든 생명체는 그 과정이 자신에게 제공해주는 것에 적응한다. 특히 인간은 제아무리 어리석은 짓을 저지른다 해도 자신들이 살아가고 있는 지구의 대기를 심각한 수준으로 위협할 수 없다.

다만 한 가지 경고할 사항이 있는데, 그것은 이산화탄소 공급과 관련된다. 우리는 오늘날 석유와 석탄을 연료로 사용한다. 그 연료들이 연소될 때면 새로운 이산화탄소가 대기중으로 방출된다. 수백만 년 전 이 이산화탄소는 애초 대기에 머물렀는데, 그것을 이용하여 당을 생산했던 식물이 죽은 다음 썩지 않고 석탄이나 석유를 만들어낸 것이다. 그와 동시에 대기에서 사라진 양만큼의 이산화탄소를 바다의 완충 장치가 보충해주었으므로 그 시스템은 그깟 소량에 대해서는 '까맣게 잊어버렸다'. 그런데 우리가 오늘날 화석연료를 연소하면 먼 과거의 이산화탄소가 마치 새로운 것인 양 등장하게 된다. 대기중에 새로운 기체가 더해지는 것이다. 1~2세기 동안 우리가 소비하리라 예상되는 석탄과 석유 매장량은 현재 대기중에 있는 이산화탄소를 몇 배쯤 불려놓을 수 있는 분량이다. 지금 우리는 지구 대기의 이산화탄소 농도를 몇 배 올려놓으려고 안간힘을 쓰고 있는 중이다.

지구화학자들은 처음에 화석연료의 연소가 지니는 함의를 곰곰이 생각했을 때, 완충 장치라는 복잡하기 이를 데 없는 시스템 때문에 거기에 따른 위험을 제대로 간파하지 못했다. 바다는 충분히 그 위험에 대처할 수 있다는 믿음이 과거에도 있었고 현재에도 있기 때문이다. 바다의 이산화탄소 농도가 이미 대기의 50배이고, 석회암 산이나 산호초에 갇혀 있는 이산화탄소가 대기중 농도의 무려 4만 배인 데 비춰보면 대기중의 이산화탄소 농도가 몇 배쯤 불어나는 상황은 큰 문제가 아니라는 것이다. 우리가 화석연료를 연소함으로써 방출하는 이산화탄소는 바다로 흘러든 다음 해저의 진흙에 모인다. 인류 문명이 화석연료를 모두 소비하고 그쯤에서 멈춘다면 대기중의 이산화탄소 농도는 결국에는 부피 기준 0.03퍼센트로 다시 정확하게 맞춰질 것이다. 이것은 분명하다. 하지만 최근 지구화학자들이 대기중의 이산화탄소 농도를 측정한 값은 하나같이 놀라웠다.

지구화학자들은 남극대륙과 하와이의 어느 높은 산에서 수년 동안 이산화탄소 농도를 기록해왔다. 두 곳을 선택한 이유는 중공업과는 거리가 멀고 바람이 많이 부는 장소였기 때문이다. 그러니만큼 두 곳은 공장 굴뚝에서 내뿜는 매연 같은 지역적 영향으로부터 자유로웠고, 대기 역시 전형적인 평균적 지구 대기로 간주할 수 있었다. 그런데 두 곳에서 이산화탄소 농도는 해마다 꾸준히 상승해왔다. 완충 장치에 대한 우리의 믿음이 지나쳤던 것이다.

그렇다면 완충 장치와 관련해 무엇이 잘못된 것일까? 간단히 말해 그것은 바다가 초과분을 모두 흡수해 가기까지는 시간이 걸리기 때문이다. 머잖아 해수면과 대기 사이에 새로운 균형이 이루어지리라는 것은 의심할 나위가 없다. 하지만 여분의 용해 이산화탄소를 함유한 바닷물은 바다가 크게 휘저어져야만 순서대로 차례를 기다리는 다른 바닷물로 대체될 수 있다. 대양은 깊이가 무려 8킬로미터나 되는지라 바람에 뒤섞이는 속도가 무척이나 느리다. 실제로 바다가 한 번 크게 뒤집히는 데는 약 100년이 걸린다.

이 완충 장치는 작용하기는 하나 속도가 한량없이 더디다. 바다는 결국에는 화석연료로부터 비롯된 오염원인 이산화탄소를 모두 흡수하여 해저 진흙으로 보낼 것이다. 하지만 그 과정에서 자신이 감당할 수 있는 것보다 더 많은 이산화탄소를 지니게 되므로 그 가스가 일시적으로 대기중에 쌓인다. 가장 가능성 있는 결과는 대기중 농도가 거의 두 배가 되고 난 뒤부터 대양이 이산화탄소를 따라잡기 시작해 그 비율을 다시 과거 수준으로 되돌려놓는다는 시나리오다.

따라서 지구의 대기중 이산화탄소는 부피 기준 약 0.03퍼센트에서 0.06퍼센트로 불어날 것이다. 이는 생명체에게 재앙에까지 이르게야 않겠지만 분명 영향이 없지는 않을 것이다. 걱정스러운 것은 모든 영향이 어우러져서 어떤 결과가 빚어질지를 아무도 모른다는 사실이다. 우리는 지금 사상 최대의 장대한 생태학 실험에 돌입했다. 즉 지구의 가장 중요한 기체 가운데 하나인 이산화탄소의 대기중 농도를 곱절로 불려놓은 것이다. 우리는 무슨 일이 일어날지 정녕 아는 것이 거의 없다.

11

빈영양호와 부영양호

그레고리 경위: 제가 주의를 기울였으면 하는 점이 있나요?

셜록 홈스: 밤중에 개에게 일어난 흥미로운 사건요.

그레고리 경위: 간밤에 개한테는 아무 일도 없었는데요.

셜록 홈스: 바로 그게 흥미롭다는 겁니다.

–아서 코넌 도일(Arthur Conan Doyle), 《실버 블레이즈(Silver Blaze)》에서

시인이 좋아했음직한 차갑고 깨끗하고 푸르고 깊이를 알 길 없는 호수, 아마도 알프스산맥 같은 산악지대에 자리하고 있을 듯한 그런 호수는 비옥하지 않을 것이다. 그 호수는 산악빙하가 남겨놓은 원초적 구멍을 차지하고 있을 수도 있고, 영양물질이 거의 새어나오지 않는 고산 초원에 둘러싸여 있을 수도 있다. 호숫물의 사랑스러운 파란 빛깔은 대양의 푸른 빛깔과 같으며 햇빛이 거의 아무것도 자라지 않는 맑은 물속을 비추고 있

다. 물의 파란빛, 차가움, 척박함은 서로 어울리는 속성으로, 이해하기 쉬운 매우 간단한 현상이다. 하지만 과학자들은 자신들의 간단한 관찰 결과를 다른 사람들이 쉽게 이해하는 것을 달가워하지 않는다. 그래서 척박한 호수를 굳이 그리스어로 같은 의미를 띠는 용어 oligotrophic lake〔빈영양호(貧營養湖): 이하 빈영양호―옮긴이〕로 부른다.

아름답지만 쓸모없는 빈영양호는 필시 겨우내 얼어 있을 것이다. 그때는 호숫물이 바닥까지 차갑다. 봄이 되면 얼음이 녹고 호수에 바람이 불어온다. 호수는 그 바람에 의해 바닥까지 크게 휘저어진다. 이것은 호수의 차갑고 척박한 물에 바람이 실어온 산소가 가득해진다는 것을 말해준다.

여름에 바람이 잦아들면 호수는 더 이상 출렁거리지 않는다. 태양이 수면을 데워준다. 따뜻한 물은 널리 퍼져나가고 점점 가벼워지면서 물 위에 뜬다. 이내 호수 상층부에 따뜻하게 덥혀진 물이 두꺼운 층을 이룬다. 이 층은 마치 물웅덩이에 유출된 기름처럼 바닥이 차가운 물 위에 떠 있다. 호수는 이제 상층은 따뜻하고 하층은 차가운 상태로 분리된다. 두 층은 웬만한 세기의 바람이 불어서는 서로 섞이지 않는다. 바람이 따뜻한 상층의 물을 차가운 하층으로 욱여넣으려는 시도는 마치 수영장에서 커다란 고무공을 아래로 가라앉히려고 애쓰는 노릇과 같다. 그런 일을 시도해본 적이 있는 사람은 아래로 가라앉지 않으려는 공의 저항이 너무나 완강해서 그 일이 생각처럼 쉽지 않음을 알 것이다. 그와 마찬가지로 호수 표면의 따뜻한 물은 고집스럽게 떠 있어서 가라앉도록 만들 수 없다.

호수에 살아가는 어느 생명체의 관점에서 보면 그곳은 이제 완전하게 구분되는 두 개의 호수로 이루어진 셈이다. 하나는 대기 아래에서 철

벅거리고 있는 상층 호수고, 다른 하나는 차갑고 움직임이 없고 위에 떠 있는 따뜻한 물층이 보이지 않는 지붕을 형성하여 대기와 완벽하게 차단된 하층 호수다.

모든 동물은 심지어 수생 동물이라 하더라도 산소를 필요로 하며, 가장 중요한 산소의 출처는 여전히 대기다. 따라서 대기중의 유리산소와 차단된다는 것은 심각한 결과를 초래할 수 있다. 이 같은 자연의 구상이 못마땅한 사람은 호수 하층의 삶을 선택하는 것은 극히 위험하다고 투덜거릴 수도 있겠다. 하지만 일부 동물은 빈영양호의 깊은 곳에서 살아가는 삶을 너끈히 헤쳐가고 있다. 호수송어(lake trout)가 그런 경우다. 호수송어는 먹이사냥을 위해 더러 호수 표면을 찾아가긴 하지만 대부분의 시간을 호수 깊은 곳에서 보낸다. 호수송어가 이 위험천만한 삶을 별 탈 없이 일구어갈 수 있는 것은 지나칠 정도로 영양물질이 부족해서 호숫물이 파랗게 빛나는 데 따른 간접적인 결과다.

만약 호숫물에 영양물질이 빈약하면 그 안에서 자랄 수 있는 식물은 거의 없다. 빈영양호는 마치 식물 플랑크톤과 그들을 먹고 사는 미세 동물의 수가 매우 희박한 망망대해와 같다. 동물이 거의 없으므로 산소 보유고에 대한 요구도 지극히 낮다. 큰 호수에 살고 있는 몇 마리 송어쯤이야 봄에 크게 뒤섞이면서 물에 남아 있는 산소만으로도 얼마든지 여름을 버텨낼 수 있다. 혹자는 10월의 차가운 공기와 바람이 호수 상층을 뒤덮고 있는 따뜻한 물이라는 풍선에 구멍을 뚫고 다시 한번 호수를 크게 뒤섞어주어야 송어 집단의 우두머리가 비로소 안심할 거라고 지레짐작할 수도 있겠지만 말이다. 그러나 호수가 너무나 예쁜 파란색이고 그 결과 영양물질이 극히 부족하고 거의 쓸모가 없다면, 거기에서 살아가는 소수의 송어는 실제로 호숫물이 보유한 저장고 외에 사적인 산소 공급원을 지니게 된다.

호수가 영양물질이 부족하여 파란색으로 일렁이면 햇빛이 호수 바닥 끝까지 닿는데, 그런 호수에서는 미세한 식물 플랑크톤이 호수 깊은 곳의 차가운 물에서도 살아갈 수 있다. 일부는 심지어 호수 바닥에 서식하기도 한다. 호수 아래쪽은 너무 차갑고 영양물질도 거의 없으므로 식물은 많은 것을 생산하지 않는다. 그렇지만 그들의 공장은 쉴 새 없이, 천천히 가동된다. 식물은 당을 만들면서 물속에 소량의 산소를 더해준다. 그래서 '송어로 살아가기'나 '차가운 곳에서 지내는 것을 좋아하는' 다른 직종들도 산소를 안전하게 공급받으면서 유지될 수 있다.

하지만 상당수의 호수(심지어 온대지방 북쪽의 수많은 호수도 포함)는 비옥하다. 이런 호수들은 주위 배수 유역의 기름진 토양에서 쏟아져 나오는 영양물질이 넘쳐흐르며, 부유하거나 유영하는 생명체들로 인해 탁한 초록색이나 갈색을 띤다. 결코 파랗지 않다. 게다가 눈부실 정도로 생산성이 높아서 아마도 최고의 농경지보다 에이커당 더 많은 식량을 생산할 것이다. 금요일마다 써야 하는 물고기를 넉넉하게 보급하고자 중세 수도원의 수도사들이 조성한 연못이 그와 비슷하다. 연못의 외양은 그 유용성과 마찬가지로 충분한 영양물질이 공급된 데 따른 분명하고도 단순한 결과다. 따라서 우리 직업군에 속한 사람들은 그런 호수를 굳이 '영양물질이 풍부한 호수'라는 같은 의미의 그리스어 eutrophic lake〔부영양호(富營養湖): 이하 부영양호—옮긴이〕라고 어렵게 부르면서 대중들에게 그 같은 분명한 사실을 숨겼다.

부영양호는 다른 호수들이나 마찬가지로 겨우내 얼어붙어 있다. 그

안에서 살아가는 생명체는 계절이 나아지길 기다리면서 공장을 잠정폐쇄한다. 이 호수 역시 봄에 바람이 세차게 부는 날이면 크게 휘저어져 호숫물 전체가 차가워지고 산소로 가득 찬다. 이렇게 되면 호수는 부서지는 파도 속에서 제 순서를 맞을 때 그 산소를 받아들인다. 그런 다음 바람이 잦아든 여름 태양 아래서 몇 개 층으로 자리 잡는다. 차가운 하층 호수는 부유하는 따뜻한 상층 호숫물이 가로막고 있어서 대기와 단절된다. 하지만 이처럼 두 층으로 분리된 결과는 빈영양호의 경우와 완전히 다르다.

따뜻하지만 영양물질이 풍부한 상층 호수에서는 생명체들이 풍부하게 번성한다. 상층에 바글바글 모여 사는 작은 식물 플랑크톤은 울창한 숲에서 서로 경쟁하는 나무들과 마찬가지로 태양 빛을 서로 차지하려고 몸싸움을 벌인다. 부영양호에 영양물질이 너무 많다면 청녹조류가 크게 번식하여 호수 상층에 떠 있을 수도 있다. 이처럼 대량 발생한 생명체들은 태양 빛을 아래 호수 깊은 곳까지 닿지 않도록 완전히 차단해버릴 만큼 층이 두껍다.

여름에 부영양호의 바닥 근방은 어둡다. 어두워도 너무 어둡다. 아래쪽에서는 그 어떤 식물도 살아갈 수 없는 것이다. 이것은 빈영양호의 깊은 곳에서와 달리 바닥의 조류로부터 산소를 전혀 얻을 길이 없음을 의미한다. 이용할 수 있는 산소는 봄에 저장고에 챙겨놓은 것뿐이다. 하지만 그렇더라도 크게 문제가 되지는 않는다. 물은 차가운 상태를 유지하고 있으며 송어 한두 마리는 그 산소 저장고만으로도 자비로운 10월이 돌아올 때까지 그럭저럭 버틸 수 있기 때문이다. 심지어 이따금 머리 위 생명체 지대로 사냥 여행을 다녀오는 이익을 누리는 경우도 있다. 하지만 송어를 비롯해 차가운 물에서 사는 동물들은 자기 자신을 위해 산소를 유지하지 못할 운명이다. 머리 위 어두운 그늘로부터 계속 썩은 시체가 갈색 눈처럼 쏟아지기 때문이다.

많은 생명체가 살아가는 곳에서는 시체도 그만큼 많다. 부영양호의 호수 표면 부근에는 생명체가 많지만, 생물 군집은 그 많은 시체를 돌보는 성가신 의무를 챙기지 않는다. 생물 군집은 중력에 의해 시체들을 상층에 짓눌려 있는 차가운 하층 호수로 내려보낸다. 생명체의 시체는 거기에서 썩어가는데, 그것을 먹고 사는 박테리아는 그 일을 하기 위해 상당량의 산소를 소비한다. 박테리아는 그렇게 하는 데 필요한 산소를 저장고에서 가져온다. 만약 호수가 진짜로 부영양화 상태라면 박테리아는 여름이 끝나기도 전에 물속에 있는 산소를 모조리 써버릴 가능성이 있다. 그렇게 되면 송어를 비롯해 산소를 원하는 뭇 생명체들은 죽음을 면치 못한다.

우리는 이제 우리 시대의 심각한 모순 한 가지에 직면했다. 사람들은 논밭이야 비옥하고 생산성이 좋은 쪽을 선호하지만, 호수만큼은 영양물질이 부족하고 생산성이 낮아지기를 바란다. 사람들은 정말이지 열정적으로 빈영양호의 장점을 옹호하곤 한다. 그래서 호숫물에 인산염이라든가 두엄 같은 것을 내다버리는 사람을 전형적인 오염 유발자(호숫물을 더럽히는 자)로 낙인찍는다. 그들은 '부영양화(eutrophication, 富營養化)'라는 과학적 전문용어를 빌려와서 그런 사람을 부영양화라는 중범죄를 저지른 자라고 비난함으로써 그 용어를 변질시킨다. 반면 인산염이나 두엄을 밭에 뿌리는 자는 공익을 위해 힘쓰는 사람이고 공동체를 위해 올바른 일을 하는 존재다. 땅을 부영양화하는 것은 '좋지만' 호수를 부영양화하는 것은 '나쁘다'.

사람들이 주변 호수의 생산성이 낮은 것을 좋아하는 까닭은 한편으로 파란색이 보기에 좋고 송어 잡는 일이 재미있기 때문이지만, 다른 한편으로 영양물질이 풍부한 비옥한 호수는 냄새가 나는 경향이 있기 때문이다. 고약한 냄새는 시체가 썩을 때 나는 냄새로 알려져 있고, 비옥한 호수에 풍부하게 살아가는 생명체는 필시 수많은 시체를 만들어내며 그 결과 호숫물에서 냄새가 좀 나기는 할 것이다. 만약 누군가가 호숫가에 오두막을 짓고 살고 있다면 그 냄새에 대한 역겨움은 이해할 만하다. 하지만 우리가 수도원이나 중국의 인민공사에 살아야 한다면 그깟 냄새쯤이야 많은 잉어를 얻기 위해 치러야 하는 소소한 대가에 불과하다. 그리고 그런 공동체에서는 두엄을 퍼 넣은 사람이 공적으로 바른 일을 했다는 평판을 얻을 수도 있다. 심지어 그런 장소에서도 당신은 위생을 이유로 인간의 분뇨 두엄은 사용하지 않는다. 하지만 이것은 호수 부영양화 논의와는 상관이 없으므로 논외로 한다.

그러나 두엄이나 인산염으로 호수를 오염시키는 것은 그저 송어의 죽음, 조류의 성장, 냄새 유발 이상을 의미하게 되었다. 사람들이 생태계 자체에 잘못된 일을 하고 있으며, 호수에 영양물질을 더해줌으로써 회복하기 힘든 명백한 잘못을 저질러왔다는 생각이 만연해진 것이다. 한 시사잡지는 언젠가 '누가 이리호(Lake Erie)를 죽였는가?'라는 머리기사를 내보낸 적이 있는데, 글쓴이는 그 글이 '누가 송어 몇 마리를 죽였는가?' 이상의 의미를 담고 있다고 생각했다. 이렇듯 호수 시스템 연구자들 자체가 호수의 죽음에 관한 논의에 책임이 있다. 호수의 죽음이라는 표현을 통해 그들이 말하고자 하는 바가 무엇인지 살펴보겠다.

전형적인 빈영양호의 깨끗한 파란색 물에 대해 다시 한번 생각해보자. 이런 호수에서는 여름내 호수 깊은 곳에 산소가 있다. 호수의 바닥에 깔린 진흙조차 산소의 공급원으로 대개 붉은빛이 감도는 갈색이다. 붉은색은 녹 비슷한 철산화물이 존재한다는 것을 말해준다. 호숫물과 접촉하고 있는 진흙 속의 다른 모든 활성 광물도 마찬가지로 산화가 잘될 것이다. 그리고 진흙에 들어 있는 산화 광물들은 인산염·칼륨·질산염 따위에 달라붙는 성질을 띤다. 따라서 영양물질이 빈영양호의 물속에 들어가면 상당수가 진흙에 붙잡혀 제삼자 예탁 신세가 된다. 강이 제아무리 영양물질을 바다로 많이 흘려보낸다 해도 파란 대양이 영구적으로 척박한 까닭도 바로 이런 시스템 때문이다. 따라서 빈영양호에는 호수를 척박하게 만드는 화학적 시스템이 내재해 있는 셈이다. 이것이 1만여 년 전 산악빙하에 의해 생성된 호수의 물이 아직도 여전히 파란 까닭이다.

이제 여름의 부영양호 상태에 관해 생각해보자. 이 호수는 바닥의 물에 산소가 남아 있지 않다. 박테리아가 시체를 분해하면서 몽땅 써버렸기 때문이다. 진흙의 표면도 결과적으로 자신의 산소를 잃고 회색빛을 띠며, 나무 막대로 휘저으면 황화수소 냄새가 난다. 이런 진흙은 산화된 진흙보다 화학적으로 훨씬 더 활발하며, 영양물질을 용해하는 특별한 성질을 지닌다. 영양물질은 시체와 함께 내려앉으므로 끊임없이 부영양호의 진흙에 쌓이지만, 진흙은 영양물질을 용해해 다시 물속으로 돌려보낸다. 호수는 일단 한번 비옥해지면 내내 그 상태를 유지하려는 경향이 있다.

따라서 빈영양호와 부영양호에서는 화학적 시스템이 작동하는 방식에 큰 차이가 있다. 두 호수에서 모두 그 시스템은 현 상태를 유지하고자 한다. 우리는 어마어마한 양의 영양물질을 빈영양호에 쏟아부으면 돌이키기 어렵고 후회하면서 살게 될 무슨 일인가 저지르는 꼴이라는 합당한 우려를 품을 수도 있다. 이것은 호수를 옹호하는 이들이 표명하는 우려를 분명하게 보여준다. 하지만 그렇게 해도 '호수의 죽음'은 발생하지 않는다. '호수의 죽음'을 이해하려면 세월이 흐르면서 호수 분지에 무슨 일이 일어나는지 생각해볼 필요가 있다.

호수는 해가 갈수록 점차 얕아진다. 이것은 죽음이 모든 인간의 공통된 숙명이듯이 호수라면 결코 피해갈 수 없는 운명이다. 호수의 분지에는 해마다 진흙이 쌓인다. 이 일은 결국 그 구멍이 가득 차서 물이 전혀 들어올 수 없을 때까지 계속된다. 북미와 유럽의 전형적인 빙하호들은 이미 그 과정을 절반쯤 거친 상태이며, 또 한 차례 빙하기가 와서 호수를 다시 파내주지 않는 한 지금부터 1만 5000년 뒤 사라질 것이다. 호수의 노화는 진흙이 호수를 채우는 과정이고, 호수의 죽음은 진흙이 호수를 완전히 메워버린 결과다.

하지만 이 노화 과정을 먼저 알아차리는 것은 호수 깊은 물의 생태계와 거기에서 살아가는 생명체들이다. 여름에 표층수는 늘 하층수와 동일한 두께까지 따뜻해지며, 하층수와 분리된 채 그 위에 떠 있다. 2만 년이 흘러도 상층 호수의 크기는 거의 달라지지 않는다. 해마다 규모가 점차 작아지는 것은 하층의 차가운 호수다. 하층 호수가 작아지면 그 안의 산소 저장고 크기도 줄어든다. 그러노라면 어쩔 수 없이 심지어 역사가 시작된 이래 줄곧 빈영양호였던 호수에서조차 하층 호수의 산소 저장고가 축소되어 여름내 버틸 수 없는 해가 찾아온다. 이 같은 결정적 시기가 닥치면 처음으로 하층수에서 산소가 사라진다. 그러면 진흙이 최초로 보유하고 있던 산소를 내놓고 다량의 영양물질을 다시 물속으로 돌려준다.

따라서 이런 과정이 낳은 결과 가운데 하나는 빈영양호가 오랜 옛날 진흙 속에 저장해놓은 영양물질을 추출해 호숫물 속으로 내보내기 시작하는 것이다. 이제 호수는 낮은 생산성을 유지해주는 화학 시스템 대신 비옥함을 촉진하는 시스템을 획득한다. 호수 연구자들은 이런 현상을 흔히 추한 전문용어들을 동원해 이렇게 표현하곤 한다. "빈영양호는 공간 메우기 과정을 거치면서 부영양호로 달라질 수 있다."

이것이 바로 일부 저자들이 영양물질로 호수를 오염시키는 행위를 '인위적 노화'라고 부르는 까닭이다. 그들은 가만히 놔두면 호수가 노령기에 접어들었을 때 결국 영양물질이 풍부해진다고, 그런데 우리가 조기에 비옥하게 만들어버림으로써 호수를 억지로 고령 단계로 내몰았다고 주장한다. 하지만 그들의 생각이 얼마나 잘못되었는지는 확실히 해둘 필요가 있다. 자연적 노화는 호수 분지가 진흙으로 메워지는 과정을 뜻하며, 그렇게 된 결과 가운데 하나가 호숫물에 영양물질이 많아지는 것이다. 인위적으로 영양물질을 더해주는 것이 호수가 진흙으로 채워지는 것과 같다고는 볼 수 없다!

이리호는 죽은 게 아니며 급속하게 노화한 것은 더더욱 아니다. 인산염·오물·쓰레기로 몸살을 앓았던 다른 호수들도 마찬가지다. 이 호수들은 과거에는 비옥하지 않았지만 이제 매우 비옥해졌을 따름이다. 죽어가는 게 아니라 다만 생명체가 바글거리고 있다. 그들의 잘못이 바로 여기에 있다.

영양물질로 인한 호수의 오염은 호수를 노화시키는 것도 죽이는 것도 아니지만 상황을 극적으로 변화시킬 수는 있다. 앞에서 언급했다시피 호수는 자신의 비옥도를 그것이 어떤 수준이든 간에 그대로 유지하려는 경향이 있다. 일단 우리가 호수를 비옥하게 만들면 아마도 사람들이 손가락질하면서 "당신이 그렇게 했다"고 비난할지도 모른다. 하지만 그 말조차 온당치 않다. 부영양호를 그 상태로 유지해주는 시스템은 수많은 외부의 도움을 필요로 하기 때문이다.

모든 호수, 특히 비옥한 호수는 거기에 살아가는 생명체의 사체를 호상 진흙에 묻는다. 물론 그 사체 물질의 상당수는 박테리아에 의해 분해되어 다시 물속으로 돌아가지만, 언제나 계속 묻혀 있는 초과분은 생기게 마련이다. 묻힌 사체들은 영양물질과 손을 잡는다. 광물 퇴적물도 영양물질을 바닥으로, 심지어 냄새나는 진흙 속으로 끌어내리며, 그들이 단단히 자리 잡아서 용해될 가능성이 없어질 때까지 그 일부를 꽉 붙들고 있다. 어떤 부영양호도 온전히 제힘만으로는 비옥함을 유지하지 못한다. 호수 바닥의 진흙에 묻어놓은 것만큼이나 많은 영양물질을 외부에서 받아올 게 틀림없는 것이다. 따라서 우리가 호수를 오염시켜서 비옥하게 만들려면, 그 비옥도가 유지되도록 그곳을 끊임없이 오염시켜야 한다. 우리가 오염을 멈춘다면 호수는 비옥함이 보여주는 특성을 잃어버릴 것이다.

호수는 자정 능력이 있는 시스템이다. 만약 우리가 오물·영양물질·세제·쓰레기 따위를 오염된 호수에 버리는 행위를 그친다면 호수의 물은 그 어떤 과학기술의 도움 없이도 저절로, 그 규모나 물의 흐름에 따라 수년에서 수십 년 내에, 다시 깨끗해질 것이다. 호수를 죽이는 유일한 방법은 호수를 채우고 덮어버리는 것뿐이다.

1~2세기가 지나면 화석연료와 인암(phosphate rock)은 바닥나고 모든 오염된 호수는 과거 상태로 되돌아갈 것이다. 만약 우리가 오늘날 일부 호수를 척박한 상태로 유지함으로써 먹을 게 거의 없는 차가운 물을 좋아하는 동물이 멸종하지 않도록 보호한다면, 나머지 호수들이 일시적으로 겪는 상황에 대해서는 지나치게 걱정하지 않아도 좋을 것이다.

12

식물의 천이

군계는 하나의 유기체처럼 출현하고 성장하고 성숙해지고 그리고 죽는다. ……더욱이 각 군계는 절정기에 이르렀을 때 스스로를 재생산할 수 있다. 즉 기본적인 성실함을 보여주면서 각 발단 단계를 되풀이하는 것이다. 군계의 생명 역사는 복잡하지만 명료한 과정으로 몇 가지 중요한 특징에서 개별 식물의 생명사와 유사하다.

-클레먼츠, 〈식물의 천이(遷移): 식생의 발달에 관한 분석〉(1916)에서

만약 모종의 설계자가 있어 우리를 완전히 장악한 다음 모든 개인의 자유를 짓밟고 우리 땅에서 자기 맘대로 하게 된다면, 그는 아마도 별 볼 일 없는 농경지로 가득한 지역을 몽땅 숲으로 되돌려놓으려고 할 것이다. 만약 그가 강력한 경찰력과 다량의 무기를 확보하고 있다면 실제로 그렇게 할 수도 있을 것이다. 그는 갓 심어놓은 작물이 자라고 있는 밭을 뒤엎고, 고랑을 따라 줄지어 묘목을 심고, 묘목 사이를 괭이질한 다음 거름을 주

고, 각종 유독 화학물질을 고루 뿌릴 것이다. 그러면 숲이 되살아날 것이다. 이것은 나무 한 세대만 거치면 이루어질 수 있는 일이다.

자연은 괭이나 화학물질의 도움 없이도 농경지를 숲으로 되돌려놓을 수 있다. 하지만 그 과정은 대개 한량없이 더디게 진행된다. 자연은 에둘러서 더듬거리듯 숲을 향해 나아간다. 잡초와 관목을 거쳐 수목의 형태로 바꾸는 것이다. 한때 숲이던 육지의 농경지를 방치하면, 그 땅은 처음에 잡초로 무성해진다. 그러다가 2년 남짓 지나면 종전과는 다른 좀더 강인한 잡초들이 그 땅을 차지한다. 우리는 무릎 높이의 갯개미취(Michaelmas daisy)가 흐드러진 들판, 혹은 소 떼나 말들이 노니는 곳이라면 메역취(golden rod)나 거친 목초지가 펼쳐진 광경을 볼 수 있다. 그런 들판은 불과 몇 년 동안만 그 모습을 유지하다가 이내 찔레밭, 가시덤불, 혹은 어느 곳에서는 작은 소나무가 보이는 진짜 황무지 같은 거친 풍광으로 달라진다. 상당수의 서구 대도시 외곽에서 볼 수 있는 새로 재건되는 전형적인 황무지의 모습이다. 부동산업자들이 집을 짓기에 알맞을 만큼 땅값이 오르길 기다리면서 내내 묵혀두는 땅이다. 그런데 그런 땅이 울창한 관목림지로 뒤덮이는 데는 불과 10~20년밖에 걸리지 않는다. 하지만 진짜 숲이라고 할 만한 어린나무들이 그 관목 숲을 뚫고 나오기까지는 대체로 오랜 세월이 걸린다.

버려진 농경지가 모종의 숲으로 뒤덮이는 데는 한 사람의 생애에 해당하는 기간이 걸릴 수도 있지만, 그 변화 광경을 목격한 사람이 노년에 접어들어서야 비로소 야생 숲에 최초의 수목이 나타날 가능성이 높다. 빽빽이 들어선 가시덤불과 잡초는 숲이 들어서리라는 것을 말해주는 전주곡이다. 그럼에도 삼림수의 잠재적 부모들은 산울타리 형태로 내내 그 들판에 줄지어 있거나 들판 군데군데 흩어져서 그늘을 드리운 채 한때 쟁기질하는 농부와 말들의 휴식처 구실을 해주었을 것이다. 하지만 전 단계인 잡초밭이 완성되기 전에 초기 숲이 생성되는 경우는 드물다. 인위적으로 숲을 조성하는 이들은 첫해에 바로 삼림수를 심을 수 있겠지만, 자연은 다른 일련의 식물들이 공식적으로 그 땅을 점령하도록 허락한 뒤에야 비로소 삼림수를 제공해준다.

우리는 이렇듯 버려진 땅을 일련의 상이한 식물 군체들이 점진적으로 점령해가는 현상을 흔히 관찰할 수 있다. 그런 일은 예외 없이 일어난다. 먼저 한해살이 잡초들이 나타난다. 이 식물들의 생태적 지위에는 작은 씨앗을 널리 퍼뜨리는 능력이 포함되어 있다. 혹시나 맨땅이 있어 한철 동안 씨앗이 싹을 틔우고 자라서 더 많은 씨앗을 퍼뜨려주길 기대하는 것이다. 그다음에 여러해살이식물이 등장한다. 강인한 뿌리 시스템을 갖추고 땅을 잠식해가며 해가 갈수록 그 땅을 굳건히 지키는 초본이다. 이어서 덤불, 그리고 관목 숲지대가 출현한다.

여기까지는 틀림없는 사실이다. 원시림이 출현함과 동시에 이 과정이 마무리되리라고 보는 것은 어디까지나 추측일 뿐이다. 어느 과학자도 그 전 과정을 지켜볼 만큼 오래 살지는 못했기 때문이다. 그렇지만 그것은 꽤나 확실한 추측이다. 우리는 삼림수가 자리 잡으면서 옛날에 파괴된 태곳적 숲을 복구하는 광경을, 즉 여러 수목이 본래의 원시림에 가깝게 달라지는 광경을 볼 수 있다. 그리고 파괴된 땅을 가만 내버려두면 언제나 일련의 식물 군집이 등장하는 복잡한 과정을 관찰할 수 있다. 이것은 너무나 규칙적이고 예측 가능하고 질서정연한 과정이라 식물학에 정통한 지역민들은 지금 자기 땅에서 자라는 식물을 보고 농부가 농사를 작파한

때가 언제쯤인지 알아맞힐 수 있을 정도다.

하지만 여기서부터는 다소 복잡해진다. 한때는 원시림이 그 땅을 모조리 뒤덮고 있었다. 그러던 차에 도끼와 말과 쟁기를 지닌 정착민이 자리를 잡았다. 그들은 원시림을 파괴하기 시작했으며, 작업을 다 마친 뒤 드넓은 경작지에 작물을 심었다. 하지만 원시림의 식물 일부가 경작지 부근의 식림지나 산울타리에 서성대면서 끝까지 버티고 있었다. 해마다 숲의 선구자들인 작은 식물, 즉 농부들이 잡초라고 부르는 존재들이 드넓은 경작지를 호시탐탐 넘보았다. 농부들은 엄청난 수고를 마다하지 않고 잡초를 제거했지만, 결국에는 잡초와의 싸움에 넌더리를 내면서 떠나갔다. 숲의 선구자인 잡초들이 그 땅을 완전히 접수했으며, 여러해살이 초본들이 모두 합세하여 그 땅을 장악할 수 있도록 토대를 마련해주었다. 이어서 숲은 덤불이나 관목수로 계속 뒤덮였고, 시간이 충분히 흐르자 원시림이 복구되었다. 살아 있는 식생은 개별 식물이나 인간이 그 자신의 상처를 치유하듯이 스스로의 상처를 치유했다.

식물학자들은 처음에 생태학자의 눈으로 식생을 바라보았을 때 한편으로 내가 앞서 기술한 나무로 이루어진 민족국가와 식물 사회를 보았지만, 다른 한편으로 장대한 생태 천이(ecological succession)가 이루어지고 있음을 알아차렸다. 질서정연하고 예측 가능한 천이는 그 장소에 알맞은 식물 국가, 즉 식물 사회에서 정점을 이룬다. 개별 식물종은 식물 사회에서 제게 주어진 직분에 충실하게 살아가는데, 식물 천이는 그 사회가 보여주는 한 가지 특징이었다. 자연의 장대한 설계가 무엇인지 드러내주는 증거가 하나 더 있다.

만약 누군가가 밖으로 나가서 식물의 천이 현상을 관찰하려 할 경우, 벌거벗은 땅 위에서 식생이 자라는 곳이면 어느 나라 어느 장소에서든 그 현상과 마주할 수 있다. 허리케인과 산불이 할퀴고 간 상처도 농부에게 농경지를 돌려달라고 아우성치는 식물 천이에 의해 아물고 치료된다. 비단 숲뿐만이 아니라 툰드라와 초원지대에서도 식물의 천이 현상을 목격할 수 있다. 과거에 결코 극상 식생(climax vegetation: 주어진 환경조건 아래서 발달할 수 있는 최고 한계의 식물 군집—옮긴이)을 가져본 적 없는 육지, 이를테면 매립된 수로에 조성된 땅, 혹은 얕은 토양층으로 뒤덮인 바위투성이 산비탈에서도 식물 천이 현상이 나타난다. 모든 식물 천이에 관여하는 실질적인 식물종은 장소마다 다르지만, 어느 한 지역이나 영토에서는 그 종이 항상 동일하다. 그리고 모든 곳에서 그들이 등장하는 순서는 정해져 있다. 먼저 수명이 짧거나 한해살이인 잡초, 그다음에는 좀더 강인한 여러해살이식물, 그 뒤에 극상 군계다. 극상이 숲이라면 목질의 관목을 거치고, 극상이 초지라면 곧장 여러해살이 초본으로 이어진다.

식물이 그 물리적 서식지에서 변화를 일으킨 것은 분명했다. 한해살이식물은 언제나 초토화된 헐벗은 땅, 자갈 천지인 산비탈이나 생긴 지 얼마 안 된 개펄에 맨 먼저 등장했다. 이 선구식물(pioneer plant)은 땅의 표면을 자신의 이파리로, 그리고 나중에 부패하고 있는 제 몸의 부분들로 온통 뒤덮었다. 토양은 뒤이어 등장한 여러해살이식물에게 몸을 맡겼을 때 사정이 더 나아졌다. 여러해살이식물은 토양을 훨씬 더 많이 불려놓았다. 그리고 자신의 부엽토 속에 화학물질을 축적하거나 함께 살아가는 질소 고정 박테리아가 질산염이라는 유산을 남겨준 결과 토양 영양물질 역시 늘게끔 해주었다. 따라서 관목이 첫걸음을 내디딘 서식지는 선구식물이 마주한 황량한 땅보다는 형편이 낫다. 서식지가 한층 개선되고 나면 비로소 극상 수목이 출현한다.

이런 발견을 통해 천이 과정이 노리는 한 가지 실용적인 목적이 무엇인지 알아차릴 수 있었다. 식생은 그 땅을 준비시켰다. 식물 군집의 정교한 천이 작업은 그곳을 극상 식물에 적합하도록 일구는 데 반드시 필요한 과정이었다. 이것이 바로 자연이 숲을 대체하는 도정에서 굳이 에둘러 간 이유다. 전체 식물 군집은 그 땅을 살아가기에 적합한 곳으로 만들기 위해 더불어 노력하고 있었다.

이 설명들 가운데 현대과학에 새로운 것은 없다. 오래전 시골 사람들은 천이 현상을 관찰하고 지적한 바 있다. 그리스 이전의 여러 문명이 저술을 그리 많이 남기지 않은 데 따른 결과겠지만, 혹자들은 아리스토텔레스가 이 주제에 관해 최초로 글을 쓴 사람이라고 주장하기도 했다. 하지만 천이를 생태학에서 흥미로운 주제로 다루기 시작한 것은 불과 70~80년 전의 일이다. 러시아·덴마크·프랑스·영국의 식물학자들은 빅토리아 여왕(1819~1901)이 아직 살아 있을 때 이 질서정연하고 주목할 만한 과정에 관해 글을 썼다. 그리고 미국 서부의 황야에서 젊고 논리적이며 유럽 학자들보다 더 대담한 한 남성이 식물이 무슨 일을 하는지 직접 관찰한 내용을 토대로 자연의 작용에 관한 일반적인 원리를 정리했다. 그 내용은 지금까지도 여전히 우리에게 영향력을 행사하고 있다.

프레더릭 클레먼츠는 1870년 첫 서부 정착 직후 초원에서 태어났다. 그가 어렸을 때 마지막 물소 떼가 몰살당했다. 조지 커스터[George Custer, 1839~1876: 아메리카 육군 제7기병대 사령관. 1876년 그가 지휘한 부대는 인디언 연합부대와 벌인 리틀빅혼강(Little Bighorn River) 전투에서 전멸했다—옮긴이]가 마지막 헛된 노력을 위해 리틀빅혼강 둑으로 달려갔을 때 그의 나이는 일곱 살이었다. 그는 스물세 살 때 신생 네브래스카 대학에서 '네브래스카주의 식물지리학(The Phytogeography of Nebraska)'이라는 제목의 논문으로 그 대학 최초로 박사학위를 취득했다. 초기의 유럽 생태학자들이 용어 정의를 놓고 학문적 논쟁을 시작할 무렵, 젊은 클레먼츠는 노새 행렬을 이끌고 유럽 왕국만 한 황야를 찾았고, 그곳의 상태를 자신의 박사논문에 담았다.

클레먼츠가 노새를 끌고 가면서 목격한 광경은 인간과 동물이 할퀴어놓은 상처를 치유하기 시작한 원시 초원이었다. 그 과정은 천이에 의해 이루어지고 있었다. 즉 수레바퀴에 팬 자국 안이나 사라진 물소 떼가 닦아놓은 오솔길을 따라 선구식물이 자라기 시작했고, 여러해살이 초본이 그 땅에 굳건히 자리 잡으면서 초원 풀이라는 극상 군계를 향해 나아가고 있었다. 이와 비슷하게 그 초원은 새로운 땅을 향해 세력을 넓혀갔다. 선구식물이 모래언덕이나 물웅덩이로 더듬더듬 뻗어나가서 그 헐벗은 장소를 뒤덮었고, 극상의 풀이 자랄 수 있는 토양을 마련하고 있었던 것이다. 그 식물 군계 전체는 '마치 하나의 유기체처럼' 나타나고 자란 다음 성체꼴로 달라졌다.

클레먼츠는 자신이 관찰한 것을 논문에 잘 녹여냈다. 그는 자신의 세대뿐 아니라 이후 세대에 속한 수많은 식물학자에게 모든 식물 군집은 저마다 개별적인 삶을 산다는 사실을 확신시켰다. 그저 개별적인 식물 혹은 개별적인 종만을 생각해서는 안 된다. 그들은 훨씬 더 큰 자연적 실재인 식물 공동체, 즉 식물 군계가 굴러가도록 만드는 부품에 지나지 않기 때문이다. 클레먼츠는 의당 전체로 간주되어야 마땅한 공동의 자연적 실재가 존재한다는 사실을 열정적으로 설파한 최초의 인물이었다. 그로부터 75년이 흘렀지만, 전체의 작용에 해를 입히거나 '생태계 파괴(ecocide)'를 저지르지 않도록 거기에 관여하는 데 신중해야 한다고 말할 때면 우리는 클레멘츠의 열정에 공감을 표하고 있는 셈이다. 이 모든 것은 한 젊은이가 평생에 걸쳐 천이에 의해 초원 황무지가 복원되는 과정을 목격했기에, 그리고 그가 자신이 목격한 것에 대해 깊이 숙고했기에 가능했던 일이다.

하지만 과연 그럴까? 군집에 적합한 종 수준을 넘어서는 모종의 신비로운 조직은 없는가? 클레멘츠가 관찰한 모든 현상은 한 식물 군집에 속한 종들은 저마다 자신의 다윈적 적합성을 추구하기 위해 이기적으로 행동한다는 가설로 훨씬 더 간단히 설명할 수 있지 않을까? 모든 종은 다른 나머지 종들과 투쟁한다는 다윈의 주장은 종들이 공동선을 위해 협동한다는 클레멘츠의 꿈같은 선언보다 정서적으로 기분 좋게 들리지는 않지만, 어쨌거나 그보다 더 간단하다.

천이가 이루진다는 사실은 숲에서 가장 인상적으로 관찰할 수 있다. 수명이 짧은 한해살이 잡초가 해를 이어 살아가는 여러해살이 잡초에게 자리를 내준다. 강인한 찔레와 덤불이 여러해살이 초본을 올라타며, 뒤이어 수목이 찔레와 덤불을 타고 넘어 그들에게 그늘을 드리운다. 이런 과정이 계속되면 그 군집은 종 다양성이 커진다. 첫해에는 한해살이 잡초가 두세 종에 불과했을지 모르지만, 그로부터 50년 뒤 관목이 우거진 삼림지대에는 수십 종이 살아가기 때문이다. 종이 점차 다양해짐에 따라 토양도 서서히 비옥해진다. 무릇 천이에 관한 이론이라면 이 사건들 전반을 두루 설명할 수 있어야 한다. 하지만 그 과정을 면밀히 들여다보면 두 가지 사항이 확실히 이상하다는 것을 발견하게 된다.

첫째, 극상 식생은 흔히 천이의 이전 단계 군집에서보다 종 수가 적다. 쉽게 증명할 수 있는 사실이다. 완성 단계에 이른 북미와 유럽의 숲은 하나같이 종이 지극히 단조롭다. 불과 몇 개 종의 수목이 숲을 장악하고 있는 것이다. 숲 하층에 어우러진 덤불이며 덩굴식물과 숲 바닥을 수놓는 꽃들이 곁들여질 수는 있다. 하지만 빈 공간을 지니는 관목 숲지대는 수십 종의 나무와 관목뿐 아니라 그들 사이에 비집고 들어온 수많은 초본도 보유하고 있다. 클레먼츠가 주장한 극상은 일단 자신의 목표를 이루고 나면 제 군집의 구성원들 상당수를 가차 없이 버리는 것 같다. 이것은 그의 다른 메시지만큼 흐뭇한 감정이 들게 하지는 않는 점이다.

둘째, 우리는 극상이 종 수도 빈약하지만 효율도 낮다는 사실을 발견하게 된다. 선구식물이 태양에너지를 당 칼로리로 전환하는 데서 어느 정도의 효율을 나타내는지 측정해보면, 4장에서 다룬 트랜소의 옥수수 밭과 꽤나 비슷한 정도로 잘해내고 있음을 알 수 있다. 선구식물에 이은 여러해살이 초본, 그에 이은 다양한 군집의 관목도 선구식물이나 옥수수만큼의 효율을 드러낸다. 이 사실에 놀랄 필요는 없다. 모든 식물은 이산화탄소 부족이라는 동일한 조건에 의해 제약을 받으므로 같은 효율을 보이리라 기대할 수 있기 때문이다. 하지만 극상의 숲이 그에 앞선 초목 군집들보다 태양에너지를 화학에너지로 전환하는 효율이 낮다는 주장을 뒷받침해주는 측정치도 일부 나와 있는데, 이것은 꽤나 놀라운 주장이다. 극상의 수종, 즉 무자비한 다윈적 세상에서 다른 모든 것을 밀어내고 온갖 유입종을 물 샐 틈 없이 막아내면서 그 서식지를 고수한 수종이 자기네가 몰아낸 식물들보다 효율이 낮다는 말인데, 뭔가 아귀가 맞지 않아 보이는 것이다.

천이 현상을 차례차례 살펴보고 추론을 통해 그 모든 것을 설명할 수 있는지 따져보자. 우리는 토양을 개선해주는 군집의 질서정연한 전개 과정을, 그 과정이 결국 단 몇 종이 주도하는 극상 군집으로 귀결되는 이유를, 극상 군집의 수종이 중요한 열역학적 관점에서 볼 때 비효율적인 까닭을 설명할 수 있어야 한다.

한해살이 잡초는 자신의 생태적 지위를 통해 제한 없는 성장을 이룰 수 있는 갑작스러운 기회를 누린다. 이들은 '작은 알 전략'을 구사함으로써 무척이나 많은 작은 씨앗을 널리 퍼뜨린다. 그런데 씨앗이 발아하고 성장하려면 운이 따라야 한다. 어린 식물은 식량 저장고를 거의 지니고 있지 않으며 따라서 처음부터 제힘으로 헤쳐나가야 한다. 촉촉한 맨땅에서는 어린 식물이 그럭저럭 해나갈 수 있다. 태양이 필요한 칼로리를 제공해줄 테고, 미리 자리 잡은 기득 식물들과 공간을 차지하려고 다툴 필요가 없기 때문이다. 따라서 한해살이 잡초는 경쟁이 없는 생활 여건에서 살아간다. 우리는 이것을 '기회(주의)종(opportunist species)'*이라고 지칭한다. 사방팔방 씨를 퍼뜨려 그 지역의 요소요소에서 그중 몇이 우호적인 환경과 맞닥뜨리도록 기회를 노리는 전략을 쓰기 때문이다. 이런 식물에게 허용되는 기회는 늘 모든 서식지에, 심지어 원시림에도 있을 것이다. 그들에게 필요한 것이란 설치류가 파놓은 굴을 메운 흙, 무너진 개울 둑, 혹은 바람이나 산불로 파괴된 풀밭 정도면 족하기 때문이다.

텅 빈 땅에서는 작은 잡초가 다른 존재들에게 방해받지 않고 급속도로 성장한다. 잡초의 전략은 가능한 한 서둘러 씨앗을 맺는 일이다. 그 장

* 기회종 혹은 기회주의전략(opportunist strategies)은 오늘날 성장방정식(growth equation)에 쓰이는 상징을 본떠 흔히 'r'종이라 부른다. 반면 균형종(equilibrium species) 혹은 균형전략(equilibrium strategies)은 'K'종이라 일컫는다

소에 좀더 영구적인 식물이 이내 들이닥칠 테고 그에 따라 태양을 차지하기 위한 투쟁에 에너지를 뺏기면서 다량의 씨앗을 생산할 에너지가 줄어들 것이기 때문이다. 기회종 식물은 경쟁에 노력을 허비하지 않는다. 이 종은 모든 칼로리를 오롯이 씨앗 만드는 데 퍼부으며, 경쟁자나 겨울 같은 물리적 역경이 닥치면 곧바로 손을 들고 사라진다. 이것은 생명체에게 써 괜찮은 전략이며 꽤나 성공적이다. 우리가 이른바 '잡초'라고 부르는 식물은 심지어 농부들이 그들을 꺾어버리기 위해 시도하는 최선의 노력에 맞서서까지 이 전략을 성공적으로 구사한다.

잡초의 기회주의적 전략과 정확하게 대비되는 것은 자기가 가진 것을 확실하게 고수하고 다년간 생존하며, 그러는 사이 꾸준히 생식 압박을 견뎌내는 전략이다. 이런 전략을 택한 식물은 '균형'종이라 불린다. 여러해살이 초본은 이 전략을 향해 나아가는 경향이 있다. 그들은 큰 뿌리나 땅속에 저장 조직이 있어서 겨울을 이겨내고 이듬해에 유리한 출발을 할 수 있다. 겨울을 나기 위한 저장 조직을 갖추려면 씨앗을 덜 맺는 희생을 감수해야 한다. 하나의 식물은 먹이 칼로리로 오직 한 가지 일만 할 수 있기 때문이다. 한해살이식물은 자신의 칼로리를 몽땅 씨앗 만드는 데 쓴다. 여러해살이식물은 일부 칼로리를 자신의 먹이 저장고를 만드는 데 사용한다. 우리는 그들이 경쟁 상대를 물리치기 위해 그보다 좀더 칼로리를 많이 소모하고 있지 않은가 생각한다. 균형종은 당장 새끼를 낳는 게 아니라 가족계획을 뒤로 미룬다. 그리고 영원히 사는 것과 지금 당장 새끼를 가지려고 자기 한 몸 희생하는 것, 이 양극단 사이에는 분명 수많은 절충 단계가 존재할 수 있다.

삼림수는 농부가 농사를 작파하면 그 땅에서 곧바로 자라는 게 아니다. 작은 씨앗을 뿌려서 서식지를 차지하는 일에는 관여하지 않는 균형 식물이기 때문이다. 잡초가 처음으로 찾아오는데, 그 이유는 그들이 작은 씨앗을 뿌려서 서식지를 장악하는 일을 하기 때문이다. 자연이 우회적인 방식으로 숲의 복원에 착수하는 주된 이유다.

천이는 버려진 땅에서, 즉 자연이 만들어놓은 아무것도 없는 땅뙈기에서 잡초와 더불어 시작된다. 기회종인 잡초는 먼저 자기 씨앗을 뿌림으로써 그곳이 제 땅임을 분명하게 표시하고 잽싸게 씨앗을 수확한다. 하지만 그들이 할 수 있는 일은 그게 전부다. 이듬해 봄이 되면 균형종의 습성을 지닌 초본이 숨은 뿌리로부터 고개를 내밀고, 옆에 뿌려진 씨앗에서 싹을 틔운 작은 식물들과의 경쟁에서 가뿐하게 승리를 거둔 뒤 그 땅을 접수하기 때문이다. 여러해살이 잡초의 상당수는 데이지나 그 친척뻘이다. 작은 씨앗을 널리 퍼뜨리지만 그와 더불어 겨우내 버틸 수 있도록 해주는 먹이 저장고를 만들어내기도 하는 식물이다. 이들은 양다리를 걸치고 있어서 기회종과 균형종의 속성을 다 지닌다. 이제 여러해살이 잡초는 입지를 좀더 확고히 하는 식물들에게 자리를 내준다.

찔레와 관목은 훨씬 더 많은 칼로리를 복원력(resilience)에 투자한다. 이들은 목질 부분을 만들어서 초본을 타고 올라가 태양을 훔칠 수 있다. 이 목질 부분은 만드는 데도 칼로리가 들지만 유지하는 데는 칼로리가 더 많이 필요하다. 이 칼로리를 확보하려면 씨앗 생산에 쓰일 칼로리에서 그만큼을 빼와야 한다. 따라서 관목은 늦게 도착하지만 일단 자리 잡기만 하면 대단히 효율적이다.

뒤이어 수목이 등장하는데, 이들은 심지어 관목의 자리마저 가로챈다. 분명 이 과정은 씨앗 만드는 데 쓸 칼로리를 거대 몸체를 만드는 것으로 전환하는 작업이 더는 도움이 되지 않을 때까지 이어진다. 이때 보게 되는 것이 바로 극상의 숲에 들어선 거대 수목이다.

오늘날에는 천이 현상의 상당 부분을 설명할 수 있다. 자연은 숲을 건설할 때 우회적인 방법을 쓰는데, 그것은 어떤 군집에든 기회종과 균형종이 혼재해 있기 때문이다. 기회종이 먼저 찾아오고 균형 전략을 사용하는 절충 단계에 속한 식물들이 연달아 그 자리를 대신한다. 천이의 모든 질서정연함과 예측 가능함은 바로 이것으로 설명할 수 있다. 토양의 질이 개선되는 현상도 마찬가지다. 토양은 한때 아무것도 살지 않는 땅에 식물을 자라게 한 데 따른 필연적인 결과일 뿐이기 때문이다. 개선된 토양은 천이의 원인이라기보다 결과다.

천이에 관한 이해는 하나의 식생 유형이 다른 식생 유형으로 대체되는 예측 가능한 현상에는 어떤 아리송함도 없다고 말할 수 있는 단계에까지 이르렀다. 이 같은 군집의 명확한 특성들은 저마다 자기 일을 수행하는 수많은 상이한 종이 빚어낸 결과로 간단히 설명할 수 있다. 발 빠른 유입종이 굼뜬 유입종보다 먼저 도착한다. 하지만 극상의 숲을 차지한 극소수 우점종에 대한 수수께끼는 여전히 남는다. 예를 들어 미국의 너도밤나무-사탕단풍 숲에서 살아가는 거의 모든 수목종이 너도밤나무와 사탕단풍인 까닭은 무엇인가? 비록 그 나무들이 군림하도록 뒤를 봐주는 다른 수목도 18종이나 존재하기는 하지만 말이다. 일부 극상 수목의 효율이 낮은 기이한 현상은 또 어떻게 설명할 것인가?

생태학자들은 아직도 우점종을 두고 뜨거운 논쟁을 벌이고 있는데 최근에 적어도 부분적으로나마 만족스러운 설명이 나왔다. 그와 관련해 중요한 관찰 결과는 바로 일부 저지대의 열대우림에서는 그 어떤 우점종도 존재하지 않아 보인다는 것이었다. 아마존강 유역의 범람원에서는 1에이커 내에 수목이 100종 존재할 때도 있는데, 그 가운데 다른 것보다 수가 더 많아서 '우점'종이라 불릴 만한 수목은 없다. 이처럼 우점종이 따로 드러나지 않는 더없이 다채로운 숲은, 오직 몇 종의 수목만 존재하고 그중에서도 특별히 풍부한 수목은 한두 종에 불과한 온대의 숲과 극명한 대조를 이룬다. 만약 세계의 대다수 대학, 그리고 거기에 몸담은 생태학자들이 온대지역에 몰려 있지 않았다면, 우리가 우점종 문제에 그토록 많은 관심을 기울이기는 어려웠을지도 모르겠다.

우점종이 드러나는 열대 숲도 더러 있기는 하다. 드넓은 영역에 퍼져 있는 모라(Mora: 블랙베리 비슷한 베리의 일종—옮긴이) 숲이 비근한 예다. 다만 그것은 계절 변화에 따라 온대지방 숲의 서식지와 동일한 환경을 보이는 장소에 국한된 현상인 듯하다. 하지만 계절 변화 없는 습윤한 열대지방에서는 숲에 종이 매우 풍부하고 우점종이 따로 도드라지지 않는다. 열대 숲의 수목이 사방으로 흩어져 있는 현상에 관심을 기울이던 식물학자 대니얼 얀젠(Daniel Janzen)은 우점종을 설명해주는 결정적인 요인이다 싶은 것을 알아냈다. 바로 곤충이었다.

수많은 종류의 곤충은 씨앗을 찾아 먹는데, 그 일을 귀신같이 잘해낸다. 대부분의 나무 열매는 천공(穿孔) 곤충의 습격을 받으며 그 곤충의 알이라는 시한폭탄을 몸에 지니게 된다. 그로 인해 어미 몸에서 벗어나 땅에 떨어진다. 그 밖의 곤충들은 땅에서 열매가 떨어지기를 기다린다. 다람쥐와 쥐는 씨앗 사냥에 동참한다. 계절이 뚜렷하게 구분되지 않는 열대지방에서는 곤충과 설치류의 상당수가 연중, 혹은 해가 가도 거대 인구를 그럭저럭 유지한다. 나무 씨앗에 대한 공격이 더없이 활발하게 이루어진 결과다. 더욱이 그 나무들은 공격자에게 지침 구실을 함으로써 씨앗 먹는 곤충들이 그곳으로 모일 수 있도록 안내하거나, 설치류가 상당히 멀리서도 곧바로 그 결실수를 찾아올 수 있게 해준다. 얀젠은 직접 나무 아래 씨앗을 뿌려둠으로써 씨앗에 대한 총공세가 언제나 100퍼센트 성공적으로 이루어지는, 열대우림의 어느 나무 밑에 '씨앗 죽음의 지대(seed death-zone)'가 존재한다는 사실을 실제로 보여주었다. 열대 숲에서는 새끼 나무가 어미 나무 아래나 그 근방에서 생을 시작하는 게 불가능하다. 오직 열대산 새들이나 씨앗을 퍼뜨리는 데 기여하는 동물들이 적수가 도사리고 있는 지역 밖으로 날라준 씨앗만이 발아하고 살아남을 기회를 잡는다. 이것은 열대 숲의 모든 수목종은 일정 간격을 두고 살아가며, 그 틈새는 다른 씨앗 포식자를 지니는 다른 유의 나무나 다른 시기에 열매 맺는 나무들로 채워진다는 것을 뜻한다. 따라서 이런 유의 열대 숲에서는 소수 종이 다수 종 위에 군림하는 상황이 벌어지기 어렵다.

코스타리카의 숲에서 곤충과 나무의 분산을 연구한 얀젠의 결론이 바로 그와 같았다. 그가 얻은 결론은 겨울이 있는 북부 숲에서, 그리고 계절에 따라 기후가 달라지는 열대 숲에서 어떻게 우점종이 나타나는가 하는 질문에 답을 제시해주었다. 계절이 존재하는 곳, 그리고 날씨 변화가 큰 곳에서는 곤충 인구의 크기에 차이가 많다. 곤충의 수는 날씨에 따라 오르내린다. 북부 숲에서 씨앗을 먹고 사는 곤충의 수가 불어나면(즉 그들 관점에서 호시절을 맞으면), 그들의 씨앗 공격은 열대지방 저지대에 사는 그 친척들의 경우만큼 대단히 효과적이다. 그러나 곤충 수가 적은 해에는 그들의 공격이 줄어들고 대부분의 씨앗이 피해를 면한다. 결국 새끼 나무들이 어미 나무 밑에서 빼곡히 자리를 잡고 자라기 시작한다. 이것은 한 세대가 지나면 우리가 우점종이라고 부르는 오직 한두 종의 숲 식분(stand, 植分: 종 조성이 균질한 식물 군락에 대해 현장에서 그 실체를 지칭하는 데 사용하는 개념. 삼림 식생처럼 주로 수목 중심의 식물 사회에 적용한다—옮긴이)으로 귀결된다. 소수 수목종은 무한정 새끼를 계속 만들어낼 수 있다. 각각의 나무 세대에서 곤충이 사라진 몇 년이 존재할 가능성이 있기 때문이다. 다른 종들은 결코 기회를 얻지 못한다. 마침내 극상 숲은 전부터 자라고 있던 기회주의적인 식물종을 모두 몰아낸다. 이것은 우점 현상을 다윈적 이기심이 낳은 또 하나의 결과로 보는 설명이다. 클레먼츠가 관찰한 극상에서 소수의 주도적 수목종이 존재하는 현상은 식물의 자기조직화와는 아무런 관련이 없다. 클레먼츠와 그의 동료들이 연구한 북부의 여러 장소에서는 먹이사냥하는 곤충이 전반적으로 비효율성을 드러내는데, 바로 이것이 우점종 현상을 설명해주는 좀더 그럴싸한 이유다.

곤충이 극상 숲을 형성한다는 얀젠의 통찰은 1970년에 생태학이 거둔 결실이었다. 우리는 클레먼츠가 위대한 저서를 출간하고 54년이 지나서야 그가 그토록 감명 깊게 소개한 관찰에 대해 그 원인을 설명할 수 있게 되었다. 하지만 우점 현상에 관한 설명은 여전히 오직 부분적으로만 만족스러운 상태다. 얀젠이 코스타리카에서 행한 실험 말고는 다른 장소에서 그 현상을 실험한 사례가 거의 없기 때문이다. 게다가 수많은 식물학자들은 곤충이 대체적인 원인이라는 얀젠의 주장을 아직껏 확신하지 못하고 있다. 어쨌거나 그래도 현재까지는 얀젠의 주장이 가장 나은 설명이다. 극상 숲에서 수목의 생산성 문제는 최근까지도 논란의 대상이다.

얀젠은 극상 군집의 생산성이 초기의 천이 단계에서보다 낮다고 주장했다. 즉 에너지 전환 효율이 극상에서는 더 낮아진다는 것이다. 이런 놀라운 주장을 뒷받침하는 증거는 두 종류다. 하나는 숲의 생산성 측정치에서 얻은 것이고, 더 강력한 다른 하나는 꽤나 다른 생태계, 즉 실험실의 생태계 축소판에서 얻은 측정치다. 상당수의 논쟁은 실험실의 생태계 축소판에서 관찰한 결과를 토대로 이루어졌으므로, 숲 문제로 돌아가기 전에 그들이 들려주는 이야기를 경청해보면 도움이 될 것이다.

생태계 축소판에서는 물이 담긴 병에 조류를 넣고 그 위에 인공 불빛을 비춘다. 이 소우주는 물, 광물질 용액에서 시작되는데 그 시작을 이끄는 존재는 바로 다양한 조류다. 이어 오래된 땅에서 이루어지는 육지의 식물 천이와 흡사하게 다양한 방식으로 일련의 개체 수 사건이 뒤따른다. 이 천이 과정의 선구식물은 미세 플랑크톤 조류이고, 다양한 종류의 개체들이 병이라는 탁 트인 물속에서 빠른 속도로 나름의 음색을 낸다. 이들은 오래된 땅에서 이루어지는 초기 천이 과정의 연속적 침략과 직접 비교될 수 있는 방식을 보여준다. 그런 변화는 열린 물에서 병의 가장자리로 자리를 옮기고, 유리를 뿌옇게 만드는 실 모양의 갈색 조류가 두껍게 끼는 형태에서 절정을 이룬다. 이런 일이 일어나면 매우 적은 수의 미세 식물만이 탁 트인 물속에서 살게 되어 물이 깨끗해 보인다. 의도적으로 빛 아래에 놓은 실험실 병 안에서는 언제나 이런 일련의 사건이 일어나리라고 예측할 수 있다. 그 일련의 사건은 물고기 수족관을 돌보지 않고 방치해본 사람이라면 누구나 익숙한 것이기도 하다. 오랫동안 수족관을 방치하면 그 유리면은 조류 거품에 뒤덮이지만, 속에 담긴 물은 놀라울 정도로 깨끗해 보인다. 이 단계에서 상황이 크게 달라지지 않기 때문에 극상에 도달했다고 보는 게 합당하다.

이런 생태계 축소판에서 물의 화학작용을 추적·관찰하여 식물의 생산성을 측정하는 일은 그리 어렵지 않다. 그리고 우리는 천이가 진행됨에 따라 생산성이 낮아진다는 사실을 보여주는 실험실 데이터를 다량 보유하고 있다. 생산성은 식물의 삶이 탁 트인 물에서 이루어지는 한 높게 유지되지만, 극상일 때 가장자리에 식물이 끼기 시작하면 떨어지며 초기 선구식물 단계의 생산성보다 훨씬 낮은 수준에서 동일하게 유지된다. 이런 천이에서 극상의 효율은 그 전에 거쳐간 군집들의 효율보다 낮다. 정말로 그렇다. 그래서 생태계 축소판에서의 경험은 극상 숲에 대해 비슷한 주장을 펼칠 때 그 결과에 선입견을 갖게 만들 수 있다.

물병의 극상에서 생산성이 낮아지는 까닭은 쉽게 설명된다. 본래 물속에 들어 있던 영양물질 상당수는 용액에서 빠져나와 병 가장자리에 붙은 조류의 몸에 저장된다. 그 조류들은 대부분 다 죽어가는 상태이므로 그 늙은 몸이 보유한 영양물질은 효율적으로 쓰이지 않는다. 영양물질은 수생 시스템의 생산성에 영향을 미치는데, 그 시스템에서 실제로 영양물질이 제거됨에 따라 탁 트인 물 군집의 생산성이 떨어지는 것이다. 그러므로 극상의 낮은 생산성은 영양물질이 제거된 결과라고 볼 수 있다. 하지만 이런 환경은 극상 숲의 생산성 문제와는 직접적 관련이 없다.

극상 숲의 생산성이 낮다는 주장을 뒷받침하는 직접적 증거는 극상 수목이 아주 잘 자라지는 않는다는 것을 간파한 삼림관리원들의 경험에서 나왔다. 그들의 경험은 상이한 수목 식분의 생산성을 직접 측정한 수많은 수치가 뒷받침해준다. 그 가운데는 동남아시아에서 작업한 일본 삼림관리원들의 기여가 특히 두드러졌다. 생태학자들은 그들의 경험, 그리고 거기에서 얻은 측정치를 보고 극상 숲 수목의 생산성은 대체로 그 이전 단계들에서 보는 수목의 생산성보다 낮다는 사실을 믿게 되었다. 따라서 우리는 왜 숲을 접수한 나무들이 제가 밀어낸 나무들보다 덜 효율적인지 그 이유를 설명해야 하는 상황에 놓였다. 우리 가운데 일부에게는 분명 극상 수목이 부모 그늘 밑에 사는 새끼 나무의 삶에 적응하는 데서 답을 찾을 수 있을 것처럼 보였다. 이것은 그 수목의 설계에 기술적 제약을 가하는 게 틀림없었다. 숲 바닥 그늘에서 잘 지내는 설계가 몇 년이 흐른 뒤 수관에서 온몸으로 햇빛을 받는 상황에서는 과히 좋지 않을 수도 있기 때문이다. 내가 집필하고 1973년 출간한 교과서에 이와 관련한 논의가 실려 있다. 하지만 나는 그 설계의 제약이 무엇인지는 끝끝내 밝혀내지 못했다. 내가 이 문제로 고심하고 있던 바로 그 순간에 프린스턴 대학의 헨리 혼 교수는 과연 그런 메커니즘이 존재한다는 사실을 증명하고 그 메커니즘이 어떻게 작동하는지 보여주었다.

만약 어떤 나무가 그늘에서 살아야 해서 공장을 가동할 만큼 충분히 빛을 얻을 수 없다면, 나무는 소중한 빛이 조금이라도 새나가지 않도록 수관에 빈틈이 없게끔 이파리를 활짝 펼쳐야 할 것이다. 나무는 필시 우산 같은 모양을 띨 것이다. 혼은 나무의 온갖 불규칙성에도 불구하고 우산 꼴이 극상 숲 수목의 보편적인 형태임을 보여주었다. 자루 부분이 기다란 초록색 우산 말이다.

하지만 모든 나무가 우산 모양은 아니다. 탁 트인 지역에서 살아가는 나무는 땅바닥에서 나무 꼭대기까지 대략 일정한 간격으로 가지가 뻗어 있고 그 가지를 따라 나뭇잎이 달린다. 혼은 그 이유를 이렇게 설명했다. 만약 이런 나무에서 나뭇잎이 달린 최상층이 완벽한 우산 꼴이라면 그 나뭇잎이 모든 빛을 가로챌 테고 그 대부분은 낭비될 것이다. 나뭇잎에서 가동되는 공장들은 죽자 사자 일할 테지만, 이산화탄소 공급량이 제한되어 있어서 가동 속도가 그리 빠르지 못하기 때문이다. 식물이 처한 이런 딜레마는 4장에서 이미 다룬 바 있다. 하지만 그 나무가 절반 정도 구멍이 숭숭 뚫린 우산을 하나 만들었다고 가정해보자. 그 우산은 오직 절반에 해당하는 당만을 생산하지만, 1미터쯤 아래에서 역시나 절반 정도 구멍이 숭숭 뚫린 또 하나의 우산을 만들 수 있도록 계속 햇빛을 내려보낸다. 이 우산의 이파리들은 그들 자신의 이산화탄소 급원을 가지며 여전히 필요한 빛을 얻을 수 있다. 첫 번째와 두 번째 우산에서 얻는 당은 온전한 우산 하나에서 얻는 양과 같다. 두 번째 우산은 거기서부터 1미터쯤 아래에 세 번째 엉성한 우산을 만들 수 있도록 구멍을 통해 계속 햇빛을 내려보낸다. 세 번째 층에서 만들어지는 당은 순수 증가분이다. 그 아래 또 하나의 우산이 펼쳐지는 식의 과정이, 투과한 빛이 너무 희미해져서 더 이상의 층을 뒷받침해줄 수 없을 때까지 계속된다.

이것이 바로 나무가 커다란 이파리가 아니라 작은 이파리를 달고 있는 이유이자 이파리들 사이에 공간이 있는 이유다. 또한 이것이 탁 트인 공간에서 살아가는 나무들이 단지 맨 윗부분에만이 아니라 나무기둥에 일정 간격으로 가지를 달고 있는 이유다. 나무는 빛을 집적하거나 분산하는 역할을 하는 장치다. 즉 느리게 작동하는 공장(나뭇잎) 가운데 가능하면 많은 수가 적절한 빛의 강도 속에서 함께 작용하도록 하려는 장치이자, 그 공장들이 서로 분리되어 있어서 저마다 별개의 이산화탄소 급원을 가지도록 하려는 장치다. 혼은 뉴잉글랜드의 여러 숲에서 측정치를 얻어내고 빼어난 사색을 거친 결과 이 모든 것을 우리에게 제시했다. 그가 쓴 책 《나무의 적응기하학(The Adaptive Geometry of Trees)》은 틀림없이 생물학의 고전으로 남을 것이다.

혼의 작업은 천이 이론에 남은 마지막 수수께끼를 풀어주었다. 극상 수목은 다소간 우산 모양으로 만들어지는데, 그것은 숲 바닥의 그늘에는 여러 나뭇잎 층을 만들도록 해줄 만한 빛이 충분치 않기 때문이다. 순전한 우산 모양의 설계는 그늘에서의 작업에 가장 효율적이며, 나무가 부모의 수관 아래서 자랄 때는 반드시 필요하다. 하지만 탁 트인 밝은 빛 아래서는 그 형태가 효율적이지 않다. 우산 모양의 새끼 나무는 우산 모양의 성년 수관 나무로 자라는데, 성년의 생태적 지위에서는 그 모양이 효율적이지 않은 것이다. 천이에서 극상 숲의 수목이 그에 앞선 모든 군집의 식물들보다 효율이 떨어지는 이유다.

이런 설명은 지나친 단순화임을 지적해야겠다. 진짜 숲은 서로 위상이 다른 조각들로 이루어진 누비이불이나 다름없기 때문이다. 진짜 나무들은 때 이른 죽음을 맞기도 한다. 즉 진짜 숲은 폭풍우에 파괴되기도 하고 진짜 수관은 질병이나 사고로 휑하니 열리기도 하는 것이다. 비록 우산 모양의 단층 전략이 우점종 나무에게 유리하다 할지라도, 다른 식물들이 진짜 숲 가운데 햇빛과 그늘이 다양하게 어우러진 곳에서 자기 터전을 마련할 기회는 얼마든지 있다. 이렇게 해서 우리는 상이한 수목종들, 수관 나무 아래서 살아가는 새끼 나무들과 덤불들이 층을 이룬 모습을 볼 수 있다. 실제 숲에서 이 모든 것이 가져온 결과는 수많은 종으로 이루어진 겹겹의 층이고, 각 층은 한 조각의 빛이라도 더 가로채기 위해 수관 우산에 드러나는 모종의 결함을 적극 활용한다. 극상 수목의 순(純)식분은 숭숭 구멍 난 우산 같은 다층 전략을 기반으로 한 초기 천이 단계들의 수목 순식분만큼 생산성이 높지는 않다. 하지만 그럼에도 숲 전체는 극상 단계일 때조차 충분한 양을 생산해낸다. 야생 식생에 관해 가장 최근에 측정한 수치를 보면 이것이 아마도 실상에 가까운 듯하다. 다시 말해 숲의 극상 군집은 다른 여느 군집들만큼 생산적이다. 비록 극상 수목의 순식분은 그렇지 않다 해도 말이다. 그러므로 이 문제를 걱정해야 할 사람은 생태학자가 아니라 단일경작을 하는 삼림관리원이다.

우리는 이제 간단하고 실제적인 다윈식 방법으로 식물 천이라는 흥미진진하고 예측 가능한 사건을 규명할 수 있게 되었다. 천이와 관련한 모든 현상은 서로 다른 종들이 자신이 할 수 있는 최선의 방식으로, 저마다 나름의 방식으로 삶을 살아간 결과다. 즉 군집의 특성처럼 보이는 것이 실은 개인적 노력의 총체인 것이다.

13

평화로운 공존

단순한 동물을 필요를 모두 충족하도록 설계한 실험실 용기에서 키우면 그들은 생식활동을 훌륭히 해낸다. 만약 원생동물 서너 마리를 영양액이 들어 있는 관 속에 각각 넣어놓는다면, 1~2주 뒤 각 관에는 원생동물 수천 마리가 들어 있을 것이다. 과실파리(fruit fly) 한 쌍을 우유병에 집어넣고 으깬 바나나를 충분히 공급하면 이내 수백 마리로 불어난다. 밀랍(wax) 상자에 집어넣은 명나방(waxmoth)도 밀가루(flour) 접시에 놓아둔 거저리(flour beetle)도 마찬가지다. 둘레가 2미터 정도 되는 실험 공간에 쥐 한 쌍을 집어넣고 먹이와 물을 충분히 공급해주어도 비슷한 결과를 얻는다. 물론 이때는 실험 장소에서 쥐들이 절대 빠져나가지 못하도록 막기가 어려운지라 실험실 건물을 다른 과학자들과 함께 사용할 경우 난감한 입장에 놓일 가능성도 있겠지만 말이다.

자연적 생식력을 보여주는 이 모든 사례는 동일한 과정을 거친다. 동물은 처음에는 매우 빠른 속도로 생식을 한다. 그 일의 역학이 허락하는 만큼 빠르게 새끼를 만드는 게 분명하다. 채 몇 세대가 지나기도 전에 그 수는 더욱 빠르게 껑충 뛴다. 그 결과 총개체 수가 마치 기체 구름이 폭발한 것처럼 불어난다. 하지만 그런 다음에 모종의 사태가 벌어진다. 증가율이 둔화하기 시작하고 날마다 인구조사를 해보면 크게 불어난 개체 수에 더해지는 새끼들 수가 점점 줄어드는 것이다. 결국에 가서 나날의 인구조사는 거의 변화가 없다고 말해준다. 총개체 수의 수치는 일정하게 유지된다.

개체 수 변화와 관련한 이 장대한 연대기는 과학자가 흥미롭게 여기는 자연의 일면이다. 과학자는 거의 무의식적으로 그래프용지에 손을 뻗어서 시간 변화에 따른 숫자를 좌표로 표시하기 시작한다. 이렇게 해서 얻은 곡선은 언제나 S자와 비슷하지만 아래로 되꼬이지 않은 늘어진 S자, 즉 '∫'자 모양이다.

우리 안에 동물이 한두 쌍 들어 있으면 그들은 어마어마한 가족을 거느리게 되고 개체 수는 증가한다. 이 초기 단계는 ∫자의 바닥에서 조금씩 상승하는 곡선을 따른다. 하지만 이내 번식하는 동물이 한두 마리가 아니라 10~20마리로 불어난다. 그들도 여전히 상당한 가족을 두게 된다. 이제 곱에 곱을 한 결과 개체 수가 껑충 뛴다. 그래프가 ∫자의 수직 부분으로 가파르게 상승하는 것이다. 하지만 결국에 가서는 번식 노력이 눈에 띄게 감소하는 지점에 다다른다. 증가세가 꺾이고 곡선이 ∫자의 상층 수평 부분을 따르는 것이다. 따라서 과학자는 개체 수의 변화사가 '∫자형(sigmoid, 그리스어로 역시 같은 뜻이다)'이라고 말한다.

우리가 ∫자형의 변화사에서 보게 되는 현상은 필시 과밀(crowding)

과 모종의 관계가 있는 듯하다. 초반에는 풍부한 먹이, 넓은 공간, 이웃 없는 환경이 그 번식자들에게 호시절을 제공한다. 그들은 우리의 기대대로 대가족을 거느리는 결과를 보여준다. 다음 세대, 그다음 세대까지도 여전히 상황이 좋아서 새끼를 만들어내는 공장은 전과 다름없이 빠른 속도로 가동된다. 하지만 그 모든 번식 노력에 힘입어 이내 개체 수가 과밀해진다. 이런 상황이 벌어지면 생명체들이 좀더 어려움을 겪으리라고 예상할 수 있다. 부모로 추정되는 동물은 먹이를 놓고 나머지 동물들과 경쟁해야 하고, 그렇게 하는 데 에너지를 소모해야 한다. 자연히 생식에 쓸 수 있는 칼로리는 줄어들며, 그 결과 전체 개체 수에 더해지는 새끼 수가 적어진다. 게다가 이처럼 과밀한 장소에서는 심지어 성체의 삶조차 고달파질 수 있으므로, 그들 가운데 일부가 때 이른 죽음을 맞이한다. 따라서 과밀은 한편으로 출생률을 낮추고 다른 한편으로 사망률을 높일 가능성이 있다. 이것이 바로 실험용실 개체 수의 증가세 둔화를 설명하는 상식적인 설명이다.

따라서 우리는 실험실 개체 수의 S자형 변천사를 설명하기 위해 일반적인 가설을 한 가지 제시하려 한다. 총개체 수의 크기는 자원이 감당할 수 있을 때까지는 불어나는데, 그 이후에는 과밀해진 결과 한정적으로 공급되는 먹이를 놓고 경쟁하면서 모든 개체가 압박을 받는다. 이렇게 되면 이들은 덜 번식하고 더 많이 죽는다. 결국 총개체 수가 일정하게 유지되는 가운데 개별 동물들이 간신히 목숨을 이어가는 비참한 지경에 놓인다.

이 일반적인 가설은 실험실 동물의 경우에는 거의 정확하게 맞아떨어진다. 그 가설에 필요한 조건인 과밀은 개체 수 증가의 마지막 단계에서는 분명한 현실이다. 우리 두 눈으로 똑똑히 확인한 결과이기도 하다. 우리가 생존권을 쟁취하기 위해 투쟁하도록 동물들을 내몰았으니만큼 그들이 결국 투쟁에 나서게 된다는 가설은 상당히 그럴듯하다.

과실파리·거저리·쥐는 가장 흔히 쓰이는 실험실 동물이며, 많은 이들이 과밀한 감옥에서 그들에게 무슨 일이 벌어지는지 알아내는 데 평생을 바쳤다. 예를 들어 암컷 과실파리는 배가 고프면 알을 더 적게 낳는다. 으깬 바나나에 과실파리가 잔뜩 붙어 있는 과밀한 실험용 병에서는 먹는 게 부실해지기 때문이다. 이 미묘한 사실을 실제로 증명해 보이기까지는 20년에 걸친 실험이 필요했다. 구더기와 번데기가 다른 동족들이 먹이에 우글거리는 환경에서는 숨지는 경향이 있음을 보여주는 증거도 있다. 논란의 여지 없이 그 점을 보여주기까지는 몇 년 더 연구가 진행되어야 했다.

초기 연구자들은 과밀한 환경에 놓인 거저리들이 밀가루 속을 더듬거리고 다니다가 자기가 낳은 알을 먹는 광경을 목격하기도 했다. 그들의 수가 많아질수록 부모에게 먹히는 알의 수는 수학적으로 정확하게 비례해 늘어났다. 밀가루 속을 더듬더듬 누비고 다니는 거저리들은 또한 서로서로를, 때로 자기 종의 유충을 한입 뜯어 먹기도 했다. 눈먼 상태로 방황하는 그들은 유구한 삼각관계 문제의 진기한 버전으로 내몰렸다. 즉 교미하기 위해 과밀한 밀가루의 구석으로 자리를 옮긴 암수 한 쌍이 채 일을 치르기도 전에 제삼자의 방해로 쫓겨나는 경우가 왕왕 생겨난 것이다. 세계의 수많은 실험실에서 연구자들은 지금도 날마다 거저리 수를 세기 위해 밀가루를 체질하고 있다. 그리고 계속해서 과밀한 거저리들이 겪는 새로운 불편사항을 발견해내고 있다.

쥐 연구자들은 훨씬 더 극적인 결과를 얻어냈다. 속수무책일 정도로 개체 수가 많은 공간에서 복잡한 사회적 삶이 이어지려면 어미 쥐가 더 이상 새끼를 돌볼 수 없도록 쓰러지거나 쇠약해질 필요가 있다. 같은 환경에서 살아가는 수컷 쥐도 심술궂어지거나 뾰로통해지는 등 달갑잖은 증상을 드러낼 수 있다. 쥐들은 인간 사회에 관해서도 우리에게 뭔가 이야기해주는 듯하다. 밀가루에 들어 있는 거저리를 연구하는 사람들로서는 한층 알아내기 힘든 메시지였다.

이런 연구에서 얻은 결론은 충분히 합당해 보인다. 그리고 과밀의 치명적 결과는 실제로 존재하며 매우 분명하다. 우리는 왜 실험실에서의 개체 수 증가가 언제나 ∫자형을 그리는지, 왜 밀도가 진짜 높아지면 총개체 수 그래프가 수평을 이루는지 확실히 안다고 말할 수 있다. 하지만 그 같은 지식이 우리가 현실 세계에서 일어나는 일을 이해하는 데 도움을 주는지는 그렇게 확실하지 않다. 현실 세계에서 살아가는 동물은 감옥에 갇혀 있지 않다. 그들의 환경은 그렇듯 임의적으로 편안한 상태로 유지되지 않는다. 더욱이 자신들과 먹이를 공유하는 다른 동물들, 그리고 자신들을 잡아먹는 포식자들과 더불어 살아가야 한다.

하지만 본래의 모형이 인위적인 것이었음에도 ∫자형 개체 수 변화의 수학은 야생의 자연이 어떻게 굴러가는지에 관해 우리에게 깊은 통찰을 제공한다. 그 수학은 곧바로 다윈이 언급한 '생존경쟁'을 공식적으로 기술할 수 있도록, 그리고 분명하게 구별되는 동식물종이 존재하는 까닭을 이해할 수 있도록 우리를 이끌어주었다. 또한 생태학의 교훈 가운데 가장 만족스러운 교훈으로 우리를 안내했다. 즉 수많은 동물과 식물은 실제로 대개 그 같은 치명적인 투쟁의 압박 없이 삶을 영위한다는 것이다.

우리는 연구자들이 과밀 가설을 통해 모종의 도발적인 계산을 한 데 힘입어 그 같은 사실을 이해하게 되었다. 그 가설은 성장방정식의 항들이 무엇으로 이루어져야 하는지를 분명하게 보여주었다. 총개체 수는 동물의 번식 노력을 통해 불어날 테고, 그에 따른 증가량은 분명 동물의 수(*N*)와 동물 한 쌍이 이상적인 환경에서 보이는 생식률, 즉 생태학자들이 '내적증가율(intrinsic rate of increase)'이라고 부르는 것(*r*)의 함수로 얻어진다. 우리의 가설에 따르면 총개체 수는 과밀도에 의해 억제된다. 최종 상태의 총과밀 개체 수는 그 용기가 감당할 수 있는 최대 수를 나타낸다고 할 수 있는데, 우리는 그것을 '수용력(혹은 용량)', 즉 *K*라고 부른다. 생태학에서는 이 단어 '케이(kay)'를 흔히 모종의 이론적 용량이라는 의미의 속어로 쓴다. 마치 '알(aar)'이라는 단어가 번식 능력 *r*을 의미하는 것처럼 말이다.

동물의 개체 수가 *K*와 같아질 때는 번식 노력을 상쇄하여 성장률을 제로로 만드는 새로운 항이 도입될 수 있다. 그렇게 하면 과밀의 영향으로 인구 성장이 조절된다는 것이 정확히 무슨 의미인지 말해주는 간단하고 깔끔한 방정식을 얻을 수 있다. 단순한 대수적 관계를 미적분 식으로 고쳐 씀으로써 방정식 하나를 손에 넣게 되는 것이다. 이 방정식은 손쉬운 계산을 통해 모든 가능한 동물의 개체 수를 얻을 수 있으며, 컴퓨터에 집어넣으면 2차원 평면상에 매끈한 ∫자형 곡선을 그려준다. 더욱 중요한 것으로, 우리는 거기에서 유도한 방정식으로 수학게임을 해볼 수도 있다. 어떤 효율 *Q*로 먹이를 잡아먹는 포식자(predator)의 개체 수를 *P*라고 놓을 수도 있고, *y*년마다 일정 비율 *s*만큼의 개체를 죽음으로 몰고 가는 허리케인(hurricane)의 빈도를 *H*라고 놓을 수도 있다. 좀더 복잡하고 새로운 방정식들은 포식자나 허리케인이 어떤 결과를 초래하는지도 예측할 수 있다. 그런 수학게임의 상당수는 너무나 비현실적인 답을 내놓으므로 우리는 흔히 그 답을 까먹곤 한다. 하지만 그중 한 게임은 우리가 알아낸 진실 가운데 가장 두드러진 진실로 우리를 안내했다.

연구자들은 만약 상이한 두 종이 같은 실험실 공간에서 같은 먹이를 놓고 다투어야 한다면 어떤 일이 벌어질지 예측하기 위해 방정식을 세웠다. 직관적으로 생각하면 두 종이 경쟁할 경우 최종 집단은 두 종이 거의 반반을 차지하는 모양새가 될 듯하다. 최종 집단에서 각 개체들은 자기 종에 속한 동물뿐 아니라 다른 종에 속한 동물과도 경쟁해야 한다. 만약 두 종이 우열을 가리기 어렵고 따라서 생존권을 놓고 강력한 투쟁을 벌일 수 있다면, 분명 상이한 두 동물종은 결국 먹이를 공유할 테고, 두 종의 수도 거의 동일하게 유지될 것이다. 하지만 수학의 예측 결과는 이처럼 상식적인 것하고는 거리가 멀었다. 수학은 두 경쟁세력 가운데 하나는 완전히 전멸하고 다른 하나가 완벽한 승리를 거둔다고 예측한다.

실험실에서 이루어진 실험들도 이런 예측 결과가 맞는다고 지지해주었다. 서로 경쟁하는 동물들은 결코 공존하지 않는다는 것이다. 결정적인 증거가 되어준 것은 스탈린 치하에서 가장 암울했던 시기에 러시아 모스크바 대학의 생물학자 게오르기 가우세(Georgy Gause)가 행한 실험이었다. 그가 한 일이란 자신이 수학의 예측 결과가 잘못되었음을 입증할 수 있을지 따져보기 위해, 상이한 작은 원생동물 짚신벌레(*Paramecium*)종들이 무수히 경쟁을 치르도록 이끈 것이었다.

가우세는 실험용 짚신벌레를 원심분리기의 유리관에 집어넣었다. 그리고 매일 그 기계를 돌려서 동물들이 바닥으로 내려가도록 만들었다. 그러면서 어떤 동물도 목숨을 잃지 않고 살아갈 수 있게끔 진 빠진 먹이 용액을 퍼낸 다음 신선한 영양액을 가득 채워주었다. 그런 관에서라면 보통의 짚신벌레종에 속한 어떤 개체도 혼자서 잘만 살아갈 수 있다. 가우세가 처음 집어넣은 여덟 마리 개체로부터 수천 마리에 달하는 수많은 짚신벌레가 생겨났고, 그 최종 수치는 그가 매일 원심분리기를 돌리고 먹이를 새로 갈아주는 동안에는 내내 같은 수준을 유지했다. 마침내 가우세는 몇 개 종을 손에 넣을 수 있었다. 그 관에서 잘 살아갈 수 있음이 확인되었고 같은 먹이를 놓고도 분명 번성했으며 너무 비슷비슷해서 분간이 잘 안 가는 종들이었다. 만약 그들 종 가운데 두 종을 같은 관에 집어넣고 수가 불어나도록 허용한다면, 두 종은 좋든 싫든 매일 공급되는 한정된 양의 영양액을 놓고 다투어야 한다. 따라서 우리는 상식이 옳은지 수학이 옳은지, 즉 두 종이 끝없는 투쟁을 벌이면서 그리스신화에 나오는 거인 신 타이탄처럼 그 긴장감을 기꺼이 끌어안을 것인지, 아니면 한쪽은 완전히 패배하고 다른 한쪽은 완전히 승리할 것인지 확인해야 한다. 결과는 의심의 여지가 없었다. 완전한 패배와 완전한 승리였다. 수학이 옳았던 것이다.

가우세가 두 종의 짚신벌레를 선택하여 서로 경쟁 붙이는 실험을 수없이 되풀이해도 결과는 늘 같았다. 한 종, 즉 언제나 같은 종이 완전히 전멸한 것이다. 모두를 위한 공간이 충분한 초기에는 두 집단이 다 잘해나갈 수 있었다. 하지만 과밀해지기 시작하면 열세에 놓인 종은 증가세가 꺾이면서 한동안 감소했으며, 결국 우세한 종이 관을 독차지했다. 가우세는 이 같은 치명적인 투쟁이 자기 눈앞에서 날마다 같은 결과를 내는 광경을 지켜보았다.

이 결과에 대해 사람들이 직감적으로 내보이는 반응은 두 가지다. 하나는 우리가 항구적으로 투쟁하면서 균형 상태를 유지하리라고 기대한 것이 실은 대학살로 귀결되었다는 사실에 대한 놀라움이고, 다른 하나는 그렇다면 열세에 놓인 종이 어떻게 존재할 수 있는지에 대한 궁금증이다. 이 중 두 번째 생각은 사태의 전모를 드러내줄 비밀의 열쇠를 쥐고 있으며, 진짜 세계에서의 다윈식 투쟁은 끝없는 싸움도 치명적 대학살도 아닌 완화된 투쟁임을 암시한다.

자연에서는 다양한 짚신벌레종이 어우러져서 살아간다. 가우세는 실험용 병들 가운데 하나에서 정반대의 결과를 얻었는데, 따라서 그런 결과를 낳는 환경이 존재하는 게 틀림없다. 가우세는 짚신벌레에 관해 잘 알고 있었으므로 그런 결과를 낳을 수 있는 몇 가지 방안을 궁리했고, 실험 기법에 다소 변화를 줌으로써 투쟁의 결과를 뒤집을 수 있었다. 다른 원생동물들이나 마찬가지로 짚신벌레도 딴 동물들에게 유독한 화학물질을 물속으로 분비한다고 알려져 있다. 즉 화학전을 치르면서 살아가는 경향을 보인 것이다. 하지만 가우세는 전에는 매일 물을 갈아줌으로써 그 화학물질을 제거했었다. 따라서 이제 전체 영양액을 매일 통째로 갈아주는 대신 물은 대부분 그냥 두고 영양물질 농축액만 채워 넣었다. 그렇게 접근한 실험은 결과를 바꿔놓기에 충분했다. 즉 전에 늘 승자에 머물렀던 동물이 이제 패자로 뒤바뀐 것이다.

가우세는 훨씬 더 흥미로운 사건과 마주했다. 그가 또 다른 한 벌의 짚신벌레종들을 서로 싸움 붙였을 때 둘 중 어느 편도 멸종하지 않고 관에서 내내 함께 살아갔던 것이다. 관을 유심히 살펴본 가우세는 한 짚신벌레종은 관의 상부 절반에서, 나머지 한 종은 관의 하부 절반에서 살아가고 있음을 확인했다. 두 짚신벌레종은 영양액이 차 있는 그 단순한 유리관에서조차 갈등하지 않는 생활양식이 가능함을 발견한 것이다. 한 종은 아래쪽으로 몰려들었고 거기서는 위쪽에서 유입되는 개체들이 차단되었다. 한편 다른 한 종은 위쪽으로 헤엄쳐가는 경향을 보였고 거기서는 수적으로 우세한 그들이 승자였다. 자기 집단에서 벗어나 엉뚱한 서식지로 접어든 개체는 실제로 치명적인 경쟁에 휘말려 고초를 겪었지만, 저만의 고유한 생활 전략의 안내를 받으면서 제대로 된 서식지에 머문 대다수 개체들은 자기 종끼리의 경쟁만 빼면 안전했다.

지금껏 가우세의 실험처럼 수많은 상이한 종의 동물과 식물을 이용한 실험이 숱하게 이어졌다. 그 실험들은 한편의 전멸과 다른 한편의 완승, 혹은 경쟁을 억제하는 방식으로 서식지 공유하기라는 결과를 낳았다. 따라서 수학도 실험도 상이한 두 종 사이에서 계속되는 강력한 경쟁은 불가능하다는 것을 보여준다. 상이한 종들은 서로 분리된 상태를 유지해야 한다. 우리는 이 사실을 통해 놀라운 이해에 도달한다. 자연에서는 다윈을 건성으로 읽고 예상하기 십상인 것과는 달리 동물도 식물도 심신을 쇠약하게 만드는 끝없는 투쟁에 열중하지 않는다. 자연은 경쟁적 투쟁을 피하도록 조처한다. 이것이 바로 자연선택의 결과 개별 종들이 존재하게 되는 분명한 이유다. 하나의 종은 다른 어느 종도 밀어낼 수 없는 저만의 독특한 생태적 지위를 누리면서 의기양양하게 살아간다. 오직 자기 종에서 벗어나 다른 종들의 생태적 지위를 기웃거리는 녀석들만이 가혹한 투쟁에 의해 희생된다. 자연선택은 저마다 다른 유의 동물과 식물을 설계함으로써 그들이 경쟁을 '피하도록' 이끈다. 따라서 적합한 동물이란 싸움을 잘하는 동물이 아니라 싸움을 한사코 피하는 동물이다.

가우세는 자신이 얻은 결과를 토대로 어떤 두 종도 무한정 같은 생태적 지위에서 살아갈 수 없다, 즉 좀더 간단히 말해 '한 종은 하나의 생태적 지위를 갖는다(one species, one niche)'는 일반 법칙을 이끌어냈다. 우리는 이것을 '배제법칙(exclusion principle)'이라고 부른다. 어떤 생태적 지위의 주인은 다른 모든 종을 거기에서 배제하기 때문이다.

진짜 동식물을 연구하는 이들이 처음 배제법칙을 접했을 때 이 말은 그들의 의식 저변에 빠르고도 흡족하게 스며들었다. 그 말은 옳았을 뿐 아니라 과학자들이 줄곧 느껴온 바를 담아냈다. 모든 종은 다른 종들과 뚜렷하게 구분되었으므로 우리는 그들의 형태, 박물관에서 보게 되는 그들의 박제된 피부나 눌려 말린 잎들만 보고도 종을 분간할 수 있었다. 형태는 기능을 반영했다. 갈고리 모양의 발톱은 육식동물이라는 것을, 발굽은 발이 빠르다는 것을, 다른 손가락들과 맞서는 엄지손가락(opposing thumb)은 나무를 타고 오를 수 있다는 것을 의미하는 식이다. 박물관에서 일하는 사람은 누구나 자신이 형태를 보고 종을 범주화할 때 기능, 즉 생태적 지위를 범주화하고 있음을 깨달았다. 형태를 보고 생태적 지위를 추론하는 것은 고생물학자들이 멸종한 동물의 삶을 재구성할 때면 늘상 하는 일이다. 동물종과 식물종은 저마다 고유했으며, 그 종들은 고유한 생태적 지위를 보여주었다. 즉 한 종은 하나의 생태적 지위를 가졌던 것이다.

현장 생물학자들은 이 새로운 법칙을 박물관 종사자들보다 더욱 반겼다. 에너지·질량 보존 법칙이 물리학자의 작업을 틀 지워주듯, 배제법칙이 자신들이 하는 일을 이끌어주는 지침, 즉 끈기 있는 관찰을 안내하는 작업 규칙 역할을 하게 되었기 때문이다. 우리는 야생에서 꽤나 비슷하게 생긴 동물들이 함께 살아가는 광경을 볼 때마다 그들이 이빨로 물어뜯고 발톱으로 할퀴면서 경쟁을 벌인다고는 생각지 않는다. 대신 그들이 어떻게 경쟁을 피하는지 궁금해한다. 수많은 동물이 주어진 먹이를 공유하는 것처럼 보일 때면 우리는 생존경쟁에 대해 이야기하지 않는다. 대신 그 동물들이 평화롭게 공존하기 위해 어떤 기술을 쓰는지 알아내고자 한다.

영국에서는 민물가마우지(common cormorant)와 유럽쇠가마우지(shag cormorant), 이 두 종의 가마우지가 유명하다. 두 종은 놀라우리만치 서로 비슷하다. 그들은 같은 해안가에서 살아간다. 둘 다 물고기를 잡아먹기 위해 물속에서 헤엄친다. 어부들은 자신들의 먹거리를 축내는지라 이 녀석들을 그리 달가워하지 않았다. 그런 까닭에 저명한 영국의 조류학자 데이비드 랙(David Lack)이 가마우지로 야생에서 배제법칙을 처음 실험해볼 기회를 얻을 수 있었다. 가마우지를 향한 어부들의 반감이 거셌기에 그 지역 협의회들은 현상금을 내걸어 가마우지를 잡아들이게 했고, 그 결과 수천 마리가 희생되었다. 그런데 어부들에게조차 그 학살이 어획고에 큰 변화를 가져오지 못한다는 사실이 분명해졌다. 협의회들은 그럴 게 아니라 어업계에 종사하는 생물학자들에게 자금을 지원해 가마우지의 식이에 대해 보고서를 작성하도록 하는 편이 낫겠다고 판단했다. 플리머스 해양실험실이 연구에 착수했다. 가마우지의 위에 들어 있는 내용물을 조사하면서 현장 연구를 벌인 것이다. 두 종 가운데 수가 훨씬 더 많은 유럽쇠가마우지는 주로 상업용 어류가 아닌 까나리(sand eel)와 작은 청어 스프랫(sprat)을 잡아먹었다. 그런가 하면 민물가마우지는 특히 새우며 몇몇 작은 편평어(가자미나 넙치 따위—옮긴이) 등 먹이가 다양했는데 까나리나 스프랫은 먹지 않았다. 편평어는 상업용 어종이긴 했지만 수익이 무시할 정도로 적었다. 따라서 어부들의 분노는 별 근거가 없는 것으로 드러났다. 생태학자들에게는 전혀 놀랄 일이 아니었지만, 랙의 연구에서는 그 자료가 중요했다. 두 종의 먹이는 완전히 다른 게 틀림없었다. 그들은 경쟁을 피할 수 있었고 배제법칙을 충실히 따랐다.

어업계의 이 연구는 상이한 어류들의 먹이사냥이 어떻게 보장되는지를 잘 보여주었다. 유럽쇠가마우지는 얕은 강어귀에서 먹이를 사냥하지만, 민물가마우지는 멀리 바다로 나갔다. 번식 활동도 따로따로 이루어졌다. 유럽쇠가마우지는 바위 사이 낮은 곳이나 좁은 암붕(ledge: 해안에 발달한 선반 모양의 암석—옮긴이) 위에 둥지를 트는 반면, 민물가마우지는 높은 곳이나 넓은 암붕 위에 둥지를 짓는다. 간단히 말해 서로 긴밀한 유연관계에 있으며 비슷하게 생긴 두 종은 생태적 지위가 매우 뚜렷하게 구분되는 것이다. 그들은 평범한 삶을 살아가는 동안에는 결코 경쟁에 휘말릴 여지가 없었다.

베짜는새속(*genus Ploceus*)에 포함된 세 종의 노란 베짜는새(weaver bird)는 중부 아프리카의 므웨루호(Lake Mweru) 해안을 따라 약 200미터에 걸쳐 조성된 어느 군체에서 나란히 새끼를 낳았다. 그들을 발견한 남성은 즉시 몇 마리를 쏴 죽인 다음 녀석들이 막 무엇을 먹었는지 조사했다. 첫 번째 종의 위에는 검고 딱딱한 씨앗이, 두 번째 종의 위에는 부드러운 초록색 씨앗이, 세 번째 종의 위에는 곤충이 들어 있었다.

식물은 더할 나위 없이 다양하므로 초식동물의 먹이 분화 가능성은 커진다. 이런 먹이 분화는 특히 초식곤충에게 분명한 효과를 발휘한다. 아마추어 나비연구자들은 누구라도 애벌레가 오직 알맞은 먹이 식물에서만 성공적으로 성장할 수 있음을 알고 있다. 이것은 같은 초원에 몰려서 함께 살아가는 긴밀한 유연관계의 나비들은 다른 종류의 초원 식물에서 유충기를 살아감으로써 경쟁을 피하고 있음을 뜻한다. 식물은 특화된 초식동물 말고는 누구도 먹을 수 없도록 만들어주는 특별한 화학작용을 통해 이런 분화를 강제한다.

울새라 부르는 매력적인 작은 새들은 심지어 색채도 매우 비슷한지라 초보 새 관찰자들로서는 번식하는 수컷을 제외하면 종을 구분하는 데 애로가 많다. 미국 동부에서는 봄이면 특히 좌절감을 안겨줄 정도로 많은 종류의 울새가 카리브해에서 철새 이동로를 따라 번식지인 뉴잉글랜드나 캐나다 동부의 숲을 향해 북쪽으로 날아오는 광경을 볼 수 있다. 특히 다섯 종의 울새는 메인주와 버몬트주의 가문비나무 숲에 둥지를 튼다. 이 다섯 종은 긴밀한 유연관계에 놓여 있으며 번식하는 식생도 모두 가문비나무로 크게 다르지 않다. 동일한 먹이를 먹을 수 있음을 말해주는 것으로, 부리도 모두 같은 크기이고 모양도 비슷하다. 가문비나무에 해를 끼치는 가문비나무 유충(spruce budworm, 잎말이나방의 유충)의 천적을 알아내려 애쓰는 임업인들은 수많은 울새의 위 내용물을 조사한 결과 그들의 먹이가 실제로는 거의 같다는 사실을 밝혀냈다. 긴밀한 유연관계를 보이며 같은 지역에 사는 가마우지나 베짜는새의 먹이는 다른 것으로 드러났지만 울새는 먹이에 관한 식성이 유사했던 것이다. 그렇다면 그들은 대체 어떻게 서로 다른 생태적 지위를 유지할 수 있을까? 대체 어떻게 여러 종이 공존할 수 있을까? 유명한 생태학 이론가 로버트 맥아더는 바로 이 같은 질문에 답함으로써 박사학위를 취득했다.

맥아더는 몇 년 동안 봄마다 수많은 시간을 들여서 울새를 관찰했다. 그는 울새를 발견할 때마다 울새가 날아다니다가 정확히 어느 지점에 내려앉는지, 즉 나무의 꼭대기인지 옆구리인지 땅바닥인지 기록했다. 스톱워치 덕분에 그들이 거기에 몇 초간 머물렀는지를 측정할 수 있었다. 마냥 시간을 잡아먹는 이루 말할 수 없이 따분한 일이었다. 그 작은 새들은 울창한 가문비나무 숲에서 만나기가 어려웠을뿐더러 시야에 잡히는 순간도 몇 초에 불과했다. 맥아더는 두 해의 여름내 다해서 단 4시간 22분 54초의 행동 관찰 기록을 얻는 데 그쳤다. 하지만 약 4시간 반에 걸친 그 기록만으로도 얼마든지 각 종의 울새들이 대부분의 시간을 어디서 보내는지 확신할 수 있었다. 울새들이 나무 가운데 상당히 다른 부분에서 활동했다는 사실이 분명하게 드러났다. 거의 대부분의 시간을 한 종은 가문비나무의 뾰족한 부분에서, 다른 종은 그보다 낮은 아래쪽에서, 세 번째 종은 거의 땅바닥 가까이에서 지내는 식이었다. 모든 울새에게 가장 흔한 먹이인 가문비나무 유충은 가문비나무 전체에 걸쳐 살아갔지만 울새들은 자기 종만의 특별 전용구역에서 사냥을 한 것이다.

울새는 움직이는 생명체이니만큼 얼마간 다른 종의 공간에 침입했지만, 맥아더는 그럴 때조차 다른 행동 특성들이 그들로 하여금 상대 종이 먹을 애벌레에 침범하지 못하게 막아주었음을 밝혀냈다. 그는 각 울새종이 하는 행동의 소요 시간을 쟀다. 그리고 각 종이 맴돌기, 가지에서 뛰어다니기, 천천히 걷기 따위에 얼마만큼 시간을 쓰는지 기록했다. 그 결과 각 울새종이 그런 일을 하는 데서 특유의 패턴을 보인다는 사실을 알아냈다. 어느 종은 다른 종들보다 정확했고 또 어느 종은 다른 종들보다 신중했다. 거의 의심할 나위 없이 이처럼 상이한 행동은 그들의 사냥 방식이 저마다 다르다는 것을 암시한다. 어느 종은 침엽의 윗부분에서 애벌레를 잡아먹었고, 어느 종은 침엽의 아랫부분에 숨어 있는 애벌레를 사냥했다……. 설사 한 종이 다른 종의 공간을 침범해 거기 사는 같은 애벌레종을 잡아먹는다 해도 두 종은 서로 경쟁하지 않을 공산이 크다. 사냥 방식이 달라 각각 전체 먹이 가운데 다른 부분에서 사냥하기 때문이다.

오랫동안 잘 알려진 사실인데, 아프리카의 사냥감동물 중 방목동물의 상당수는 먹이가 분명하게 특화되어 있다. 사냥감동물 연구자들은 이제 그처럼 움직이는 무리 속에서 각 종의 생태적 지위가 어떻게 다른지 보여주기 시작했다. 모든 종은 열대 사바나라는 광막한 초원에서 상이한 부분을 먹고 산다. 얼룩말(zebra)은 메마른 풀의 긴 줄기를 취한다. 그들의 큰 앞니가 그렇게 하기에 딱 알맞도록 되어 있다. 영양(wildebeest)은 풀의 옆에 난 순을 먹는다. 소처럼 혀로 그 순을 모은 다음 단 한 벌의 앞니로 뜯어 먹는 것이다. 작은 영양 톰슨가젤(Thomson's gazelle)은 다른 동물들이 전에 살던 곳에서 풀을 뜯어 먹는다. 다른 동물들이 섭식 습성에 따라 지나쳤거나 보이는데도 그냥 남겨둔 바닥 부착 식물이며 그 외의 먹거리를 찾아 먹는 것이다. 그 동물들과 다른 거대 사냥감동물들이 일정 지역의 같은 장소를 떠돈다 해도 그들은 분명 취하는 먹이 에너지의 종류를 분화하는 식으로 경쟁을 피한다. 사냥감동물 무리의 옆구리에는 특화된 육식동물들이 어슬렁거리고 있다. 여러 크기의 대형 고양잇과, 덮치기에 알맞은 약한 개체를 예의주시하는 하이에나, 어린 새끼를 공격하느라 무리를 공황상태로 몰아넣는 개 떼다. 생태학자는 거대 사냥감동물 무리에 속한 이 모든 흥미로운 동물 목록을 배제법칙이라는 관점에서 살펴볼 수 있다. 즉 일련의 종들은 저마다 그를 둘러싼 다른 생활양식과의 경쟁을 피하도록 조건화된 생활양식인 일련의 생태적 지위를 나타낸다.

투쟁이 아니라 평화로운 공존이 우리가 살아가는 다윈적 세계의 규칙이다. 완벽하게 주조된 다윈적 종의 개체는 대부분의 시간을 이웃한 다른 종들과의 경쟁이 없는 분화한 삶을 살아가도록 프로그램화되어 있다.

자연선택은 오로지 다른 종의 생태적 지위를 넘보는 일탈적인 공격자에게만 가혹하다. 자연선택이 이끄는 진화의 결과인 종들 간의 평화로운 공존은 우리를 둘러싼 위대한 생태계의 작용에서 더할 나위 없이 중요한 부분이다. 또한 그것은 분명 생물학의 교훈들 가운데 우리에게 가장 힘이 되는 교훈일 것이다.

14

사냥동물이 하는 일

아마도 처음 양을 길렀던 사람은 그중 몇 마리를 늑대에게 잃었고 그로 인해 늑대를 저주했을 것이다. 그의 생각은 후손들에게까지 전해져 늑대는 마침내 동화 속에서 아주 몹쓸 녀석으로 떠올랐을 것이다. 유럽에서 봉건 영주의 임무 가운데 하나는 늑대를 사냥하는 것이었고, 그들은 그 일을 어찌나 잘해냈는지 실제로 늑대가 남아나질 않았다. 알래스카주에서는 정부 관리들이 아직까지도 비행기에서 늑대를 쏴 죽이고 있다. 그렇게 하는 것이 '사냥감'동물을 위해서는 '잘하는' 일이라고 철석같이 믿은 결과다. 의심할 나위 없이 그런 태도는 부분적으로는 늑대에 대한 두려움에서 비롯되었다. 늑대는 총을 소지하지 않은 인간을 공격할 수 있는 능력을 지닌 몇 안 되는 동물 가운데 하나인 것이다. 하지만 포식자의 살해 능력에 관한 우리의 믿음은 사람을 해칠 수 없는 동물에게까지 확산되고 있다. 우리는 유치원생들에게 고양이는 쥐를 '억제'하기 위해 필요하다고,

거미는 '파리'를 잡아먹으므로 '익충'이라고 가르친다. 미국의 서부 주들에서 일부 카우보이들은 예전부터 지금까지 헬리콥터에서 흰머리독수리(bald eagle)를 총으로 쏘곤 했다. 자신들이 키우는 양을 잡아먹기 때문이라며 옛날의 늑대 살해자들과 같은 변명을 대면서 말이다.

동식물연구가들은 비행기에서 늑대에게 총을 쏘거나 헬리콥터에서 흰머리독수리에게 총을 겨누는 행위에 대해서는 눈살을 찌푸리는 경향이 있지만, 그 행위의 밑바탕에 깔린 철학에서 빠져나오기는 어렵다고 느낀다. 포식동물은 먹이동물을 죽이지만, 만약 먹이동물을 몽땅 살해한다면 그들 자신도 굶어 죽는다. 다른 한편 그들은 분명 자기가 잡을 수 있는 먹이동물만 살해할 것이다. 포식동물의 살해 노력과 먹이동물의 피신 노력 간에는 '균형'이 이루어지고 있음에 틀림없다. 포식동물과 먹이동물의 개체 수를 조절해주는 균형 말이다. 우리는 종들 간에 일어나리라고 여겨지는 투쟁은 확실하게 억제되며, 이것은 결국 평화로운 공존으로 이어진다고 배웠다. 그렇다면 포식동물과 먹이동물 간의 투쟁이 우리가 자연에서 보는 일반적인 균형을 제공해주는 데 결정적이지 않단 말인가? 우리는 이 단순한 개념을 좋아하는 경향이 있지만, 진실은 그렇게 단순하지가 않다.

호랑이나 사자 같은 사나운 사냥동물, 혹은 몰려다니면서 함께 사냥하는 훨씬 더 사나운 늑대 떼가 겁 많은 먹이동물에게는 두려운 재앙으로 여겨지기 쉽다. 유순한 먹이동물이 사냥동물 떼의 공격을 피할 수도 있긴 하지만, 사냥동물이 일정 간격으로 배를 채우리라는 사실은 틀림이 없다. 그렇지 않다면 대형 고양잇과와 늑대들이 존재하지 않을 것이기 때문이다. 우리는 그들의 사냥을 쉽게 약탈이라고 치부하곤 한다. 양치기가 늘 늑대의 활동에 대해 그렇게 생각해왔듯이 말이다. 그럼에도 대형 고양잇과와 늑대에 관한 몇 안 되는 신중한 연구들은 그와 퍽 다른 이야기를 들려준다.

아돌프 뮤리는 오래전 매킨리산(Mount McKinley: 알래스카주 중부에 자리한 알래스카 산맥의 일부로 만년설에 뒤덮여 있다—옮긴이)의 황무지에서 수년 동안 머물며 늑대를 관찰하고, 그들이 무슨 일을 하는지 기록했다. 그리고 우리에게 거대 포식동물이 실제로 한 일에 관해 최초의 공정한 연구 결과를 내놓았다. 늑대의 먹이 중 가장 중요한 것은 야생 양이었고, 뮤리는 양을 사냥하는 늑대를 관찰했다. 따라서 여기에서는 양치기의 보호를 받지 않는 양에 대한 양치기의 저주가 작동하고 있는 셈이다. 어쨌거나 뮤리는 고생스러운 방식으로 늑대가 실제로 무엇을 살해하는지에 관한 대단히 특별한 기록을 손에 넣었다.

북극에서는 뼈가, 특히 두개골의 위쪽 같은 단단한 부분이 마침내 분해되기까지 수년 동안 언 땅 여기저기에 흩어져 있었다. 그리고 매킨리산에는 허옇게 된 양의 두개골이 수도 없이 많았다. 뮤리는 그것을 발견하는 족족 모아두었다. 모두 608개였다. 그는 수년 동안 그 두개골을 신중하게 관찰한 결과 매킨리산의 양을 죽음으로 몰아가는 유일한 원인(인간이 그 머리를 갖기 위해서 사냥을 한 경우는 제외하고)은 늑대가 살해해서 먹어치운 것이었음을 알아냈다. 따라서 두개골 608개는 하나같이 늑대에게 희생된 표집이었다. 이 자체야 그리 특별한 정보가 아니다. 하지만 뮤리는 각각의 양이 늑대에게 살해되었을 당시 몇 살이었는지를 뿔의 나이테를 통해 확인했다. 그가 모은 두개골에서 나이 집단은 오직 두 부류뿐이었다. 분명 약탈한다는 늑대 떼가 잡은 양들은 쇠약한 늙은이와 연약한 어린이,

이 두 집단 중 하나에 속했다.

매킨리산의 늑대들은 한창때의 양은 넘보지 않았다. 뮤리가 모아놓은 두개골이 그 사실을 더없이 분명하게 보여주었다. 뮤리가 개인적으로 활동 중인 늑대 떼를 관찰한 결과와도 일맥상통하는 내용이었다. 만약 굶주린 늑대 떼가 신화나 우화에 묘사된 대로 끔찍한 파괴의 도구라면 이 결과는 상식적으로 기대하는 바와 다르다. 늑대는 한창때의 양은 죽이지 않았는데, 이 사실은 우리를 곧바로 '그들이 그렇게 할 수 없었다'는 결론으로 데려갔다. 양은 자연선택에 힘입어서 가공할 적들보다 더 빨리 달리고 더 빨리 산에 오르고 그들을 한 수 앞설 수 있게 되었다.

좀더 최근에는 또 다른 늑대 무리가 사냥하는 장면을 관찰할 수 있었다. 이번에는 슈피리어호(Lake Superior: 미국 5대호의 최북단 호수—옮긴이)에 자리한 약 65킬로미터 길이의 아일로열(Isle Royale: 슈피리어호에서 가장 큰 섬으로 1976년에 국립공원, 1980년에 유엔 생물권 보전지역으로 지정되었다—옮긴이)에서다. 이 섬에서 겨우내 늑대의 먹이가 되어주는 유일한 거대 사냥감동물은 무스다. 아일로열에서 16마리 남짓으로 구성된 늑대 떼가 겨울 눈 속을 헤치고 다니다가 때려눕힌 것이 바로 이 강력한 무스였다. 늑대 떼의 식욕으로는 매주 무스 한 마리가 필요했다. 데이비드 메크(David Mech)는 늑대 떼가 어떻게 무스를 잡는지 알아내기 위해 공중에서 그들을 관찰했다. 이른 아침 소복이 내린 눈에 늑대들이 뚜렷하게 남겨놓은 발자취를 찾아낸 다음 그들이 사냥하는 동안 그들의 머리 위를 맴돌면서 관찰한 것이다. 그렇게 한 횟수는 총 69차례였다. 사냥감을 찾아내고 마침내 살해하기까지의 전 과정을 지켜본 것은 그중 9차례였다. 두 차례인가는 자신이 운행하는 비행기를 착륙시킨 장소 부근에서 살해 광경을 생생하게 목격했다.

그는 배고픈 늑대들을 먹잇감에서 쫓아내려고 팔을 휘저으면서 그들에게 다가갔다. 그리고 희생된 양의 시체를 직접 관찰했다. 그는 살해된 유해를 연구한 결과 늑대 떼가 무스에게 가까이 다가갔을 때 무슨 일이 벌어졌는지를 분명하게 확인할 수 있었다.

추격전 자체에서는 늑대가 우월했다. 일단 그들이 무스의 자취를 찾아내기만 하면 무스가 그들을 피해갈 가능성은 대단히 희박했다. 여우가 폭스하운드(여우 사냥에 쓰이는 후각이 예민한 개—옮긴이)를 피하는 일은 무척 흔하지만 말이다. 이거야 그리 놀라운 일이 아닐 것이다. 두껍게 쌓인 눈에 새겨진 무스의 흔적을 따라가는 데는 무슨 거창한 추적 기술이 필요치 않기 때문이다. 하지만 그럼에도 대부분의 무스는 끝내 도망쳤다. 늑대 무리는 그냥 일찌감치 포기해버리거나 아니면 갑자기 돌아서서 자신을 향해 달려오는 박해자들과 맞서려고 우뚝 멈춰선 무스와 짧은 몸싸움을 벌인 뒤 그만 손을 들어버리거나 했다. 한창때의 건장한 무스가 자신의 입장을 정하고 싸울 태세로 버티고 서면 늑대들은 이내 포기하고 돌아서서 떠났다. 늑대 떼가 끝까지 뒤따라가서 쓰러뜨린 무스는 언제나 태어난 지 채 두 해도 되지 않은 새끼거나 살날이 얼마 남지 않은 늙거나 병든 개체들이었다.

메크가 늑대의 사냥을 관찰한 결과도 그가 유해를 조사한 결과도 아일로열의 늑대는 결코 전성기의 무스는 잡아먹지 않음을 매우 분명하게 보여주었다. 매킨리산의 늑대처럼 이들 또한 무리 가운데 오직 손쉬운 표적, 즉 늙거나 어리거나 병든 무스만 공략했다. 늑대가 왜 젊고 건장한 무스는 내버려두었는지 그 이유를 이해하기는 쉽다. 그들은 너무 위험했던 것이다. 만약 늑대 16마리가 어떤 무스를 정말로 추격할 요량이라면 그가 제아무리 건장하고 힘이 장사라 해도 결국 녀석을 굴복시키리라는 것은 자명하다. 하지만 늑대 가운데 일부가 그 과정에서 상처 입을 소지가 있고, 다친 늑대는 더 이상 사냥을 할 수 없게 된다. 자연선택은 늑대의 용맹함과 적극성을 그들의 유전자 풀에서 확실히 제거하게끔 조치했다. 그런 개체들은 치명적으로 상처 입을 가능성이 평균보다 더 높고, 따라서 후손을 더 적게 남기기 때문이다. 자연선택의 선정 과정을 거쳐서 살아남은 늑대는 스스로에게 위해를 가하지 않는 수준에서 살해할 수 있는 먹잇감으로 그럭저럭 버티는 개체들이다.

늑대들은 무스도 양도 한창때인 녀석들은 건드리지 않는 습성이 있으므로(각각의 경우 이유는 분명 다르지만), 그들이 먹이동물의 수를 조절할 거라는 우리의 선입견은 잘못된 것이다. 늑대는 먹이동물의 새끼를 일부 살해하기 때문에 그들의 개체 수에 얼마간 영향을 끼칠 게 분명하다. 하지만 그것은 옛이야기가 말해주거나 우리가 직관에 이끌려서 기대함직한 약탈과는 거리가 한참 멀다. 홀로 사냥하는 다른 거대 포식동물들의 경우 먹이동물의 수를 크게 줄여놓는 데 따른 곤란은 한층 더 크다.

여러 다른 이름(puma, American mountain lion, catamount)으로도 불리는 쿠거(cougar)는 거대 고양잇과치고는 몸집이 작지만, 여전히 막강한 동물이며 흰꼬리사슴(white-tailed deer)과 뮬사슴(mule deer)을 사냥하는 것으로 알려져 있다. 인기 있는 신화에 실린 내용을 보면 쿠거는 늑대가 양에게 그러리라 여겨지는 것처럼 '무방비한' 사슴에게 끔찍한 재앙인 양 묘사된다. 하지만 이번에도 실상은 그와 크게 다르다. 우리는 아직까지도 쿠거의 사냥 장면을 실제로 목격하고 묘사해놓은 내용을 충분히 확보하지 못했다. 그것은 부분적으로 쿠거가 비밀스러운 속성을 띠기 때문이기도 하고 또 그들을 죽여야 한다는 방침 탓에 서식지 대부분이 파괴되고 그들이 거의 멸종에 다다랐기 때문이기도 하다. 아이다호주에는 그들의 서식지가 일부 남아 있다. 모리스 호노커(Maurice Hornocker)는 몇몇 쿠거 서식지에서 실시한 주목할 만한 연구를 통해 최근 박사학위를 받았다.

호노커는 아이다호주의 쿠거가 겨울철에 완벽하게 혼자이며, 각 개체는 황야에 저 홀로 사냥하는 길을 확보해놓고 있음을 확인했다. 눈에 난 길은 그들이 선택한 외로움이 자청한 것임을 말해주었다. 쿠거는 다른 길들이 보이거나 다른 쿠거들이 나타나면 미련 없이 돌아섰다. 한창때인 강력한 수컷도 자기보다 더 약하거나 어린 동물조차 피해서 돌아갔다. 그들에게서는 어떤 사회적 우세도 우월한 존재의 거처에서 약한 동물이 배제되는 현상도 관찰할 수 없었다. 호노커는 자연선택이 사냥이라는 지난한 과업 때문에 저마다 홀로 지내려는 쿠거의 습성을 보존해주었다고 결론 내렸다. 거대 고양잇과인 쿠거는 오직 수상한 낌새를 채지 못하고 방심한 사슴만 죽일 수 있었다. 자기들 영역에서 어슬렁거리며 덮칠 기회를 엿보는 한 마리 쿠거 때문에 잔뜩 신경을 곤두세우고 있는 사슴들은 실제로 다른 쿠거들로부터도 공격을 받지 않았다. 비록 그 황야에 수많은 사슴이 있다 해도 쿠거는 눈에 띄지 않도록 잔뜩 몸을 사려야 했다. 그러지 않으면 사슴을 잡을 도리가 없었다. 쿠거가 손쉽게 사냥을 한다거나 야생에서 사슴의 개체 수 조절에 상당한 영향을 끼친다거나 하는 것은 맞는 말이 아니다.

진짜로 큰 고양잇과 역시 결코 비정한 살인 기계가 아니다. 조지 셸러(George Schaller)는 호랑이가 매여 있는 사육용 물소를 죽이는 광경을 관찰한 뒤 호랑이의 살해 방법에 관해 기술했다. 그의 말을 들어보면, 심지어 이처럼 유리한 조건에 놓인 호랑이에게조차 먹이동물 살해가 결코 호락호락하고 안전하다는 인상을 받기 어렵다. 호랑이는 물소에게 달려가 등에 반쯤 올라탄 뒤 그를 땅바닥으로 쓰러뜨렸다. 그런 다음 허우적거리는 물소의 말발굽을 피해 그의 목을 잡으려고 안간힘을 썼다. 마침내 물소의 숨통이 끊어지기까지는 언제나 몇 분이 걸렸다. 거대 고양잇과에 관한 일반적인 설명을 듣고 우리가 으레 머릿속에 그려보는, 불시에 먹잇감을 제압하여 곧바로 명줄을 끊어놓는 광경과는 거리가 멀었다. 매여 있는 사육용 물소를 가지고도 그토록 애를 먹었다면, 평상시에는 몸을 숨긴 호랑이가 그 가공할 동물들은 그냥 유유히 지나가도록 놔두고 좀더 거동이 불편한 만만한 동물을 찾아 나설 공산이 크다.

거대 척추동물 포식자들이 먹이동물을 살해하는 데 대단히 신중하다는 것은 대체로 사실이다. 그 포식자가 평원에 한가롭게 노니는 사냥감동물 무리에 몰래 접근하는 사자나 호랑이든, 북부의 겨울 내내 사냥감동물을 공격하는 늑대든 간에 녀석들은 언제나 자신이 살아남으려면 거듭해서 먹이를 죽여야 하는 냉엄한 현실과 마주한다. 1년에 52차례에 이르는 필사적인 대결은 유전적으로 도태될지도 모를 가능성을 낳는다. 거대 고양잇과(사자나 호랑이)도 무리 지어 사냥하는 갯과(늑대)도 적자와 강자인 먹이동물을 공격한다면 1년에 52차례씩이나 안전한 도살을 성사시킬 재간이 없다. 그들은 극도의 굶주림에 내몰리지 않는 한 필사적인 대결은 결단코 피한다. 그리고 대체로 늙거나 병들었거나 나이 어린 사냥감동물만을 골라서 잡아먹는다.

모든 거대하고 사나운 포식동물이 어린 먹잇감을 죽이는 탓에 사냥감동물의 수에 얼마간 영향을 끼친다는 것은 의심의 여지가 없다. 하지만 포식동물은 상대적으로 수가 적으므로 대개 상당 비율의 어린 동물을 살해하지는 못한다. 어린 동물은 일반적으로 한 해의 어느 일정 시기에만 등장하는데, 포식동물은 그 나머지 시기에도 살아야 한다. 봄에 어미 초식동물이 주의를 기울여야 하는 거대 고양잇과나 늑대의 수는 다행스러우리만치 적다. 늙거나 병든 동물만 먹으면서 겨울을 이겨내고 살아남은 포식동물의 수가 많을 리 없기 때문이다.

따라서 우리의 상식과 다르게 더 거대하고 사나운 포식동물은 자연에서 동물의 개체 수를 조절하는 데 그리 중요한 역할을 하지 못하는 듯하다. 그들은 사실 먹이동물이 죽어주기를 기다릴 만한 인내심이 부족한 청소부 동물로 간주되어야 마땅하다. 포식동물은 만약 그들이 그렇게 하지 않았다면 박테리아의 몫이 되었을 사체를 가로채는 셈이다. 이런 발견을 통해 우리는 꽤나 즐거운 두 가지 사실을 생각해낼 수 있다. 하나는 거대 사냥감동물이 우리가 다윈의 저서를 설렁설렁 훑어보고 떠올리게 되는 이빨로 물어뜯고 발톱으로 할퀴는 끔찍한 생존경쟁의 세계와는 퍽 다른 삶을 살아간다는 사실이다. 사냥감동물들은 이웃과 평화롭게 공존하며 삶을 영위할 뿐 아니라 우리가 상상한 것보다는 살해당하는 데 대한 두려움에 크게 시달리지 않는다. 그들이 살해된다면 그것은 모종의 안락사에 비견될 만하다. 또 한 가지 즐거운 사실은 거대 사냥감동물을 쏘기 좋아하는 자들이 더는 늑대나 거대 고양잇과가 사슴을 공격하기 전에 그들을 미리 해치워야 한다는 핑계를 대기 어렵게 되었다는 것이다.

하지만 비록 거대 고양잇과 한 마리의 화력은 사냥감동물 무리를 초토화하기에 충분치 못하다 해도, 그보다 더 작은 포식동물의 화력은 정녕 무시무시하다. 거미나 말벌(wasp)은 치명적이고 효율적인 파괴자다. 우리가 엄밀하지 않게 그냥 말벌이라고 부르는 벌목(hymenoptera) 곤충종은 대부분 다른 곤충의 애벌레와 유충을 사냥한다. 그 유충에 구멍을 뚫은 다음 피부 아래에 알을 슬고 새끼들이 그 먹이의 생살을 먹고 자라도록 한 다음 빈 껍질에서 벗어나 성숙한 말벌로 날아가도록 하는 것이다. 유충은 죽기까지 오래 걸리긴 하지만, 암컷 말벌이 녀석을 처음 공격한 것은 결정적인 약탈 행위다. 이런 상황에서 유충은 속수무책이다. 말벌이 유충을 공격하는 것은 호랑이가 물소를 공격하는 것과는 다르다. 이 점은 의심의 여지가 없다. 즉 말벌이 다칠 가능성은 전무하다. 거미가 자신이 쳐놓은 거미줄에서 몸부림치고 있는 파리에게 접근할 때도 마찬가지다. 거미를 사냥하는 호박벌(hornet)이 갑옷판을 두른 몸과 독침을 무기로 급강하 폭격기처럼 밖에 드러나 있는 거미를 향해 곤두박질칠 때도 마찬가지다. 길앞잡이(tiger beetle)가 먹잇감 위를 덮칠 때, 사마귀(praying mantis)가 무시무시한 팔을 내뻗을 때, 그리고 거대한 육식 물방개(diving beetle)가 작은 올챙이를 발견할 때도 그들이 다칠 가능성은 없다. 모든 경우에서 사냥감 동물이 기대해봄 직한 유일한 희망은 발각당하지 않는 것, 혹은 시의적절한 탈출뿐이다. 따라서 우리는 작은 포식동물은 큰 포식동물보다 먹이동물에게 좀더 강력한 영향을 끼치리라고 예상할 수 있다.

작은 포식동물이 진짜 파괴적일 수 있다는 사실은 곤충학자들의 어느 성공 스토리에 의해 드러난 바 있다. 곤충학자들이 이른바 생물학적 방제(biological control)라고 부르는 것으로, 적절한 천적을 들여옴으로써 농사에 해를 입히는 해충을 농경지에서 제거한 사례다. 가장 유명한 성공 스토리는 캘리포니아주 농부들이 오렌지 과수원에서 작고 흰 무시〔無翅(날개 없는)〕 곤충 캘리포니아감귤깍지벌레(cottony-cushion scale)를 퇴치한 경우다. 당시인 1880년대에 캘리포니아감귤깍지벌레는 마치 전염병처럼 번져나가서 감귤류 산업 전반을 무너뜨릴 기세로 위협했다. 캘리포니아감귤깍지벌레는 본시 오스트레일리아에 살던 곤충으로 과일 화물을 통해 배를 타고 캘리포니아주로 유입된 게 분명했다. 따라서 캘리포니아주의 한 곤충학자는 그 곤충의 천적을 찾기 위해 오스트레일리아로 떠났다. 그는 처음 염두에 둔 말벌을 몇 마리 찾아냈지만 그들은 별로 효과적이지 않은 천적으로 드러났다. 그러던 중 오스트레일리아에 서식하는 베달리아무당벌레(vedalia ladybird beetle)를 발견하게 되었다. 유럽이나 북미에서 흔히 볼 수 있는 무당벌레처럼 검은 반점이 찍힌 작고 붉은 무당벌레였다. 그는 살아 있는 베달리아무당벌레 129마리를 캘리포니아주로 실어 보냈다.

연구자들은 1월에 캘리포니아감귤깍지벌레가 심하게 우글거리는 오렌지 나무 한 그루에 베달리아무당벌레를 몇 마리 풀어놓았다. 그리고 그 나무를 모슬린(속이 거의 다 비치는 고운 면직물—옮긴이) 텐트로 뒤덮었다. 4월이 되자 텐트에 덮여 있던 오렌지 나무에서 캘리포니아감귤깍지벌레가 말끔히 자취를 감추었고 베달리아무당벌레의 수는 크게 불어났다. 연구자들은 텐트를 열어서 베달리아무당벌레를 풀어주었다. 7월경 오렌지 나무 75그루가 자라는 과수원에서는 해충 캘리포니아감귤깍지벌레가 흔적조차 없어졌다. 이 뉴스는 삽시간에 퍼져나갔고, 농장주들은 자기 땅에도 같은 조치를 취하기 위해 귀하디귀한 베달리아무당벌레를 수집하러 멀리서부터 찾아왔다. 1년 안에 캘리포니아주 남부 전역에서 캘리포니아감귤깍지벌레로 인한 피해는 완전히 사라졌다.

귀여운 베달리아무당벌레는 늑대나 호랑이보다 훨씬 더 치명적인 포식자임을 스스로 증명해 보였다. 부지런히 캘리포니아감귤깍지벌레를 찾아다녔고 한 치의 실수도 없이 그들을 처치한 것이다. 베달리아무당벌레는 매우 빠른 속도로 먹잇감의 몸에서 빼앗은 칼로리를 새끼들에게 전달했으며, 다음 세대는 불과 26일 만에 캘리포니아감귤깍지벌레를 죽일 채비를 마쳤다. 지금껏 살펴보았다시피 그들의 무자비한 공격은 한 계절 만에 그 지역 전반에서 먹잇감의 씨를 말렸다. 베달리아무당벌레는 그러고 난 다음에는 무슨 일을 할 수 있었을까?

베달리아무당벌레의 맹렬함과 이동성은 그들이 거둔 성공의 일부만을 설명해주었다. 나머지 성공 비결은 그들이 주력할 공격 대상을 지니고 있었기 때문이었다. 베달리아무당벌레와 캘리포니아감귤깍지벌레 둘 다의 고향인 오스트레일리아의 야생에는 감귤류 과수원이 없었으며, 둘의 식량기지는 그 숲에 여기저기 흩어져 있는 나무들이었음에 틀림없다. 하나의 고립된 삼림수에 둥지를 튼 캘리포니아감귤깍지벌레 군체의 삶은 베달리아무당벌레가 그 군체를 찾아와서 학살을 자행하기 전까지는 별 탈 없이 수 대를 이어왔다. 그들을 사냥해야 하는 베달리아무당벌레의 삶에서는 다음 세대를 멀리 내보내 먹이 군체를 보유한 새로운 나무를 선점하는 일이 중요했다. 캘리포니아감귤깍지벌레는 그 지역에서 널리 흩어져 사는 삶을 선택함으로써 천적인 베달리아무당벌레를 피할 수 있었다. 한편 사냥꾼들은 끊임없이 먹이를 찾아 나서는 고달픈 여정을 통해 삶을 이어갔다.

캘리포니아주에서 최초의 대학살이 이루어진 뒤 베달리아무당벌레와 그들의 먹이동물 간에는 과거와 같은 모종의 오스트레일리아식 패턴이 자리 잡은 듯했다. 몇 년 뒤 피해는 사라졌지만, 자세히 살펴보면 감귤류 과수원 어딘가에서 캘리포니아감귤깍지벌레 군체를 발견할 수도 있었다. 다만 그들은 수가 너무 적어서 더 이상 문제가 되지 않았을 뿐이다. 우연히 캘리포니아감귤깍지벌레 몇 마리가 베달리아무당벌레의 공격을 피할 수 있었고, 그들의 존재는 베달리아무당벌레의 공격이 휩쓸고 간 뒤 새로운 군체를 구축하는 데 기여했다. 각 군체는 쏘다니는 베달리아무당벌레에게 발각되기 전까지는 살아남지만 그들에게 들키는 날에는 삽시간에 절멸했다. 그러나 그사이 또 하나의 군체가 다른 어딘가에서 형성되기 시작했다. 베달리아무당벌레와 캘리포니아감귤깍지벌레는 캘리포니아주 전역에서 마치 숨바꼭질 게임을 하는 듯한 삶을 이어갔다.

포식동물과 먹이동물 간의 숨바꼭질 게임은 수많은 작은 동물종 사이에서 끊임없이 되풀이되는 듯하다. 파괴적인 살상력에 의해 빚어진 이 같은 결과는 상식에 기초해 기대할 수 있는 바이자 공식적 수학이 예측해주는 바다. 과학자들은 먹이동물의 수가 기하급수적으로 불어나지만 포식동물의 공격으로 줄어드는 방정식을 세운다. 이런 공식적인 틀에서는 공격이 이루어질 때마다 먹이동물이 살해되며, 포식동물은 생식 활동에 적절한 시간을 보낸 뒤 먹이동물에게서 얻은 에너지를 새끼 생산에 투자한다. 이렇게 얻은 모델은 포식동물의 수가 불어남에 따라 모종의 변동을 거친 끝에 마침내 먹이동물이 완전히 절멸하리라 예측한다. 이것이 우리가 자연에서 보는 바다. 효율적인 사냥 모델이 틀림없이 그러리라고 말해주는 것처럼 지역적으로는 먹이동물이 완전히 사라진다. 하지만 그 게임은 먼젓번 게임에서 피신한 이들에 의해 다른 어딘가에서 반복된다. 그 결과가 다름 아니라 산발적으로 흩어진 개별 먹이동물이 수 대에 걸쳐 안전하게 살아가지만, 때로 어느 지역에서는 완전히 몰살당하기도 하는 현상이다.

이런 유형은 그 게임이 온화한 캘리포니아주 기후에서 자라는 감귤류의 사례처럼 대단히 균일한 장소에서 이루어질 때도 나타난다. 하지만 자연에서는 사냥동물을 실의에 빠뜨리는 수많은 다른 힘이 작용한다. 먹이동물의 식물 먹이 자체도 여기저기 흩어져 있으며, 수색과 탈출 둘 다를 어렵게 만드는 물리적 장애도 두루 존재한다. 변덕스러운 날씨는 말할 것도 없거니와 낙심천만한 계절도 그 결과에 한몫한다.

계절에 따라 기후가 달라지는 장소에서는 포식동물도 먹이동물도 그중 유독 혹독한 계절(대체로 겨울이 여기에 해당할 것이다)을 견뎌내야 한다. 즉 겨울에는 양편 모두 일종의 휴지(休止) 상태, 즉 씨앗이나 알이나 동면하는 성체 등의 상태로 버텨야 한다. 대체로 오직 소수만이 그 침체기를 이겨내고 살아남는다. 따라서 생장 철이 시작될 때마다 새로운 게임이 펼쳐진다. 그리고 그 게임은 일종의 경주 같은 속성을 띤다. 겨울을 이기고 살아남은 소수의 먹이동물은 봄에 풍성하게 자라는 식물 먹이에 힘입어 생식 활동을 재개한다. 하지만 포식동물은 미처 개체 수를 보강할 틈도 없이 겨울을 맞이한다. 겨울이 되면 게임판은 다시 한번 새로운 시작을 위해 깔끔하게 치워진다.

따라서 작은 포식동물과 그 먹이동물의 삶은 큰 포식동물과 그 먹이동물의 삶과는 근본적으로 다르다. 큰 포식동물은 먹이동물의 옆이나 그들이 보이는 곳에서 살아간다. 이를테면 사자는 태양 빛을 받으면서 앉아 있고, 아프리카의 사냥감동물 무리는 그 옆에서 노닌다. 이것은 기본적으로 거대 사냥동물의 무기가 무차별적 살해를 안전하게 치를 만큼 충분치 않기 때문이다. 하지만 작은 포식동물과 그 먹이동물의 경우에는 그와 같은 평화적 공존이 가능하지 않다. 따라서 그들은 여기저기 흩어져서 살아가야 한다. 한쪽은 도망치거나 숨고 다른 한쪽은 찾아서 죽이고. 더욱이 거대 포식동물은 여러 계절에 걸쳐 살아가므로 날씨의 영향을 날려버린다. 반면 단명하는 곤충은 1년에 수 세대를 거치므로 대체로 계절이 달라질 때마다 세대도 달라지는 양상을 띤다. 겨울 같은 장애물은 포식동물과 먹이동물의 수에 서로 다르게 영향을 끼친다. 이것은 더러 포식동물의 실질적인 힘이 훨씬 더 넓은 지역에 흩어져 살거나 개체 수가 감소하는 데 따라 무력화되기도 한다는 것을 뜻한다. 거대 포식동물과 먹이동물은 조화를 이루면서 살아간다. 이것은 상당 부분 무기류 부족에 기인한 결과다. 한편 작은 포식동물과 먹이동물은 비교적 안전하게 조화를 이루며 살아가지는 않지만 그럼에도 나름대로 공존한다. 무기가 대단히 치명적인 데다 수명이 짧다는 사실이 어우러져서 양편이 뿔뿔이 흩어져 살아가도록 주조되었기 때문이다.

15

공간의 사회적 임무

우리는 아마도 다른 동물들보다 새에 대해서 더 잘 알고 있을 것이다. 새는 매력적이고 쉽게 볼 수 있다. 동식물연구가도 비전문가도 새의 이주, 구애, 봄에 이루어지는 오래된 번식지로의 귀환, 그리고 이른 아침 그들이 들려주는 합창에 대해 잘 알고 있다. 자연에 관한 우리의 정서 가운데 상당 부분은 이런 새들의 친근한 행동에서 비롯되었다. 분명 그런 지식은 조화로운 자연을 보면서 우리가 느끼는 편안한 감정에 기여한다.

해가 가도 새는 개체 수가 일정하다. 그런데 그들이 가족을 부양하는 모습을 볼 수 있음에도 수가 일정하다니 신기하지 않은가. 번식 철 말미에는 번식 철 초기보다 새가 더 많이 보이는 게 분명하다. 아마 부모 새와 그들 슬하의 새끼를 모두 합하면 최소 두 배는 될 것이다. 하지만 이듬해 봄이 되면 어김없이 여느 때와 같은 익숙한 수만이 둥지를 채우고 있다. 대체로 시골 사람들은 오래전부터 그 사실을 잘 알고 있었다. 하지만 우리는 이제야 번식하는 새들에 대한 인구조사를 수없이 실시한 결과 그것이 진짜 사실임을 확인했다. 특히 지난 40년 동안 잉글랜드에서 왜가리(heron), 독일에서 황새(stork), 네덜란드에서 박새(titmouse)를 대상으로 이루어진 개체 수 조사를 통해 훌륭한 자료가 나왔다. 해마다 드넓은 영역에 걸쳐 번식하는 새의 수는 기본적으로 일정하다. 물론 어떤 분명한 이유로 그 수치가 뚝 떨어지는 해가 아주 없지는 않지만 말이다. 그런 예외적인 사례 가운데 하나가 바로 1947년 겨울을 지나고 잉글랜드에서 왜가리 수가 급감한 경우였다. 1947년 겨울은 역사상 꽤나 추운 겨울이었는데, 그때 꽁꽁 언 물가에서 죽은 왜가리들이 발견되었다. 쉽게 이해할 수 있겠듯이 이듬해 봄에는 예부터 이어져온 왜가리 번식지에서 둥지가 텅텅 비었다. 하지만 대부분의 경우 개체 수 조사에서 얻은 자료를 보면 해마다 대략 비슷한 수의 새들이 번식에 참여한다는 시골 사람들의 믿음이 맞는다는 것을 확인할 수 있다. 그렇기는 하지만 지금껏 왜 그런지 이유를 설명하기는 쉽지 않았다.

문제는 간단히 정리될 수 있다. 봄과 여름에 새는 얼마만큼인지는 잘 모르지만 어쨌거나 수가 늘어난다. 수가 늘어난다는 것은 틀림없는 사실이다. 다만 번식 철이 좋은 계절이냐 아니냐에 따라 증가량은 달라진다. 그러나 이듬해 봄이 오면 기본적으로 본래와 같은 수의 새들만이 번식을 위해 나타난다. 전년도에 번식 노력을 통해 늘어난 여분의 새에게 무슨 일이 일어났음에 틀림없다. 그 사이에 겨울이 끼여 있었다는 사실로 인해 그 결과는 쉽게 이해할 수 있다. 하지만 매년 새는 수를 달리해 겨울을 맞이했는데도 겨울에 대체 무슨 일이 일어났기에 해마다 수가 일정하게 유지되는지 설명하기란 어려웠다.

우리가 처음 떠올린 생각은 과밀 과정이 겨울에 일어난다는 것이었다. 가우세의 실험에서처럼 짚신벌레로 뿌옇게 흐려진 유리관, 혹은 거저리가 바글거리는 밀가루에서 볼 수 있는 것 같은 과밀 과정 말이다. 의심할 바 없이 먹이가 모자란 겨울철에는 이런 유의 압박이 존재한다. 겨울에는 응당 서로 먹이를 차지하려는 경쟁이 심해진다. 너무나 많은 새들이 겨울의 냉혹함에서 벗어날 수 있는 피난처를 찾으므로 그런 곳을 발견하기가 더 어려워진다. 그러니만큼 겨울철 생존율은 사용 가능한 피난처의 수, 검은딸기나무(bramble) 덤불숲의 수, 바람이 불지 않는 저지대의 넓이 따위에 좌우된다. 하지만 그런 장소에 모여 북적댄 끝에, 즉 과밀화한 끝에 그토록 정확한 수가 도태되어 결국 해마다 겨울을 지나면서 같은 수만 남게 된다고 믿기는 힘들다. 요구되는 메커니즘의 절묘함과는 완전히 별개로 겨울은 해마다 전혀 같지가 않은 것이다.

겨울에 과밀로 인한 압박이 어떻게 작용하든 간에 그 결과는 오직 살해를 통해서만 드러났다. 실험실 용기에 들어 있는 거저리·과실파리·짚신벌레의 수를 조절하는 데 영향을 끼치는 과밀의 압박은 사망률을 높이거나 출생률을 억제하는 식으로 작용했지만, 겨울철 새의 수 조절은 오로지 살해를 통해서만 작용할 수 있다. 죽은 새들은 번식을 하지 못하기 때문이다. 그런 이유로 일부 생태학자들은 포식동물이 새의 수를 억제하기 위해 일부 새를 추려서 죽인다고 믿었다. 하지만 조류 포식동물이 그런 식으로 활동한다는 현장 증거는 결코 찾아내지 못했다. 또한 앞 장에서 살펴본 바와 같이 야생에서의 포식 활동을 면밀히 들여다봐도 그 생각을 지지하기는 어려웠다. 따라서 문제가 남는다. 봄의 개체 수 조사 시 번식에 참여하는 새의 수는 해가 가도 변함이 없다. 가을에는 그 수가 크게 오르내림에도 불구하고 말이다. 겨울에 그 초과분이 제거되는 모종의 경향성이 드러난다는 사실을 받아들인다 해도, 겨울의 불리함이 우리가 보는 모든 유의 조절을 설명해준다고 말하기는 어렵다.

만약 겨울에서 해답을 찾을 수 없다면 봄에서 해답을 찾는 게 온당해 보인다. 번식에 참여하는 새의 수가 무슨 이유에서인지 몰라도 어떤 환경적 변수에 의해 고정되어 있다고 가정해보자. 이것은 우리의 관찰 결과를 설명해줄까? 그럴지도 모른다. 우리는 해마다 번식하는 암수를 대상으로 개체 수 조사를 실시한다. 해가 가도 상수로 남아 있는 것은 다름 아니라 번식하는 암수의 수다. 얼마나 많은 개체 수가 존재하는지 조사하는 것뿐 아니라 대다수 조류종의 경우 봄에 살아 있으면서 번식에 불참하는 개체가 존재하는지 알아내는 것은 쉬운 일이 아니다.

물론 우리는 몇몇 조류종에서 아직 번식 채비가 안 된 청소년기를 거치는 경우도 있음을 알고 있다. 재갈매기(herring gull)처럼 수명이 긴 바닷새가 좋은 예다. 그런 종은 훌륭한 먹잇감을 제공해줄 해안지역을 찾아내기까지 오랜 숙련 기간이 필요하므로 번식을 늦출 가능성이 있다. 각 개체는 자라는 새끼에게 먹이를 제공하는 데 능숙해질 때까지 기다려야 한다. 하지만 이런 유의 번식 불참 인구는 번식 참여 수가 일정한 까닭을 밝히는 데 별 도움이 되지 않는다. 그래야 할 이유가 딱히 없는 수명 짧은 명금의 경우는 특히 더 그렇다. 그 가설에 필요한 것은 번식할 수 있고 할 준비도 되어 있지만 그 기회를 거부한 새의 수다. 이것은 언뜻 보기에 있을 법하지 않은 일이다. 자연선택에 반하기 때문이다.

현존하는 새들이 끝내 살아남은 까닭은 그들이 새끼 만드는 데 무척이나 능란한 계통에 속해 있기 때문이다. 모든 개체는 번식하기 위한 유전자를 지니고 있음에 틀림없다. 그들은 모두 번식의 기회를 동등하게 부여받을 게 분명하며, 상습적인 번식 불참자는 자연선택에 의해 무자비하게 억압당할 것이다. 따라서 수많은 생태학자들은 더 많은 새들이 살고 있다 해도 일정 수준을 넘어서지 못하게끔 번식자 수가 정해져 있다는 생각을 받아들이기가 어려웠다. 하지만 우리는 각각의 새, 각각의 암수 쌍, 각 조류 집단에게 공간을 할당하도록 요구하는 듯한 새의 수많은 습성에 대해 알고 있다. 그 습성들 가운데 상당수는 '세력권 주장 행동(territorial behavior)'이라 불린다. 만약 어떤 이유에서인가 새, 특히 번식하는 새의 삶이 최소한의 공간 혹은 땅의 일부를 필요로 한다면 봄에 번식하는 새의 수가 일정한 현상을 설명할 수 있을 것처럼 보인다. 즉 번식하는 암수 쌍의 수는 이용 가능한 공간이 어느 정도인지와 연관될 텐데, 이용 가능한 공간은 어느 해나 동일한 것이다.

새들이 '세력권'을 '소유한다'는 생각은 역사가 길다. 셀본(Selborne: 잉글랜드 남부 햄프셔주 동부의 마을—옮긴이)에서 태어난 길버트 화이트(Gilbert White)는 이 생각에 관해 뭔가 할 말이 있었던 것 같다. 그런데 그보다 100년이나 앞선 1622년 로마에서 글을 쓰던 조반니 피에트로 올리나(Giovanni Pietro Olina, 1585~1645)는 일찌감치 나이팅게일(nightingale: 유럽산 지빠귓과의 작은 새—옮긴이)의 '자유보유권(freehold)'에 대해 언급한 바 있었다. 그리스와 로마 제국의 옛 동식물연구가들이 같은 내용을 언급하지 않았을 리 만무다. 석기시대의 인류 조상들 역시 마찬가지다. 하지만 오늘날의 동식물연구가들이 획득한 지식은 엘리엇 하워드(Eliot Howard)의 작업을 토대로 한 것이었다. 하워드는 50년 전 영국의 조류를 대상으로 몇 차례 탁월한 관찰을 실시했고, 장차 중요한 과학저술의 하나로 꼽히게 되는《새의 세력권(Territory in Bird Life)》에 그 결과를 담았다. 다른 중요한 개념들과 마찬가지로 새의 '세력권 주장(territoriality)'이라는 개념도 지금껏 몇 가지 괴상한 논리를 뒷받침하는 데 동원되었다. 따라서 그에 대해 기왕에 들은 것은 모조리 잊고 새 관찰에 나선 엘리엇 하워드를 따라가서 그가 본 것을 함께 보고 세력권 주장이 진정으로 의미하는 바가 무엇인지 살펴보는 게 최선이다. 하워드는 여러 계절 동안 수많은 새를 관찰하고 추적했다. 그는 그 가운데 영국산 작은 핀치(finch), 즉 '노랑멧새(yellowhammer)'라는 이름으로 잘 알려진 새를 관찰함으로써 아래와 같은 결과를 얻어냈다.

노랑멧새는 잉글랜드에서 1년 내내 볼 수 있다. 노랑멧새는 잘 알려져 있고 특히 수컷은 눈에도 잘 띈다. 머리통이 노랗고 시골 길가에서 볼 수 있는 울타리 말뚝이나 문 위에 내려앉아 '어리틀빗오브브레드앤드노-치즈(a-little-bit-of-bread-and-NO-cheese)'처럼 들리는 희한한 노래를 부르는 습성이 있다. 노랑멧새는 겨울에 수컷, 암컷, 다른 새 종류들과 무리 지어 살아간다. 하지만 하워드는 봄이 다가오면 수컷 노랑멧새들이 무리에서 잠깐씩 벗어나 말뚝에 앉아 한동안 시간을 보내고, 그리고 단속적인 노래를 부르면서 실험을 하기 시작한다는 사실을 알아차렸다. 이내 수컷 노랑멧새들은 점점 더 오랫동안 무리에서 벗어나 말뚝에서 시간을 보냈고, '어리틀빗오브브레드앤드노-치즈' 노래를 그 지역에 연신 흘려보냈다. 수컷들은 알 수 없는 모종의 자극에 의해 자꾸만 자기가 선택한 횃대로 돌아가는 것처럼 보였다. 하워드는 쌍안경을 통해 그 무리를 바라보던 중 몇 번인가 수컷 노랑멧새가 갑자기 자기 횃대를 떠났다가 마치 뭔가 잊어버리고 온 것처럼 다급하게 되돌아오는 광경을 목격했다. 새는 다시 한번

'어리틀빗오브브레드앤드노-치즈'라고 우짖었다.

마침내 모든 새가 저마다 제 갈 길을 서두르자 무리는 완전히 흩어졌다. 이때쯤 모든 수컷 노랑멧새는 자신이 가장 좋아하는 횃대를 보유하게 되었고, 그 근방에서 먹이사냥에 나섰다. 그리고 걸핏하면 곧바로 돌아와서 노래를 불러젖혔다. 수컷들은 한때 군생(群生)하는 무리의 일원이었지만, 이제 저마다 혼자가 되었고, 각각은 다른 수컷들과 공간적으로 떨어져서 노래로 자기 존재를 널리 알렸다. 공간적으로 각기 분리된 수컷들은 내내 까칠하게 굴었고, 자기 구역에 다가오는 다른 수컷들을 향해 성을 내며 달려들었다. 그런 일은 봄에 새들 사이에서 흔히 벌어지는 광경인데, 공중에서 두 수컷이 다투는 상황으로 번지기도 했다. 하지만 과시적인 행동은 언제나 싱겁게 끝났다. 한 마리는 멀리 날아가고, 나머지 한 마리는 자기 횃대로 돌아가 '빵(브레드)'과 '치즈'를 찾아댔던 것이다.

이 단계에 이른 수컷은 오갈 데 없는 외톨이인 양 굴었다. 냉담하고 홀로 있기를 좋아하고 걸핏하면 화를 내고 으스대고, 자신에게 접근하는 다른 수컷들, 아니 실은 거의 다른 모든 종류의 새들과 의례적인 전투를 치르고 싶어 안달이 난 듯 보였다. 동물의 행동에서 인간적인 동기를 읽어내고 싶어 하는 이들은 오래전부터 봄철에 나타나는 수컷 새의 도전, 과시, 공격적인 전투에 대해 감탄을 금치 못했고, 그런 현상에 대해 교미 상대를 놓고 벌이는 '싸나이'들의 투쟁이라고 제멋대로 꼬리표를 붙이곤 했다. 수컷은 눈을 내리깐 채 내숭을 떨고 있는 아가씨 앞에서 자기 도전의 성공 가능성을 타진해보고 그녀를 차지하기 위해 덤벼든 옛 기사나 다를 바 없다는 것이다. 이 지점에서는 적자생존, 즉 육체적 적자의 생존이 작동했다. 오직 가장 완벽한 전사만이 번식할 수 있었다. 이렇듯 비틀리게 전달된 다윈의 견해는 우리 세기에 저질러진 최악의 군사적 공격에 대한 변명으로 쓰이기도 했다. 하지만 하워드는 수컷들의 전쟁은 암컷이 나타나기 훨씬 전부터 시작되었다는 사실을 알아차렸다. 그런 현상은 잉글랜드 이외 지역에서 겨울을 나며 암컷보다 몇 주 앞서 수컷이 도착하는 다른 조류종에게서 특히 두드러졌다. 그 수컷들은 성적 대상이 되어줄 암컷들이 딴 지역에 있을 때 '싸움'을 벌였던 것이다.

암컷이 나타나기 몇 주 전에 수컷들이 호전적인 태도를 보이거나 노래를 부르는 목적은 그 결과를 보고 판단해야 마땅하다. 대부분의 싸움에서는 어느 편도 상처를 입지 않는다. 싸움이 기본적으로 일종의 의례에 지나지 않기 때문이다. 더욱이 횃대에 먼저 자리 잡는 수컷이 언제나 '승자'였다. 날아가는 녀석은 침입자이기 때문이다. 따라서 공격성 자체는 그 행동의 목적이 아니었다. 봄에 이루어지는 이 웅장한 과시 행위로 얻어낼 수 있는 결과는 수컷들이 그 지역에서 자기 공간을 확보하게 되었다는 사실이다. 그들은 어느 특정 자리마다 주인이 정해져 있다는 사실을 똑똑히 기억했다. 이 같은 자기 구역 확보와 그 자리에 관한 인식이야말로 그 행동이 가져다주는 가장 중요한 결과이며, 따라서 그 행동의 진화적인 목적임이 분명했다.

하지만 무엇보다 수컷의 노래가 암컷을 유인한다는 주장은 더없이 합당하게 들린다. 드넓은 지역에 흩어져서 살아가며 나중에 도착한 암컷이 수컷을 찾아야 하는 철새들의 경우는 특히 그랬다. 물론 노랑멧새의 경우에도 모든 수컷은 때가 무르익으면 암컷을 만났다. 하지만 수컷이 교미 암컷을 확보하고 담당하는 게 분명했다. 그들의 노래는 암수에게 지속적인 가치를 지니는 듯 보였다.

각 암수 쌍은 수컷이 처음 노래를 부르며 실험한 지점 부근에 둥지를 틀고 새끼를 키웠다. 그리고 가정으로 여겨지는 그 같은 공간 근처에서 먹이사냥을 했다. 암수는 다른 새들에게 화를 냈고 그들을 뻣뻣하게 대했다. 이제 둘은 자신들의 공간을 넘보는 수컷이나 암컷에게 날아가 그들을 저지할 것이다. 더러 아줌마 느낌이 나는 암컷이 침입해오는 다른 암컷들에게 다가가서 작정하고 그들을 공격할 때도 있다.

하워드의 눈에는 이런 여러 습성이 가져다주는 이득이 분명해 보였다. 이른 봄 수컷의 노래 부르기와 고립은 그들이 짝지와 만났을 때 암수가 다른 존재들과 분리될 수 있도록 도와주었다. 모든 암컷은 제 짝인 수컷이 가정이라고 여기는 환경에 이내 익숙해졌다. 암수는 이제 둘의 가정이라는 생각에 의해 서로 단결했다. 그것이 가져다주는 분명한 결과로 그 쌍의 관계는 마치 혼인계약을 맺은 것처럼 끈끈해졌다. 물론 새들은 암수의 유대관계를 유지하기 위해 다른 메커니즘을 사용하기도 한다. 펭귄이나 백조 같은 많은 동물의 암수는 평생 가는 애착관계를 형성하는 것으로 보인다. 하지만 자식을 키우는 동안 변덕스러운 철새 암수를 단합하도록 만드는 데 기여하는 모든 메커니즘은 번식 노력에 이득을 안겨주는 게 분명했다. 따라서 하워드는 자연선택이 세력권 주장 행동을 보존한 이유 가운데 하나는 그것이 암수의 유대관계를 돈독하게 해주기 때문이라고 밝혔다. 그 행동은 암수를 결속시켜줄 뿐 아니라 그들이 제삼자에게 너그럽게 굴지 않도록 이끌어 끝없는 삼각관계에 휘말리지 않은 채 번식 단위를 유지하게 해주었다.

하지만 하워드는 그 행동이 지니는 또 다른 함의를 한 가지 강조했다. 현대 생태학자의 눈에 좀더 중요하게 여겨진 점이다. 다름 아니라 새의 암수들이 저마다 둥지 가까이에서 먹이사냥을 할 사적 공간을 필요로 했다는 사실이다. 이 사적 공간은 그들이 따로 낭비적인 여행을 하지 않고도 새끼에게 제공할 먹이를 모으도록 해주었다. 아마도 한층 더 중요한 점일 텐데, 이런 조건은 그들이 주위 공간에 있는 먹이를 그들 종에 속한 다른 경쟁자들에게 빼앗기지 않고 오직 자기 가족만을 위해 사용하게끔 보장했다. 이것은 필시 '큰 새끼 전략'을 펼쳐나가는 데 적잖은 도움을 주었을 것이다. 세력권 과시의 초기 단계에서는 새의 몸에서 얼마나 많은 알을 낳을지 결정해주는 생리적 변화가 계속된다. 다른 새들과의 만남이 거듭되면서 그 새만의 고유한 공간 둘레가 정해지는 것도 이 무렵이다. 따라서 세력권을 구축하는 데는 의례를 통해 먹이 공급지를 구획하여 가족이 먹고살 만한 크기의 공간을 확보하는 과정이 포함된다. 이것은 공격의 표적이 되는 새끼의 생존 가능성을 높여주는 결과를 낳는다. 이런 행동을 가능케 하는 유전적 토대는 자연선택에 의해 확실하게 선택받을 것이다.

그 행동의 다른 이점들에 대해서도 생각해볼 수 있다. 즉 새들을 낯익은 공간에 머물게 하여 포식동물의 습격을 피할 수 있도록 해준다든지, 접촉을 최소화함으로써 발병 가능성을 낮춰준다든지, 그 터전을 사적 공간으로 누릴 수 있게 해준다든지 하는 점 등이다. 하워드는 이 모든 측면에 대해 논의를 전개했고, 우리는 많은 데이터가 쌓여감에 따라 거기에 대한 논의를 지금껏 이어가고 있다. 혼인계약 또한 적잖은 중요성을 띠지만, 그 행동이 가져다주는 가장 큰 이득은 뭐니 뭐니 해도 식량을 사적으로 조달할 수 있다는 점이다. 중요한 것은 하워드가 봄에 이루어지는 새의 행동을 다윈의 논리에도 잘 들어맞는 가설로 이끌었다는 사실이다. 노래 부르기, 과시하기, 의례처럼 치러지는 결투는 하나같이 새들이 성공적으로 자기 자원을 새끼들에게 전달해주는 데 기여하는 행동 패턴이었다. 그 행동들은 적합성을 부여했다. 거기서 크게 벗어난 행동은 여하한 것이든 저조한 번식 실적, 그에 따른 유전적 망각으로 이어질 공산이 컸다.

이쯤에서 그 행동에 관한 또 한 가지 해석에 대해 짚고 넘어가야겠다. 지금껏 적잖은 오해를 불러일으킨 번지수를 잘못 찾은 해석이기 때문이다. 그것은 다름 아니라 '세력권'이라는 용어와 관련된다. 본시 생태학 전문용어 목록에 실려 있던 세력권은 영어권에서 널리 쓰이게 되었는데, 그러는 사이 위험하게 오용되는 변질 과정을 거쳤다. 실상 노랑멧새 같은 새들은 자기 먹이를 구하는 공간을 차지하고, 그 종에 속한 다른 새들에 맞서서 자기 구역을 방어하는 정도로까지 그곳을 장악했다. 그런데 그런 현상을 관찰하는 적절한 방법은 그 행동이 초래하는 부작용(불가피하긴 하나 부작용이라는 사실만큼은 부인하기 어렵다)을 살펴보는 것이다. 그 행동 자체는 노래 부르기, 춤추기, 내쫓기 같은 패턴을 띠는 것으로 전부 뭉뚱그려서 '가까이 오지 마시오'라고 호소하는 일련의 신호였다. 그 행동의 진화적 이점은 부모가 단합하여 커가는 가족이 사용할 식량을 확보할 수 있다는 것이었다. 하지만 인간의 눈에는 그 결과 각각의 새 암수가 차지한 공간이 꼭 그들의 사유재산인 양 비쳤다.

언어의 한계를 고려할 때 새들이 새끼 기르는 공간을 그들의 '세력권'이라고 부르는 것은 영어 사용에 따른 불가피한 결과였다. 하워드는 새가 노래하고 '결투를 벌이는' 것은 어디까지나 그런 행동이 새끼의 식량과 부모의 단결을 보장해주기 때문인데, 딱히 더 나은 용어가 없으므로 그냥 편리하게 '세력권 주장' 행동이라고 표현했노라고 주장했다. 그보다 적은 수의 몇몇 사람들은 '세력권'을 유행어로 만들면서 새들이 노래를 부르고 결투를 벌이는 것은 자기 재산권을 행사하기 위한 것이라는 논지를 펼쳤다. 하지만 그것을 뒷받침할 만한 증거는 없다. 세력권 주장 행동은 '이곳은 내 땅이다'가 아니라 '가까이 오지 마시오'라는 신호를 보내는 과정이라고 볼 수 있다.

'가까이 오지 마시오'는 2차원적 요구다. 이 요구는 공간 확보를 필요로 하는데 공간은 분명 지구 표면에서 유한하다. 따라서 우리는 즉각 세력권 주장 행동은 봄마다 번식하는 새의 수에 제약을 가하리라는 생각에 이른다. 동물생태학자 피터 클로퍼(Peter Klopfer)의 말마따나 "세력권의 규모가 일정 지점 이상으로 줄어들 수 없다면, 그리고 생식이 성공적으로 이루어지기 위해 새가 세력권을 소유할 필요가 있다면, 세력권이 새의 개채수를 조절하는 역할을 한다는 것은 논란의 여지가 없어"〔《서식지와 세력권(Habitats and Territories)》, Basic Books, 1969〕 보인다. 일부 생태학자는 봄에 번식하는 새의 수가 일정한 까닭을 규명할 때 이 설명 방식을, 겨울의 엄혹함을 거치며 여분의 새끼를 정교하게 솎아내어 제거한다는 설명 방식보다 좀더 편안하게 받아들였다. 하지만 우리는 그쯤에서 끝내고 싶은 유혹을 떨쳐버리고 의혹을 품은 채 그 설명 방식을 좀더 면밀하게 들여다보아야 한다. 거기에는 실질적으로도 지적으로도 심각한 난제들이 포함되어 있기 때문이다.

첫 번째는 새가 확보한 세력권의 실제 크기가 유동적이라는 점이다. 수많은 동식물연구가들은 봄에 명금의 세력권을 지도로 표시한 바 있는데, 세력권의 크기는 분명 그것을 가지려는 새의 수를 포함해 지역적 환경에 따라 달라질 수 있다. 몇몇 증거에 따르면, 다른 일부 조류종에서는 해마다 세력권 크기가 인상적일 정도로 크게 달라진다. 먹이 공급과 분명한 상관관계를 보이는 결과다. 갈매기 비슷하게 생긴 큰 새, 넓적꼬리도둑갈매기〔pomarine jaeger(skua)〕가 그런 예다. 북극 툰드라에서 새끼에게 나그네쥐와 들쥐(vole)를 잡아 먹이는 넓적꼬리도둑갈매기는 그 지역에 쥐의 수가 많아지는 해에는 약 100미터 간격으로 둥지를 틀지만, 쥐의 공급이 줄어드는 해에는 몇 에이커의 영역을 독차지한다. 쥐를 찾아보기 어려운 해에는 굳이 둥지를 지으려고 애쓰지도 않는다. 따라서 세력권이 생명체의 수를 결정해주는 불가변의 요소가 아님은 분명하다. 하지만 그럼에도 세력권은, 만약 더 압축하기 어려운 최소 크기라는 게 있다면, 새 개체 수의 상한선을 규정하는 요소가 될 수는 있다. 우리는 수많은 장소에서 봄의 개체 수를 거의 일정하게 유지해주는 겨울의 효과에 세력권이라는 요소를 가미해볼 필요가 있다.

세력권이 번식 참여 개체 수를 결정한다는 가설에 의혹을 품게 되는 두 번째 이유는 좀더 심각한 것이다. 그 가설이 성립하려면 번식 기회를 거부하는 개체들이 실제로 존재한다는 조건을 만족해야 한다. 세력권이 없는 개체는 새끼를 만들어내지 못하고 따라서 자신의 유전자를 후대에 전달할 수 없다. 그렇다면 자연선택은 어떻게 이런 행동이 계속되도록 허락하는가? 이것은 내가 이 장 앞머리에서 여분의 번식 불참 개체들에 대해 언급한 내용들과 배치되는 것으로, 대단히 예리한 질문이다. 하지만 우리는 이 질문에 답할 수 있다. 실제로 특수한 예를 통해 세력권이 없어서 번식하지 못하는 초과분 개체가 있음을 발견했기 때문이다. 우리는 모든 개체가 세력권을 얻을 기회를 동등하게 지닌 상태로 출발한다고 생각한다. 물론 세력권을 확보하는 방법을 배우는 데서 유리할 법한 좀더 노련하고 경험 많은 새들, 그리고 비록 지능이 높지는 않더라도 그것을 배울 수 있는 능력이 웬만한 새들은 예외지만 말이다. 따라서 어떤 개체가 세력권을 얻느냐는 순전히 운수소관이라는 주장은 얼마든지 사리에 닿는다. 게다가 우리는 세력권 주장 행동이 번식 과정에서 절대적으로 필요하므로 초과분 새들 가운데 세력권 없이 번식하여 그 시스템을 교란할 수 있는 존재는 없다고 생각한다. 이 또한 이치에 맞는 생각이다.

패자의 처지에서 세력권을 차지하기 위한 교전의 결과를 생각해보면 도움이 된다. 승자와 마찬가지로 패자도 '나가서 과시하라. 그리고 네가 좋아하는 장소를 선택한 다음 다른 녀석들이 가까이 오지 못하도록 감시하라'고 명령하는 유전자의 지배를 받는다. 하지만 또한 역시 승자처럼 유전자에 '만약 상대가 과거에 성공한 적이 있다는 사실을 거만하게 으스대면서 다가온다면 너무 무리하지 말고 포기하라'고 명령하는 유전자가 가동하는 프로그램도 가지고 있다. 만약 패자에게 멈추어야 한다고 말해주는 이 두 번째 프로그램이 없다면 어떻게 될까? 아마도 (의례로서가 아니라) 진짜로 싸우거나 아니면 적어도 공격을 멈추지 않을 것이다. 하지만 그렇게 되면 그의 번식 가능성은 사실상 매우 희박해진다. 아니 아마 제로가 될 것이다. 그는 너무나 심한 소란을 일으켜서 그 세력권 주인의 번식 노력을 수포로 돌려놓겠지만, 그것은 그 자신에게도 하등 득이 될 게 없는 행동이다. 다툼이 끊이지 않는 환경에서는 그 자신도 후사를 보지 못하므로 '포기하지 않는' 공격적인 유전자는 그 집단에서 끝내 소멸하고 만다. 그러나 만약 그가 세력권을 차지하기 위한 대결에서 한발 물러나면 분명 승자는 못 되겠지만 번식할 기회마저 영영 사라져버리는 것은 아니다. 다른 곳에서 세력권을 찾거나, 아니면 역시나 있을 법한 일인데 그 실패를 거름 삼아 많은 것을 습득함으로써 이듬해에 확실하게 세력권을 확보하고 풍성한 가족을 꾸릴 여지도 있다. 따라서 세력권을 놓고 벌이는 싸움에서는 적절한 순간에 포기하는 것이 패자에게도 이롭다. 포기가 '적합한' 행동이 될 수 있는 것이다.

우리는 봄에 번식하는 새의 수를 일정하게 유지하는 등 자연의 균형 조절 현상을 설명해주는 그럴듯한 가설을 확보했다. 겨울 동안 과밀해진 결과 수에 질서를 부여해야 한다는 판단이 내려진다. 게다가 번식 세력권의 물리적 크기는 일정 수준 이하로 줄어들 수 없다는 사실로 인해 최종적으로 미세 조정이 이루어진다. 이 가설은 물리적으로는 얼마든지 번식할 수 있지만 세력권을 차지하지 못해서 번식에 참가하지 못하는 성체 조류가 상당수 나오는 해가 분명히 있음을 암시한다. 따라서 이 가설을 증명하는 실험은 반드시 강제적인 번식 불참 개체 수가 존재함을 실증적으로 드러내줄 수 있어야 한다. 이 가설을 뒷받침하는 가장 뚜렷한 증거는 이른바 '메인주 포수들(Maine Gunners)'이 실시한 연구에서 나왔다.

내가 '메인주 포수들'이라고 부른 과학자들은 애초 새의 개체 수 조절을 조사하기 위해 연구에 나선 게 아니었다. 그러니만큼 처음에는 자신들이 번식 전략을 이해하는 데 중요한 증거를 손에 넣음으로써 명성을 얻게 되리라고는 미처 생각지 못했다. 당초 그들은 메인주의 침엽수림을 피폐하게 만드는 해충 가문비나무 유충을 연구하도록 고용되었다. 가문비나무 유충은 가문비나무에 둥지를 튼 울새 몇 종에게 먹이 구실을 했다. 울새는 거의 전적으로 그 유충에만 의존하여 새끼를 키웠다. 나는 앞에서 다섯 종의 울새가 어떻게 방대한 먹이 자원을 공유하는지 살펴본 로버트 맥아더의 연구 결과를 소개한 바 있다. 울새들이 가문비나무 유충을 억제하는 데 이로운 영향을 끼치고 있는 듯 보였으므로 '메인주 포수들'은 그 사실을 밝혀내기로 마음먹었다. 그들의 계획은 간단했다. 전형적인 두 숲 지역을 선택한 다음 한 지역에서만 울새를 몽땅 없앰으로써, 새가 사라진 숲에서 가문비나무 유충이 겪게 될 운명을 새가 남아 있는 숲과 비교하겠다는 구상이었다. 물론 그들은 새를 제거하기에 앞서 거기에 얼마나 많은 새가 있는지 일일이 세어보았다. 그러는 과정에서 자신들이 이룩한 흥미로운 발견의 초석을 다질 수 있었다.

약간의 경험, 인내심과 집요함만 있다면 숲에서 번식하는 명금의 수는 그다지 어렵지 않게 정확히 셀 수 있다. 연구진은 노래하는 수컷의 위치를 지도에 나타내고 그들의 둥지까지 쫓아가서 그곳을 지도에 표시하는 작업을 했다. '메인주 포수들'은 그 실험을 실시하기 위해 40에이커의 숲을 선택했다. 그리고 2주 동안 울새를 관찰하고 그들의 수를 센 끝에 그 숲에는 모두 울새 148쌍이 번식하고 있다는 사실을 확인했다. 그런 다음 그들은 엽총을 챙겨와서 울새를 차례차례 쏘기 시작했다. 그 숲에 사는 새를 모조리 죽이겠다는 것이 그들이 선언한 목표였다. '메인주 포수들'은 울새 148쌍이 어디에 살고 있는지 잘 알고 있었던 만큼 도살이 신속하고 완벽하게 이루어지리라 기대했다. 하지만 그렇게 하기까지는 예상보다 시간이 오래 걸렸다. 3주 동안 그들은 총 302마리의 수컷과 그보다 다소 적은 수의 암컷을 살해했다. 그랬는데도 그 숲 전역에는 노래하는 새들이 여전히 남아 있었다. 처음에 번식에 참여하는 수컷 148마리로 시작했는데, 살해한 수컷의 수는 어찌 된 영문인지 302마리로 불어났다. 게다가 그러고도 몇 마리가 더 남아 있었다.

'메인주 포수들'은 그 숲에서 처음 시작할 때 확인한 것보다 더 많은 번식용 수컷을 살해했는데, 이것은 분명 애초의 점령자들이 제거되기가 바쁘게 여분의 새들이 숲에 유입되었음을 말해준다. 번식이 최고조에 달하던 계절이었던 것이다. 여분의 새들이 다른 곳에서 번식을 하고 있었다면 그들은 총에 맞아 죽은 울새를 대체할 수 없다. 세력권을 차지하지 못하고 쫓겨난 여분의 번식 불참 개체가 존재하는 게 틀림없었다.

'메인주 포수들'은 자신들의 발견이 얼마나 중요한지 잘 알고 있었다. 그들 중 일부는 자신들이 얻은 결과를 재차 확인하고자 이듬해에 메인주 숲으로 돌아갔다. 우리는 그들이 먼저 울새 암수의 수를 셀 때 얼마나 신중에 신중을 거듭했을지 상상하고도 남는다. 그들은 이번에는 번식에 참가한 암수를 모두 154쌍 발견했다. '메인주 포수들'은 다시 한번 총을 꺼내 들고 겨누었다. 죽은 수컷은 모두 352마리였고 암컷의 수 역시 적지 않았다. 새들은 그들이 사격을 포기했을 때까지도 속속 날아들었다. 따라서 초과분 새들을 동원할 수 있음을 보여주는 증거는 너무나도 명백했다.

그런데 메인주에서 얻은 결과에는 이상한 점이 한 가지 있었다. 두 경우 다에서 포수들은 암컷보다 훨씬 더 많은 수컷을 쏘았다. 마치 번식 노력에 참여하는 초과분에는 수컷만 있는 것처럼 말이다. 울새의 암수 수가 다르다고 믿을 만한 이유는 없다. 그러므로 그것은 아마도 더 이상의 암컷을 이용하기에는 번식 철이 너무 많이 흘러갔기 때문인 듯하다. 울새는 봄의 적절한 며칠 동안 암컷을 성적으로 달뜨게 만드는 번식 전략을 사용했다. 따라서 포수들이 숲에 번식하는 암수가 가득 찬 것을 확인하고 수를 센 다음 며칠간 그들을 사격했을 때는 암컷이 이미 수컷을 받아들인 뒤였다. 수컷들이 여전히 성적 과시 행동을 해볼 기회를 엿보고 있다 해도 인기 없는 암컷들의 경우 사실상 교미 철이 끝난 것이다.

우리는 몇 번인가 대량 살상을 통해 그와 유사한 자료를 얻긴 했지만 그런 자료들이 많지는 않다. 사람들이 그런 식의 작업을 탐탁해할 리 만무기 때문이다. 하지만 그보다 덜 잔인한 다른 수많은 연구들도 새의 수가 세력권 공간의 수보다 더 많다는 동일한 결과를 보여주었다. 어떤 남성은 오스트레일리아에서 까치 떼의 운명을 추적하며 여러 해를 보낸 끝에 언제나 까치의 하위 개체군은 두 가지라는 사실을 분명하게 밝혀냈다. 그중 작은 집단은 번식을 담당하는 부류고, 더 큰 집단은 번식에 불참하는 떠돌이 까치 무리다. 후자의 성원들은 전자의 성원들이 죽어서 자리가 비지 않는 한 결코 번식지를 차지하지 못했다. 또한 우리는 유럽에서 다양한 박새와 뇌조를 관찰한 결과, 그들의 경우 세력권에 정말로 물리적 최소 크기가 존재한다는 사실을 확인했다. 이 종들은 일정한 물리적 공간을 확보하지 못하면 성공적으로 짝짓기를 하거나 새끼를 키울 수 없었다. 이런 다양한 증거는 그 일반적인 가설의 타당성을 확인해주기에 충분했다.

이제 우리는 번식 조류의 수가 매년 일정한 것은 부분적으로 각 번식 암수에게 공간을 할애해주는 가정 꾸리기 유형의 결과임을 믿는다. 하지만 그에 따른 개체 수 조절은 순전히 우연이다. 이 사실은 특별히 강조할 필요가 있다. 새들에게는 개체 수를 조절하는 메커니즘이 부여되지 않는다. 무슨 말인고 하니 그들에게 주어진 세력권 번식 시스템은 자연선택이 키울 수 있는 새끼 수를 제한하기 위해서가 아니라 늘리기 위해서 만든 것이었다. 그런데 그 메커니즘이 개체 수의 상한선을 규정하게 되는 것은 그로 인한 부작용이라고 할 수 있다.

좀더 복잡한 행동 유형들 상당수도 그와 마찬가지로 부작용을 낳는 것 같다. 분명한 한 가지 예는 수많은 다른 척추동물종에서 나타나는 사회적 위계다. 그 유명한 닭의 '쪼는 순위(peck-order: 순위가 높은 쪽이 낮은 쪽을 쫀다—옮긴이)' 같은 것 말이다. 사회적 쪼는 순위는 분명히 살아남을 만한 가치가 있다. 그렇지 않다면 그 행동이 진화하지 않았을 것이기 때문이다. 자신들의 사회적 위계에 적응한 닭은 끊임없는 분쟁에 휘말리느라 에너지를 허비하지 않고 먹이 모으는 일을 이어나갈 수 있는 평화로운 닭이다. 사회질서가 잡히면 지위가 높은 닭, 낮은 닭 양쪽 다 더 많은 새끼를 기르게 된다. 쪼는 순위의 맨 하층에 놓인 닭은 위계가 바로잡히지 않은 혼란스러운 상태일 때보다 형편이 한결 낫다. 하지만 당연히 과밀할 때 쪼는 순위의 맨 하층에 처하면 처지가 곤궁해진다. 개체 수의 밀도가 높아지면 하층에 위치한 닭들은 그 사회에서 완전히 밀려날 수도 있기 때문이다. 이것은 아마도 그들이 번식을 못 하게 된다는 의미일 터다. 하지만 그래도 여전히 그들에게는 굴종이 최선의 방책이다. 더 나은 사회적 지위를 누리면서 새로 시작할 수 있는 다른 장소를 발견할 가능성이 여전히 남기 때문이다. 추방자는 운이 따라주지 않으면 번식 노력 전반에 진짜로 제약이 가해진다. 자연선택이 성공적인 생식을 촉진하기 위해 만들어낸 또 하나의 메커니즘도 개체 수에 상한선을 두게 되는 부작용을 낳았다.

공간적 요소 없이 사회적 삶을 누리는 것은 거의 불가능하다. 예를 들어 줄루란드〔Zululand: 남아프리카공화국 나탈(Natal)주 북동부 인도양에 면한 지역—옮긴이〕의 어느 동물보호구역에 사는 흰코뿔소(white rhinoceros)의 사회적 삶에 관한 최근의 몇몇 발견 결과를 생각해보자. 노먼 오언스미스(Norman Owen-Smith)는 하워드가 한때 새를 연구한 것처럼 흰코뿔소를 추적·관찰하여 그만큼이나 흥미로운 결과를 얻어냈다. 그가 처음 발견한 것 가운데 하나는 성체 수컷 흰코뿔소가 자기 공간을 넓혀가는 방식이 명금의 세력권에 정통한 사람에게 꽤나 낯익어 보인다는 것이었다. 흰코뿔소 수컷들은 각각 2제곱킬로미터가량을 차지했으며, 오언스미스는 그들이 왔다 갔다 하는 광경을 관찰함으로써 각 수컷들이 차지한 공간의 경계선을 알아냈다. 수컷 흰코뿔소는 자신을 광고하기 위해 노래를 부르지는 않았지만, 뭉텅뭉텅 대변을 쏟아낸 다음 발을 긁적거리고 뿔을 비벼대는 특유의 의례를 선보이면서 자신의 배설물을 찼다. 또한 날마다 자기 공간을 돌아다니면서 성기로 냄새나는 액체 방울을 분사했다. 수컷 흰코뿔소는 마치 수컷 새가 지저귀는 노랫소리로 경고음을 보내듯이 그런 식으로 자기 공간을 표시함으로써 '가까이 오지 말라'는 메시지를 전달했다. 각자의 공간 가장자리에서 만나 대치하는 두 수컷은 정확하게 세력권 새들의 만남을 연상시켰다. 두 수컷은 만나서 뿔과 뿔을 마주 댔다. 오언스미스는 이를 '팽팽하지만 조용한 대치'라고 묘사했다. 그들은 다시 물러서서 자기 뿔을 땅바닥에 갈아댔다. 그런 다음 도로 진격하여 이번에는 머리끼리 톡톡 부딪쳤다. 둘은 마침내 대치 장소에서 물러나 각자 자기가 익숙한 땅으로 돌아갔다. 암수의 일원인 수컷이 동식물연구가가 이미 다른 동물의 공간이라고 판단한 곳에서 수컷과 대치할 경우 길을 잘못 든 수컷이 자기 집으로 물러났다. 두 수컷은 이렇게 각자의 사적인 삶을 이어갔다.

이것은 하워드가 연구한, 세력권을 주장하는 명금의 사례와 꽤나 유사하게 들린다. 따라서 흰코뿔소를 관찰한 현대 동식물연구가들은 그것을 역시나 '세력권 주장 행동'이라고 표현했다. 심지어 흰코뿔소 성체 수컷 가운데 세력권 없이 떠돌아다니는 개체들이 존재한다는 것도 같았다.

줄루란드 동물보호구역에 있는 흰코뿔소의 3분의 1이 여기에 해당하는데 그들은 '메인주 포수들'이 실증적으로 보여준 수컷 울새 초과분에 비견된다. 하지만 비슷한 점은 여기까지가 전부다. 암컷 흰코뿔소, 청소년 흰코뿔소, 그리고 심지어 모종의 조건을 받아들인 성체 수컷 흰코뿔소도 '세력권' 소유자의 구역 안을 거의 제집 드나들듯 돌아다닌다.

'세력권을 주장하는' 수컷 흰코뿔소는 다른 수컷들이 사회적으로 열등한 지위를 받아들일 경우 자기 세력권 안으로 들어올 수 있도록 허락한다. 그의 세력권에서 다른 수컷들은 얼마든지 평화롭게 살아간다. 교미를 삼가고, 옆에 지나가는 암컷이 발정기에 접어들었음을 눈치챈 사실을 결코 드러내지 않고, 그리고 세력권의 주인 수컷이 교미할 때 아무 감정 없이 바라봐 주기만 한다면 말이다. 이 '세력권'은 암수 흰코뿔소에게 새끼를 기르거나 사적으로 식량을 공급해주는 그들 고유의 가정 같은 곳도 아니었다. 새끼를 거느린 암컷 흰코뿔소, 청소년기 수컷들의 사교 집단 따위가 그 지역 전역에서 여러 지배적인 수컷들의 세력권을 넘나들며 먹이를 공유했다. 그들은 좀처럼 서로를 괴롭히지 않으면서 평화롭고 우호적으로 살아갔다. 오늘날의 생태학자들이 명금의 세력권 주장 행동을 관찰한다면 그들은 그 행동이 특히 새끼에게 먹이를 조달하는 데 도움을 준다고 생각할 것이다. 하지만 흰코뿔소의 세력권 주장 행동을 관찰하고서는 그와 같은 결론을 내릴 수 없다. 그들의 2차원적 공간이 제공하는 이득은 분명 '가까이 오지 말라'는 뜻을 지닌 행동에서 비롯된 이득과는 다른 것이다.

흰코뿔소의 세력권 주장 습성을 이해하는 단서는 아마도 닭의 쪼는 순위에 있을 것이다. 우리는 공간에 녹아 있는 서열(dominance hierarchy)을 보고 있는 중인데, 세력권의 주인이 누리는 이득은 교미할 자유가 있다는 것이다. 지배적인 수컷은 모든 흰코뿔소가 자기 세력권을 맘껏 돌아다니도록 허용한다. 성적으로 적극적인 수컷과 발정기에 이른 암컷, 두 부류만은 예외다. 지배적인 수컷은 성적으로 적극적인 수컷들은 내쫓지만 매력적인 암컷은 남겨둔다. 그는 그녀가 떠나려 애쓸 때 점잖게 길을 가로막고 서서 뭔가 할 말이 있다는 듯 끽끽 소리를 낸다. 그녀는 준비가 될 때까지 머문 다음 그와 교미한 뒤 자유롭게 떠난다. 따라서 흰코뿔소종에게 세력권 주장 습성은 교미에서의 사회적 순위를 결정짓는 메커니즘이다.

팽팽하지만 조용한 대치에서 물러난 수컷들이 적합성에서 이득을 보는 것처럼 이 지배적인 수컷도 분명 같은 이득을 누린다. 장차 자기 자신의 공간에서 암컷과 사적으로 만날 기회를 기다리며 물러나는 흰코뿔소는 다른 수컷의 공간에서 교전하며 시간을 허비하는 흰코뿔소보다 좀더 많은 유전자를 후대에 전달할 수 있다. 굴종적인 수컷들에게도 적합성에 안겨주는 이득은 있다. 이들은 비교적 어린 수컷일 가능성이 높으므로 좀더 많은 것을 배우고 난 뒤 노병들이 사라지면 '세력권'을 물려받으리라 기대해볼 수 있는 것이다. 오언스미스는 다른 수컷이 세력권을 장악한 사례를 목격했다. 그는 그 사건 이후 늙은 세력권 주인은 계속 살아는 있으되 자기 체액을 뿌리고 다니는 행위를 삼갔으며 자신의 배설물을 발로 차거나 뿔을 땅바닥에 가는 행위도 서서히 그만두었다고 보고했다. 그와 마찬가지로 굴종적인 수컷들도 다른 곳에서 세력권을 찾아내는 것으로 알려졌다. 암컷은 평화롭게 이루어지는 계속적인 교미를 통해 이득을 누린다. 제 마음대로 쏘다니며 먹이를 먹는 암컷과 청소년은 먹이가 가장 많은 곳을 찾아내는 식의 이득을 본다. 따라서 모든 개체는 모종의 행동 유형을 통해 적합성을 이끌어냄으로써 자기 유전자를 후대에 전달한다. 자연선택은 바로 이런 이유에서 그 행동 유형을 보존해주었다.

공간의 사회적 임무는 14장에서 기술한 쿠거의 고립을 통해서도 이해할 수 있다. 호노커는 겨울에 쿠거 몇 마리가 각각 여행한 지역을 지도화했다. 눈 속에 난 쿠거의 자취를 발견하고, 개를 이끌고 추적한 끝에 결국 그들을 찾아내고 안정제 화살을 쏘아 어느 지역의 여러 부분을 돌아다닌 그들의 신원을 확인한 결과였다. 호노커는 쿠거가 의례적 과시 행동을 통해서도 싸움을 통해서도 자기 구역을 방어하지 않음을 드러내주는 설득력 있는 증거를 제시할 수 있었다. 그는 어느 장소를 향해 나 있는 한창때인 수컷의 자취를 발견했다. 그 장소는 대체로 그 한창때인 수컷의 구역으로 되어 있는 곳이었는데, 그 한쪽 귀퉁이에서 청소년 쿠거가 사냥감동물을 먹고 있었다. 한창때인 수컷의 자취는 그가 그 사냥감동물에 닿기 전에 돌아섰음을 보여주었다. 이것은 더 나이 든 수컷 쿠거가 저보다 어린 청소년에게 먹이를 양보했음을 말해준다. 호노커는 모든 쿠거가 겨울에 상대를 피해 홀로 지낸다고 결론지었다. 그래야 다른 쿠거들이 그들의 먹이인 사슴을 건드리지 않는 곳에서 사냥할 수 있어서다. 모든 쿠거는 이런 행동을 통해 적합성을 획득한다. 다른 존재들에게서 벗어나 혼자 사냥하는 것이 모든 암수에게 이롭기 때문이다. 이런 행동은 세력권을 주장하는 명금이 새끼에게 먹이를 마련해주는 행동이나 흰코뿔소의 성적 평화와는 상당히 다르지만, 그럼에도 다름 아니라 공간을 통해 표현된다. 호노커는 자신이 발견한 것을 '쿠거의 겨울 세력권 주장 행동'이라고 불렀다.

이제는 조류와 포유류뿐 아니라 어류와 곤충에 이르기까지 모든 동물의 '세력권 주장' 행동을 다룬 방대한 문헌이 나와 있다. '가까이 오지 말라'는 의미를 담은 모든 형태의 행위는 2차원적 공간에서의 고립을 낳는 것 같다. 우리는 명금처럼 둥지 트는 세력권을 지닌 물고기에 대해서 알고 있다. 그들의 수컷은 세력권에서 봄의 개똥지빠귀처럼 노염을 잘 타고 야하게 군다. 또한 특히 산호초처럼 지나치게 복잡한 서식지를 선택한 물고기에 대해서도 알고 있다. 흰코뿔소의 경우 지배적인 수컷의 세력권 유형—즉 기본적으로 교미 장소다—은 발굽동물(ungulate)에게서는 너무나 흔해서 거의 일반적인 규칙으로 여겨질 정도다. 그리고 우리는 새 한 마리, 혹은 심지어 곤충 한 마리조차 '가까이 오지 말라'는 메시지를 보내는 수많은 사례에 대해 알고 있다. 이런 세력권 주장 행동은 그 대담한 녀석에게 먹이가 풍부한 곳에 혼자 남는 확실한 이득을 안겨준다.

이 모든 행동 유형이 가능하려면 일단 공간을 차지해야 한다. 대개는 혼자지만 더러 "'우리'에게 가까이 오지 마시오"라는 규칙을 따르면서 다른 동물들과 공간을 공유하는 경우도 있다. 우리는 이런 다양한 공간을 '세력권'이라고 부른다. 사람 중심의 언어로 표현할 수 있는 가장 손쉬운 방법이기 때문이다. 하지만 그 용어가 동물의 세력권 주장 행동이 진짜로 그 땅에 대한 소유권을 요구하는 의미라고 말해주는 것은 아니다. 그들이 차지한 땅은 행동의 원인이 아니라 결과라고 생각하는 편이 낫다. 그 개념은 우리에게 동물한테서 나타나는 흥미로운 몇몇 현상들의 진정한 이점을 알려줄 뿐 아니라 동물의 '세력권'과 인간의 공격적 경향성을 어설프게 비교하지 않도록 경고하는 구실을 하기도 한다. 동물의 세력권은 인간의 재산권과는 추구하는 '동기'가 유사하기는커녕 비슷한 구석조차 없다. 말할 것도 없이 민족국가의 세력권 주장을 무리하게 동물의 공간 확보 습성과 비교하는 것은 유치한 어의론적 덫에 갇히는 노릇일 뿐이다.

16

종이 그토록 다양하게 존재하는 까닭

분명 지구상에는 모자이크처럼 뚜렷하게 구획된 지표면의 물리적 조각들보다 더 많은 종이 살아간다. 따라서 생명체의 놀라운 다양성을 설명하는 것은 자연 생태계의 작용을 이해하기 위한 노력에서 핵심적인 부분이다. 왜 그토록 많은 동물과 식물이 존재하는가? 그리고 왜 그 수는 일정하게 유지되고 더 늘지 않는가? 우리는 과밀·사냥·천이를 통한 군집의 변화가 미치는 영향을 연구함으로써 이 질문들에 대한 해답에 다가갈 수 있었다.

종에 관한 생태학자의 생각은 배제법칙이라는 개념을 통해 가장 잘 드러난다. 이 개념은 각 종의 생태적 지위 내에서 잘 살아가는 개체들의 경우, 다른 종들과 경쟁해야 할 필요성이 제한적 수준에 그친다는 것을 말해준다. 우리는 이 개념을 통해 조밀한 초원에서 살아가는 모든 풀종과 곤충종은 이웃 종에게 지나친 압박을 가하지 않는 식으로 저마다의 생명

활동을 이어간다는 것을 알 수 있다. 직관적으로 쉽게 받아들일 수 있는 내용은 아니다. 초원에서 살아가는 풀들은 분명 서로를 밀치고 어떻게든 햇빛을 향해 위로 뻗어나가려고 안간힘을 쓰는 등 이웃한 풀들과 생존권 투쟁을 벌이는 것처럼 비치기 때문이다. 그럼에도 이런 투쟁은 강력하게 억제되어왔으며, 실제로 모든 풀은 초원에서 평화롭게 공존하고 있다고 보는 것이 생태학자의 소견이다. 따라서 생태학자는 탁 트인 단순한 들판 같은 공간이 어떻게 해서 그토록 많은 비경쟁적인 생태적 지위로 분할될 수 있는지 설명해야 한다. 그뿐만 아니라 어떻게 자연선택의 과정이 애초에 그 수많은 생태적 지위를 모두 발견할 수 있었는지, 어떻게 그 생태적 지위들이 잘 어우러져 생명체가 가득한 공간에서 공존할 수 있게 되었는지도 설명해야 한다.

'지리적 고립(geographic isolation)' 혹은 아무리 못해도 경사면에서의 '지리적 분리(geographic separation)'는 여전히 종이 어떻게 만들어지고 그 종들이 어떻게 생태적 지위를 발견하는가에 관한 두 번째 질문의 해답으로 이끄는 핵심 내용이다. 다윈은 처음에 진화론을 규명할 때 이 '지리적 고립' 개념에 기대어 서로 동떨어진 장소에서 살아가는 동물들은 상이한 지역적 환경에 놓이므로 '형질(characters)'이 분기할 것으로 기대할 수 있다고 주장했다. 《종의 기원》 전체가 결국 '형질분기(divergence of character)'에 관한 내용이다. 이 개념은 지극히 간단한데, 한마디로 상이한 물리적 환경은 상이한 적응을 필요로 한다는 것이다. 하지만 종에 관한 생태학적 견해는 다윈이 할 수 있었던 것보다 한층 심화된 논의로 우리를 안내한다.

같은 동물종에 속한 두 개체가 분리된 장소에서 살아가면 둘은 미묘하게 달라질 것이다. 이것은 충분히 이치에 맞는 예상이다. 상이한 지역의 먹이와 날씨는 같지 않을 테고, 서로 약간 다른 특성들은 두 장소에서 각각 이득을 안겨줄 것이다. 이런 지역적 특성에 알맞은 유전자를 보유한 동물이 더 많은 새끼를 낳아 기르게 된다. 하지만 두 개체는 여전히 같은 동물종에 속해 있다. 따라서 어려움 없이 상호교배가 가능하므로 결국 그들의 유전자는 한 번 더 섞일 수 있다. 동식물연구가들은 동일 종이라도 지역적으로 여러 '품종'이나 '유형'이 존재한다고 말한다. 이들은 자유롭게 상호교배하며, 가축 교배의 상당 부분이 이렇듯 지역적 품종들에 속한 개체 간의 상호교배를 토대로 한다. 종 분화가 어떻게 일어나는지에 궁금증을 느낀 다윈은 멀리 떨어진 상태에서 분기한 지역적 품종들이 다시 만났을 때 상호교배에 실패하게 되는 까닭을 추측해보아야 했다. 하지만 이제 우리는 그런 운명적 만남에서 실제로 무슨 일이 벌어지는지 보여줄 수 있다. 가우세의 경쟁을 통한 배제법칙이 그 단서를 제공한다.

만약 분기하고 있는 두 개체가 대단히 상이한 방식으로 먹이를 취하기 시작한다면, 그들은 슬슬 다른 생태적 지위에서 살아가는 경향을 보이게 될 것이다. 두 개체가 서로 떨어져 있는 동안에는 그렇게 하는 것이 허용된다. 하지만 만약 어떤 역사적 우연에 의해 다시 함께 이주하게 된다면, 두 집단은 동일한 환경(즉 동일한 생태적 지위라고 할 수 있겠다)에서 살아가려고 애쓰지만 다소 상이한 생태적 지위를 요구하게 될 것이다. 그러나 실제로는 그렇게 될 리가 없다. 배제법칙에 따르면 그런 식의 공존이 가능하지 않기 때문이다. 이 같은 딜레마에서 벗어나는 한 가지 방법은 자연선택이 정상에서 벗어난 개체들을 억압함으로써 본래 종만 살아남도록 하여 동일성을 강제하는 것이다. 필시 그런 일은 빈번하게 일어난다. 반대의 경우도 왕왕 있다. 두 품종을 생태학적 의미에서 크게 '동떨어지도록'

유지함으로써 심각한 경쟁을 완전히 피하게 하는 것이다. 각 개체군에서 가장 표 나게 상이한 동물들을 선택하면 그 방향으로 유도할 수 있다.

두 개체군이 뚜렷하게 분기하면 당연히 각 개체군에서 확실하게 구분될 만큼 새로운 특성이나 습성을 키워서 경쟁 없이 공존하게 될 몇몇 개체가 등장한다. 자연선택은 이 소수 개체를 선호할 테고, 그 사이에 낀 어중간한 개체들은 계속 서로의 영역을 침범할 것이다. 가장 극단에 놓인 품종들은 경쟁으로부터 안전하며 계속 살아남는다. 어정쩡한 위치에 놓인 개체들은 서로 경쟁하느라 에너지를 소모하고 자손을 적게 남기고 결국에는 제거된다. 최종 결과는 이용 가능한 가장 극단적인 품종들로 구축된 뚜렷하게 구분되는 비경쟁적이고 공존하는 두 종이다. 우리는 다윈의 '형질분기'가 실제적인 '형질치환(displacement)'으로 보완된다고 말한다. 자연선택은 서로 동떨어진 형질을 강화함으로써 경쟁을 피하도록 이끈다.

우리는 지금껏 자연에서 '형질치환'이라는 우리의 주장이 옳다는 것을 보여주는 수많은 유형을 발견했다. 그중 가장 좋은 예는 아시아에 서식하는 동고비(nuthatch)다. 동고비는 나무기둥을 분주히 오르내리며 나무껍질 틈새에서 살아가는 곤충을 잡아먹는 작은 새들을 즐겁게 해준다. 동고비는 꼬리가 짧고 뭉툭하며 발은 터무니없이 크다. 어느 때는 거꾸로 매달린 채로 나무기둥을 쪼기도 한다. 한마디로 우스꽝스럽고 매력적인 새로 모이 공급대에서 크게 환영받는 방문자다. 이들 대부분은 뒤통수에서부터 눈을 경유해 부리의 등까지 짙은 색 줄무늬(eye stripe)가 그어져 있다. 그 종을 식별하는 표지임이 거의 분명한 이 줄무늬는 그들이 적절한 교미 상대를 찾아낼 때 도움을 준다.

중앙아시아에는 동고비 한 종이, 소아시아(아시아 서부의 흑해·지중해 사이 지역—옮긴이)에는 또 다른 동고비 한 종이 서식한다. 박물관에 종사하는 분류학자들은 오랫동안 두 종을 좋은 종이라고 인정해왔다. 하지만 두 종을 둘러싸고는 지금껏 여러 가지 '어려움'이 드러났는데, 그 어려움은 특히 눈 줄무늬와 관련이 있었다. 소아시아 종에 속한 수많은 개체의 눈 줄무늬가 중앙아시아 종의 그것과 색깔이며 모양이 대단히 흡사했기 때문이다.

하지만 두 서식지가 겹치는 지대인 이란 어디쯤에서는 중앙아시아 종과 소아시아 종이 함께 어우러져 살아갔다. 거기에서는 두 동고비종을 구분하는 데 그 어떤 어려움도 없었다. 한 종은 눈에 줄무늬가 마치 흔적기관처럼 희미하게 남아 있는 데 반해 다른 한 종은 크고 두껍고 검은 줄이 그어져 있었기 때문이다. 우리는 자연선택이 그 점이지대에서 가장 극단적으로 다른 개체들을 선택해 그들이 새끼를 기르도록 했다고 보았다. 눈 줄무늬 형태는 다른 모종의 변화, 분명 식이 습성의 변화를 보여주는 표지임에 틀림없었다. 어쨌거나 같은 지역에서는 오직 비경쟁적인 혈통들만이 함께 살 수 있었다. '형질치환'에 의해 따로 분리된 두 종의 아시아 동고비는 이란에서 나란히 살아갔다.

아시아의 광대한 영역을 돌아다니는 동고비 개체군은 끝도 없고 일반적인 모종의 과정을 보여주는 간단한 예에 불과하다. 세력권 모자이크를 구성하는 각각의 작은 패치들에서는 지역적 품종들이 그곳 환경에 적응하면서 형질분기를 일으킨다. 만약 모든 지역 개체군들이 홀로 남을 경우, 지구를 돌아다니다 보면 여러 유형이 계속 혼합되는 현상을 관찰할 수 있다. 하지만 지역 개체군들은 홀로 남지 않는다. 지속적인 기후 교란은 개체군의 운명에 끝없는 부침으로 작용하며, 종이 임의적 분산에 착수할 때는 생명체 자체의 생물학적 사건 또한 그 개체군들을 이리저리 날라다준다. 진화를 통해 분리된 품종들은 함께 모이며, 형질치환은 좀더 극단적인 형태들을 보존하고 경쟁을 통한 배제는 어중간한 위치를 점한 개체들을 제거한다. 따라서 개체군의 분리와 재결합은 전에 한 종만 있던 곳에 이제 두 종이 나란히 살아가는 결과로 귀결된다.

결국 우리는 어떻게 해서 새로운 종이 계속 만들어지는지, 또 어떻게 해서 뚜렷하게 구분되는 그토록 많은 생태적 지위가 존재하는지 이해하도록 해주는 메커니즘을 밝혀냈다. 그 메커니즘이 우리가 제기한 두 번째 질문에 답이 되어준다. 하지만 종이 어떻게 만들어지는지 안다고 해도 어떻게 그 대다수가 내내 함께 살아가는지를 해명하기는 어렵다. 우리는 초원에 살아가는 모든 풀들이 형질치환을 통해 종 분화함으로써 경쟁을 최소화한 상태로 같은 들판에서 살아갈 수 있는 방법을 찾아냈다고 주장했다. 하지만 이 말만으로는 그 방법이 무엇인지 알 길이 없다. 들판은 편편하다. 풀들은 서로 몸을 부딪치면서 살아간다. 그들은 같은 물을 사용하고 동일한 영양물질 저장고에 의존하며 같은 계절을 겪고 거의 같은 사건을 경험한다. 그렇다면 그런 풀들이 대체 어떻게 경쟁을 피하는 뚜렷하게 구분되는 방식으로 살아갈 수 있는가?

초원의 풀과 관련한 이 질문은 보편적 주제의 한 가지 예일 뿐이다. 이 주제는 1에이커 내에 나무 100종이 서식하는 열대우림에도, 호수나 바다에서 함께 살아가는 수많은 종류의 작은 식물 플랑크톤에도 해당한다. 호수나 바다에서는 이 문제가 '플랑크톤의 역설(paradox of the plankton)'이라고 알려져 있다. 또한 이 주제는 훨씬 더 다양한 일련의 동물에도 해당한다. 우리는 어느 지역에 살아가는 동물 거주민들이 경쟁만 하지 않으면 함께 살아갈 수 있음을 알고 있다. 지금부터는 비경쟁적 방법이 그토록 많이 존재하는 까닭을 규명해야 한다.

육지 식물 군집의 경우에는 토양이 균일하지 못하다는 사실을 생각해봄으로써 해답에 다가갈 수 있다. 정원사나 농부 들은 누구라도 토양은 지역적으로 고르지 못하다는 주장에 선뜻 동의한다. 우리가 해야 할 일이란 종 목록의 복잡성을 설명하기 위해 더없이 복잡한 미세 모자이크를 상정하는 것뿐이다. 규소가 많은 패치를 좋아하는 풀, 몰리브덴(molybdenum) 농도가 낮은 패치를 좋아하는 풀 따위가 있을 수 있다. 원소 주기율표를 가지고 여러 가지 경우의 수를 만들어낼 수도 있다. 즉 습한 정도와 건조한 정도, 경사도와 노출 정도, 알려지지 않은 특성과 잠재력을 지닌 모종의 '생물 요인(biotic factor)' 따위가 더해지면 경우의 수는 한층 더 불어난다. 이렇게 땅을 분할할 수 있다는 것은 분명하며, 상이한 식물들은 상이한 물리적·화학적 요건을 필요로 한다는 사실을 우리는 '알고 있다'. 다양한 종류의 식물들 가운데 일부는 분명 이런 식으로 설명할 수 있다. 하지만 저지대의 열대우림에 나무 100종이 함께 살아가는 현상은 어떤가? 즉 아마존 진흙의 한 패치는 정말이지 서로 뚜렷하게 구분되는 100개의 화학적 조합으로 이루어진 모자이크의 한 조각일까? 초원에서 함께 살아가는 모든 풀은 저마다 자기 아래 물리적 땅에 그토록 아름다운 세밀한 패턴을 지니고 있을까? 이 가설을 확신하기는 어렵다.

화학적 모자이크 가설은 과거에는 '플랑크톤의 역설'을 설명하는 데 아무 소용이 없는 것처럼 보였다. 허친슨이 15년 전 처음으로 '플랑크톤의 역설'을 주장한 이래, 미세 식물은 호수나 바다라는 화학물질 수프에서 너무나 잘 섞이므로 저마다 다른 식물들과 동일한 화학적 배열을 가지는 게 '분명해' 보였다. 하지만 최근 리처드 피터슨(Richard Petersen)이 제출한 논문은 화학적 다양성이 언제나 종 다양성에 반영될 수 있음을 보여주었다. 이론적으로는 상이한 식물종이 상이한 영양물질에 의해 제약을 받을 수 있다. 따라서 종의 경쟁력은 그 종이 가장 필요로 하고 따라서 가장 효율적으로 모으는 영양물질이 다 떨어지면 약화한다. 경쟁력이 상이한 영양물질에 의해 제약을 받으면 각 종에게는 저마다 억제 요소가 생기는 셈이다. 이 억제 요소는 각 개체군이 그 한도까지만 공존할 수 있도록 막아준다. 이것은 오직 컴퓨터 시뮬레이션에 의해서만 뒷받침할 수 있는 복잡하고 이론적인 논의다. 하지만 이 논의는 자연선택이 종 다양성을 낳는 화학적 다양성을 읽어내는 능력을 지녔음을 보여준다.

하지만 '플랑크톤의 역설'을 규명하는 데는 각 종에 가해지는 화학적 한계를 따져보는 것 외에 다른 방법도 있다. 그 방법은 호수의 조건이 시간이 가면서 끊임없이 변하므로 처음에 어느 한 종이 번성하다가 나중에 또 다른 종이 번성한다는 사실에 기초한다. 종끼리는 경쟁할 수도 있지만 결코 한 종이 제거될 정도로 그렇게 오랫동안 경쟁하는 일은 없다. 식물은 작기 때문에 단명하는데 단명하기 때문에 해수면을 돌아가면서 1년 내내 채울 수 있다. 호수에서도 바다에서도 식물은 봄에는 대량 발생하며, 표층에 따뜻한 물이 떠 있는 여름에는 층을 이루며, 바람이 물을 한 번 더 휘저어주는 가을에는 위치가 뒤집힌다. 각 식물종은 호상 퇴적층으로 가라앉거나 수중 해류에 몸을 맡기고 바다를 떠돌아다니는 포자의 형태로 휴지기를 갖는다. 식물은 공간이 아니라 시간대별로 자기 삶을 구획하지만, 이 역시 경쟁 피하기라는 같은 목표를 이루는 방법이다.

우리는 식물 플랑크톤이 부분적으로 바닷물을 번갈아 사용하며 분리된 상태를 유지한다는 것을 알기에, 육지 식물에게도 그와 비슷한 기회가 생길 거라고 생각한다. 선구적인 기회종이 점차 균형종 식물로 대체되는 식물 천이를 통해 육지 식물이 그렇게 하는 광경을 우리는 볼 수 있다. 식물 천이에서는 어느 순간(즉 1~2년의 순간)이라도 식물이 항구적인 대열을 이룬 채 나란히 늘어선 모습을 보게 된다. 하지만 우리는 그들 상당수가 자신들의 생활공간을 그저 엉성하게만 움켜잡고 있을 뿐임을 알고 있다. 언제나 일부 식물을 밀어내고 후계자들이 그 자리로 밀고 들어오는 일이 잇따르기 때문이다. 그러므로 탁 트인 들판에서 많은 종류의 식물들에게 나타나는 역설은 부분적으로 우리가 계속적인 대체 과정 가운데 단 한 장면만 보고 있다는 데 따른 것이다. 식물종의 다양성은 부분적으로 기회종 식물과 균형종 식물이 다른 시간 척도에 따라 활동하기 때문에 초래된 결과임은 거의 두말할 나위가 없다. 즉 각 생명체 종은 땅을 번갈아가며 차지하는데, 그들의 입장에서 경쟁이 최소화되는 때 그렇게 한다.

이런 논의는 우리가 올바른 과정을 밟고 있다고 생각하도록 해준다. 물리적 세계는 공간적으로도 시간적으로도 다양하다. 자연선택은 형질치환을 통해 각기 다른 조합을 이루는 물리적 다양성에 적응한 품종들을 보존한다. 이 과정은 수많은 종류의 식물, 그에 따른 그보다 더 많은 종류의 동물—예를 들어 식물의 어린 순에서 살아가는 동물, 뿌리에 구멍을 뚫는 동물 등등—의 등장으로 이어진다. 우리는 수많은 다양성을 이런 기제의 자연스러운 결과로 받아들일 수 있다고 생각한다. 정녕 다양성에 대한 우리의 설명은 이것만으로 충분한가? 8000종에 이르는 조류에 대해서는 그럴지도 모른다. 그렇다면 10만 종이나 되는 관다발식물은 어떤가?

무려 100만~300만 종에 달하는 곤충은 또 어떤가? 지상 모자이크의 다양한 조합이 뚜렷하게 구분되는 수백만 개의 생활공간을 제공할 수 있다고 믿기는 힘들다.

종을 구분하는 좀더 강력한 힘이 있다. 종들이 파괴적인 경쟁 없이 공동의 서식지에서 살아가도록 이끌어주는 힘이다. 그것은 다른 동물을 사냥하는 육식동물이나 우리가 초식동물이라고 부르는 식물 사냥꾼, 두 사냥동물의 활동이다.

암소나 양 같은 사육 동물은 단호한 식물 사냥꾼이다. 농부라면 으레 아는 사실이지만, 무차별적 잔디깎이가 아니라 매우 확고한 취향을 지닌 동물들이라는 말이다. 그들은 초록색이라면 닥치는 대로 먹어치우는 게 아니라 자기가 먹고 싶은 것만 먹는다. 웨일스 언덕의 유명한 양 목초지에서 확보한 몇몇 훌륭한 데이터가 나와 있는데, 그에 따르면 초식동물의 고상한 취향이 낳은 생태적 결과가 무엇인지 알 수 있다.

존 L. 하퍼(John L. Harper)는 웨일스의 여러 대학에 근무하는 농업 전문가들이 다년간 수집한 기록을 이용하여 상이한 두 가지 목초지에서 양을 방목할 때 무슨 일이 벌어지는지를 재구성했다. 만약 양이 좋아하는 종류의 풀이 가득한 목초지에 양 떼를 과방목하면, 서로 관련된 두 가지 사태가 벌어진다. 한편으로 목초지가 파괴된다. 다른 한편으로 애초의 단순한 목초지가 파괴되고 난 자리에 그보다 훨씬 더 많은 종류의 식물이 자라게 된다. 너무나 많은 양이 자기 입맛에 맞는 식물을 깡그리 먹어치우면, 파괴된 목초지에는 그들이 맛없어하는 식물들이 밀고 들어올 공간이 생긴다. 그런 식물의 종류 또한 상당할 것이다. 맛있는 식물 개체군의 생존자에 그들의 수가 더해지면 그 목초지의 다양성은 한층 커진다.

하지만 만약 오랫동안 양 몇 마리를 키우는 데 쓰였던 야생 목초지에 많은 양 떼를 과방목하면 위와는 상당히 다른 두 가지 상황이 펼쳐진다. 처음의 하나는 같다. 즉 목초지가 파괴된다. 하지만 두 번째는 완전히 다른 양상을 띤다. 즉 이번에는 파괴된 목초지에 애초보다 '더 적은' 종류의 식물만이 살게 된다. 과방목한 양들이 이번에 한 일이란 제시된 온갖 종류의 식물 가운데 자기가 좋아하는, 상대적으로 적은 종류의 식물들을 모조리 사냥함으로써 맛있는 식물의 씨를 말린 것이다. 결국 그들은 자기네가 좋아하지 않는 '더 적어진' 종의 식물을 남겨놓는다.

야생의 언덕에 풀어놓은 양 떼가 자기가 먹기 좋아하는 식물의 개체 수를 줄여놓으면 다른 식물들이 자랄 공간이 생기는 것은 분명하다. 그런데 이 같은 다른 식물들은 암소나 순록이 좋아하는 종류일 수도 있다. 만약 암소나 순록이 있다면 그들이 그 식물들의 개체 수도 줄여놓을 것이다. 이렇게 되면 또 다른 일련의 식물이 들어설 공간이 생기며, 마찬가지로 까다롭지만 상이한 식성을 지닌 또 다른 방목동물종에게 먹이를 제공할 기회가 생긴다. 오랜 진화 과정을 거친 뒤 우리는 아프리카의 사냥감 동물 무리와 같은 어떤 것을 상상해볼 수 있게 되었다. 아프리카에서는 발굽동물 200종이 식물종이 풍부한 초지와 평원에서 함께 풀을 뜯어 먹는다. 로버트 위티커는 나에게 과거에 염소·낙타·양·소·당나귀에 의해 과방목이 이루어진 이스라엘의 목초지도 그와 비슷한 정도로 식물종이 풍부하다고 말해주었다. 이제 그 목초지에는 10헥타르당 100종이 넘는 관다발식물이 살아간다.

하지만 대부분의 초식동물은 거대 포유류가 아니라 곤충이다. 그리고 곤충은 수도 더 많고 공격에도 훨씬 더 적극적이다. 애벌레(유충)는 전체 나무에서 나뭇잎을 다 뜯어 먹고, 딱정벌레는 도토리나 수확용 사과마다 구멍을 뚫고 안에 알을 낳는다. 나는 식물의 천이를 다룬 12장에서 씨앗을 사냥하는 곤충이 어떻게 숲의 극상 상태를 결정해주는지 논의했다. 극상 상태가 북쪽에서 보다시피 우세한 몇몇 수종으로 이루어져 있거나, 아니면 저지대 열대지방에서처럼 찬란한 종들의 모음으로 이루어져 있거나 간에 말이다. 모든 식물은 그런 곤충의 습격으로 계속해서 개체 수가 큰 폭으로 줄어든다. 만약 그들의 수가 급감하면 새로운 식물종이 진화할 공간이 생긴다. 이것은 목초지에 종 목록이 풍부해지는 현상을 설명하는 방식이다. 상이한 풀종은 상이한 사냥꾼을 피해가는 작업에 착수한다.

모든 식물은 초식동물의 집요한 공격을 받으면서 살아간다는 것을 보여주는 정황적 증거는 많다. 그 공격이 각 개체의 인생사에서 거치는 일부 단계나 일부 계절에는 치명적일 수도 있다. 초식동물의 공격에 대처할 가장 확실한 방편은 식물의 화학적 방어기제다. 식물은 냄새가 나거나 이상한 맛이 나는, 혹은 진짜로 수많은 동물에게 유독한 수많은 화학물질을 함유하고 있다. 만약 그런 화학물질이 잠재적 박해자가 그 식물을 기피하도록 확실하게 보장해준다면 그것의 존재는 얼마든지 이치에 닿는다. 자연선택은 화학물질을 만들어내는 특성을 보존한다. 맛이 역겨운 화학물질을 보유한 식물의 생태적 지위는 부분적으로 (그 식물을 먹기 싫어하는) 초식동물에 의해 먹히지 않는 존재라는 특징을 갖는다. 따라서 이런 유의 식물종은 함유한 화학물질이 달라서 상이한 초식동물을 내쫓는 다른 식물종과의 경쟁을 피해갈 수 있다.

스스로를 방어하기 위해 가시나 돌기 같은 기계적 장치를 갖추게 된 식물도 있다. 이들도 개체로서가 아니라 종으로서이긴 하지만, 자기 씨앗을 널리 퍼뜨림으로써 스스로를 방어한다. 씨앗을 널리 퍼뜨리는 것이 안겨주는 가장 분명한 이득은 어린 식물이 외진 곳—양이 목초지를 누비면서 '풀을 뜯어 먹는(cropping)' 것처럼 꼼꼼하게 먹이를 찾아서 먹어치우는 방목 사냥꾼이 간과하기 쉬운 장소다—에서 크고 강하게 자라날 가능성이 있다는 것이다.

자연선택이 각 식물종에게 제공한 분화된 방어물질들은 모두 분화된 공격 기회를 준다. 만약 어느 식물이 자신을 둘러싼 모든 동물에게 유독하다면 해당 지역의 초식동물 가운데 그 독에 영향을 받지 않는 혈통이 등장하는 순간이 반드시 올 테고, 자연선택은 그 혈통을 선호할 것이다. 우리가 수많은 동물의 습성에 대해 잘 알고 있다시피 그런 과정이 낳는 결과는 분명하다. 이를테면 나비와 나방의 유충은 일반적으로 오직 한두 종의 먹이식물만 먹는다. 식물이 방목식자의 피해를 입지 않기 위해 가시를 달아도(가시 만드는 데는 상당한 칼로리가 쓰인다) 비슷한 일이 발생한다. 아프리카의 아카시아 덤불숲은 기린의 좋은 상대다. 기린은 가시 사이에 달린 이파리를 조심스럽게 잘 잘라 먹을 수 있는 것이다.

모든 방어기제는 새로운 공격에 대비해 진화적 기초를 닦는다. 이것은 새로운 방어를 위한 기회를 제공한다. 분화된 먹이식물을 사냥하도록 진화한 모든 새로운 동물종은 다시 그것을 사냥할 수 있는 새로운 육식동물종에게 기회를 부여한다. 이 일은 열역학 제2법칙이 이용 가능 에너지가 조금밖에 남지 않았다고 알리면서 먹이사슬의 연쇄를 중단할 때까지(3장) 먹이사슬의 각 연결 부분들에서 일어난다. 하지만 초식동물이 식물을 사냥하는 먹이사슬 하단에서는 이것이 증가하는 다양성과 무기(無期) 계약을 맺는 과정이다. 이것은 상이한 식물과 동물 종이 그토록 많아진 까닭에 관한 설명에서 가장 핵심적인 부분이다. 이제 생태학자들은 그 과정의 작동 방식을 '크로핑법칙(cropping principle)'이라고 표현하고 있다.

여기서 한 가지 의문이 남는다. 그렇다면 왜 훨씬 더 많은 종의 동식물이 존재하지는 않는가 하는 것이다. 왜 곤충은 300만 종에 그치고, 식물은 비참한 수준인 10만 종밖에 되지 않는가? 우리는 수억 년 동안 이어져온 새로운 종을 만드는 제약 없는 과정을 이제 막 발견한 상태다. 지금 우리가 보고 있는 수는 수억 년 전 볼 수 있었던 수와 같은가? 그 수는 그저 우연의 결과인가 아니면 지구가 꽉 차 있다는 의미인가? 만약 지구가 꽉 차 있다면 '꽉 차 있다'는 것은 과연 무슨 의미인가? 생태학자들은 여전히 그에 대해 설왕설래하는 경향이 있지만, 우리는 예나 지금이나 그 질문에 대한 일반적인 대답을 알고 있다. 그것은 두 가지 쌍둥이 생각에서 나온다. 하나는 새로운 종이 생겨나는 동안에도 종은 계속 멸종한다는 것, 또 하나는 지구의 다른 지역들에서는 꽤나 상이한 수의 동식물종이 살아간다는 것이다.

북극 수목한계선 너머 지역은 땅이 거의 완전하게 식물로 뒤덮여 있다는 의미에서는 여전히 식물이 잘 자라는 장소라고 볼 수 있지만, 툰드라의 식생 매트를 구성하고 있는 것은 상대적으로 적은 종의 식물이다. 그 남쪽의 냉대 숲에는 좀더 많은 종류의 식물이, 온대의 낙엽수 숲지대와 초원지대에는 훨씬 더 많은 종류의 식물이, 열대지방에는 그보다 더욱더 많은 식물이 서식한다. 동물에게도 같은 현상이 발견된다. 극북에서는 소수의 동물종만이 살아가지만, 거기서부터 저위도 쪽으로 내려가면서 동물종의 수는 점차 불어난다. 정말이지 북극에서 적도 지역으로 이동함에 따라 다양성은 차츰차츰 연속적으로 늘어난다. 그 결과 열대지방에는 뱀도 곤충도 포유류도 고사리도 풀도 많아진다. 오늘날의 지구가 과거와 같은 종의 수를 가지고 있는 까닭을 이해하려면 북쪽에서 적도 쪽으로 내려가면서 다양성이 점차 늘어나는 현상을 설명할 수 있어야 한다.

그 해답은 분명 기후의 혹독함과 모종의 관련이 있을 것이다. 북극 지역은 춥고 그곳의 물은 얼어붙어 있으며, 밤이 장장 6개월 동안이나 이어진다. 이것은 그 자체로 그처럼 혹독한 기후를 견뎌낼 수 없는 식물과 동물의 부재를 설명해준다. 습도가 유지되어야 살 수 있는 개구리, 얼면 터져버리는 다육식물, 열 예산(5장) 수지를 맞출 수 없는 나무의 부재를 말이다. 하지만 기후의 혹독함만으로는 곤충과 초본식물의 부족을 설명하기에 충분치 않다. 모종의 곤충과 초본식물이 북극 툰드라에서 살아가고 있을 뿐 아니라 번성하여 개체 수가 상당한 수준에 이르기도 하기 때문이다. 만약 일부 곤충종과 초본식물종이 살아갈 수 있다면 기후에 대한 걱정이 덜한 남쪽 지역의 드넓은 초원에서 그들이 함께 살아가듯이 더 많은 종의 곤충과 초본식물이 드넓은 북극 공간을 공유하지 못할 까닭이 뭔가?

우리가 내놓을 수 있는 최선의 답은 북쪽의 생명체들은 사고당할 가능성이 많다는 것이다. 적도에서 고위도상으로 올라갈수록 날씨는 점점 더 적대적으로 변한다. 대개는 체계적으로 그렇지만 더러 예측불허일 때도 있다. 따뜻한 저위도 지역을 제외하고는 철에 어울리지 않는 홍수·서리·가뭄이 훨씬 더 잦아진다. 극지방에 가까워질수록 파괴적인 사고가 일어날 가능성이 커진다. 이것은 멸종 가능성을 증가시킨다.

더욱이 계절에 따른 변화가 극심한 장소에서 살아가는 모든 동식물은 좋고 나쁨이 반복되는 세계를 반영한 생존전략을 구사한다. 즉 그들은 겨울에는 휴식을 취하고, 봄에 발달을 시작하고, 불확실한 여름의 짧은 몇 주 동안 성장 노력을 서두른다. 그리고 다음번 겨울이 뜻하지 않은 시련을 안겨주기 전에 다시 둔감한 단계로 접어들고자 애쓴다. 기본적으로 기회주의적인 이런 생존전략으로 인해 계절 변화가 뚜렷한 지역에서 살아가는 개체군의 수는 등락을 거듭한다. 좋았다 나빴다를 되풀이하는 물리적 환경 탓에 개체 수도 오르내림을 반복한다. 계절에 어울리지 않는 사건들이 무작위적인 적대감을 드러내는 것이 바로 이 같은 개체군이다. 가뜩이나 허약한 상태에 놓인 개체군에게 재난이 닥치면 그들의 멸종 가능성은 대단히 높아진다.

우리가 내놓을 수 있는 최선의 설명은, 적도에서 고위도 쪽으로 이동할수록 종의 수가 감소하는 까닭은 위도가 높아짐에 따라 멸종 가능성도 덩달아 커지기 때문이라는 것이다. 만약 기존 종들은 위도가 높아짐에 따라 점점 더 빠른 속도로 멸종하는 데 반해 새로운 종들은 모든 곳에서 동일한 속도로 만들어진다면, 결국 위도가 높아질수록 종 다양성은 줄어들 것이다.

최근에 이루어진 해양학자 하워드 샌더스(Howard Sanders)의 빼어난 작업은 이런 해석을 뒷받침해준다. 샌더스는 지구 표면에서 종 다양성이 차츰차츰 변화하는 다른 한 장소를 소개해주었다. 과거에는 그러리라고 예상하지 못한 곳이다. 종 다양성의 점진적인 변화를 볼 수 있는 또 하나의 장소는 다름 아니라 대륙 연안에서 대륙붕을 거쳐 심해저로 이어지는 곳이다. 해저 진흙에서 살아가는 동물 역시 다양성의 점진적인 변화를 드러낸다. 그런데 여기에서는 언뜻 추세가 잘못된 게 아닌가 싶어진다. 연안 부근 해가 비치는 따뜻한 바닥보다 칠흑 같은 어둠과 영원한 추위가 지배하는 심해저에서 살아가는 동물종이 더 많기 때문이다.

샌더스는 우리가 살기 '좋을' 거라고 생각해온 해가 비치고 생산성이 좋은 연안해에서는 사실상 바닥에 살아가는 동물종이 거의 없다는 것을 보여주었다. 해수면의 먹이 공급이나 생명 활동에서 다소 멀어지고 좀 더 어둠침침한 장소인 대륙붕 바닥에서는 확실히 그보다 더 많은 종이 살아갔다. 실제로 취득물이 보잘것없을 게 분명한 바다 바닥에서는 바다 전체에 걸쳐 가장 많은 종이 서식하고 있었다. 하지만 어느 장소의 종 수가 일부 종을 멸종으로 몰아넣을지도 모를 사건을 겪을 가능성에 의해 결정된다면 그런 현상은 충분히 이치에 맞는다. 춥고 어두운 바다 바닥은 날씨의 변덕에 좀체 영향을 받지 않는다. 온도가 결코 변하지 않으며 어둠도 한결같다. 떨어지는 동물 잔해 같은 취득물이 보잘것없는 정도에도 큰 변화는 없다. 수백만 년 동안 새로 보도될 만한 뉴스 따위는 없었다. 샌더스의 말에 의하면, 따라서 멸종 가능성이 지극히 낮으며, 종 분화가 계속됨에 따라 종 다양성은 늘어가는 경향이 있다. 하지만 생산성이 높고 '좋을' 거라고 여겨지는 연안해 바닥은 변화무쌍한 날씨에 크게 영향을 받는다. 이를테면 해당 지역의 종들—북극지방에 서식하는 종들 같은—은 반복되는 성쇠에 대처하기 위해 고안된 기회주의적 생존전략을 구사한다. 그들은 희한한 사건의 영향을 받기 쉬우며 수도 오르내림을 거듭한다. 그 장소들은 얼핏 '좋아' 보일지는 몰라도 생명체들이 모종의 사건에 휘말릴 가능성이 대단히 높다.

종의 수가 현재보다 늘지 않는 까닭이 무엇이냐는 질문에 우리가 일반적으로 제시할 수 있는 답은 더 많은 종이 있었지만 끝내 멸종했다는 것이다. 이것은 우리로 하여금 좀더 장대한 질문, 즉 그토록 많은 종의 동식물이 존재하는 까닭이 무엇인가라는 질문에 일반적인 답을 내놓도록 해준다.

지리적 고립은 형질분기로 이어지며 그런 과정은 끝없이 지속된다. 다양한 개체군이 모이면 자연선택은 그중 경쟁하지 않고 더불어 살아갈 수 있는 가장 뚜렷하게 도드라지는 개체들을 보존한다. 진화 과정에서 가장 결정적인 조치로 우리는 그것을 '형질치환'이라고 부른다. 자연선택이 손을 들어준 것은 새로운 사냥 방법을 활용하는 개체들, 혹은 사냥꾼을 피하는 새로운 방법을 고안한 개체들이다. 우리가 '크로핑법칙'이라고 말할 때 의미하는 바가 바로 그것이다. 지구 전역에서는 이런 방법으로 새로운 종이 끊임없이 등장하고 있지만, 다른 한편 일부 종을 멸종으로 내모는 환경의 무작위적 적대성에 의해 낡은 종이 제거되고 있다. 멸종 가능성은 어느 장소가 다른 장소보다 높다. 따라서 일부 장소는 다른 곳들보다 더 적은 종만을 보유한다. 하지만 전 지구에 걸쳐 평균적인 동식물 종의 수는 새로운 종이 출현하는 속도와 낡은 종이 사라지는 속도 간의 균형에 의해 결정된다.

17

자연의 안정성

사람들은 수많은 상이한 동식물종이 함께 살아가는 곳은 동식물종이 조금밖에 없는 곳보다 더 조화가 잘 이루어질 거라고들 말한다. 복잡성이 안정성으로 이어진다는 것이다. 생태학자들은 최근까지만 해도 꽤나 자신만만하게 이와 같이 이야기했다. 그리고 인간이 지구에 미치는 영향에 관해 걱정하는 이들의 말을 인용하곤 했다. 하지만 이제 생태학자들은 자기네가 한 말을 다시 주워 담으려는 경향을 보인다. 아래에 그들이 종래 해온 주장과 그것이 잘못되었음을 인정하는 내용을 소개하겠다.

안정성 논쟁은 극단적인 한 가지 예를 통해 잘 이해할 수 있다. 만약 어느 섬에 여우와 그들의 먹이인 토끼, 오직 두 종의 동물만 살아간다면 그들의 미래는 상당히 불확실하다. 만약 모종의 사건이 일어나서 토끼의 상당수가 죽음으로 내몰리면 그런 상황은 여우에게 매우 불행한 일이 된다. 그들 대부분이 굶어 죽게 될 판이기 때문이다. 물리적 재난을 이기고 살아남은 소수의 토끼들 역시 극도로 위태로운 상태에 놓인다. 상대적으로 수가 더 많고 필사적이 된 여우들에게 쫓기는 신세가 되기 때문이다. 하지만 만약 자연적인 사고가 여우에게 일어난다면 토끼의 수는 감당할 수 없을 만큼 불어날 것이다. 여우가 좀더 많이 번식하여 그들을 잡아먹게 될 때까지는 말이다. 그런데 그렇게 되면 이제 여우의 수가 너무 많아진다. 여우-토끼의 관계는 위험스러울 만큼 불안정해진다.

하지만 만약 동물 두 종이 아니라 10개나 되는 상이한 종의 설치류—즉 여러 종의 쥐·생쥐·들쥐—가 섬에서 여우와 더불어 살아가고 있다고 가정해보자. 게다가 여우 말고도 고양이나 족제비 같은 육식동물이 두세 종 더 살고 있다 치자. 이렇듯 개체군이 잘 갖춰진 섬에서는 어느 한 동물종에게 닥친 재난이 그리 큰 문제가 되지 않는다. 그 섬의 토끼들이 재앙에 가까운 규모로 사라진다 해도 육식동물은 여전히 안전하다. 다른 9종의 설치류를 먹이로 삼을 수 있기 때문이다. 토끼 또한 그들을 덮친 재앙을 이기고 살아남는다. 육식동물들로서는 희귀한 토끼를 사냥하는 데 시간과 노력을 기울이는 것이 남는 장사가 아니기 때문이다. 소수 살아남은 토끼들은 손실을 만회하기 위해 왕성하게 번식에 힘쓸 가능성이 많다. 그와 비슷하게 만약 여우가 사고를 당한다 해도 설치류의 수에는 큰 변동이 없다. 설치류를 사냥할 고양이와 족제비가 여전히 남아 있기 때문이다. 고양이와 족제비는 여우가 줄어들면서 더 많이 살아남은 설치류를 더욱 배불리 먹을 수도 있다. 따라서 어느 섬에 이처럼 개체군이 풍부하다고 가정하면 거기에서 살아가는 생명체들은 안정될 테고 멸종의 위험도 없다.

이것은 복잡성-안정성 이론의 중요한 부분으로 이해하기 쉬운 개념이다. 오직 이상하고 종잡을 수 없는 측면이 하나 있는데 그것은 바로 복잡한 것이 안정적이라는 주장이다. 이 주장은 동식물연구가들에게 깊은 호소력을 지닌다. 복잡한 자연이 잘 작동하고 있다는 직관적인 생각과 딱 맞아떨어지기 때문이다. 우리는 거대식물 군계들이 저마다 세력권을 나란히 한 채 독립체를 이룬 모습을 볼 때면 그런 인상을 받았다. 또한 식물 사회를 공동의 질서를 유지하기 위해 상호작용하는 진정한 종들의 군집들로 탐구함으로써 같은 생각에 이르렀다. 극상 군계를 이루기 전의 하위 단계인 식물 천이 군집들에 대한 개념도 마찬가지였다. 이 개념은 모든 생명체의 수를 조절하는 것으로 되어 있는 포식동물이 자연의 균형을 좌우한다는 생각—거미는 '파리'를 잡아먹기 때문에 '좋은' 곤충이고, 늑대는 '먹이동물'을 잡아먹기 때문에 '나쁜' 동물이다—속에 매우 강력하게 자리 잡고 있다.

하지만 복잡성-안정성 이론이 중요해진 것은 오직 그 이론이 수학, 그것도 만족스러울 정도로 훌륭한 수학에 확실한 토대를 둔다고 주장한 현대 생태학에 이르러서다. 그런데 그 훌륭함이라는 것이 우리가 걸려든 올가미일지도 모르겠다. 수학은 생태학자들이 수학의 언명이라고 여기게 된 말을 결코 한 일이 없기 때문이다. 벨시스템(Bell System)연구소(오늘날의 벨연구소—옮긴이)의 공학자들은 수학적 모형을 세우고 수치 계산을 했다. 그들은 말할 것도 없이 메시지가 전달되는 복잡한 정보수송 채널 네트워크에 관심이 있었으며, 자신들이 고안한 수학을 '정보이론(information theory)'이라고 불렀다. 이 이론은 네트워크에서의 채널 복잡성을 나타내는 척도, 즉 저자들의 이름을 딴 '섀넌-위너 정보척도(Shannon-Wiener information measure)'를 제공한다. 수학은 또한 그 척도와 정보채널 용량 간의 관계를 다룬다. 만약 어느 무심한 독자가 그것을 보고 생물학과 거의 관련이 없는 듯한 인상을 받는다면 그는 꽤나 분별력이 있는 셈이다.

벨'시스템'(Bell 'System')에서 생태'계'(eco'system')로 넘어가기 위해서 우리는 먼저 섀넌-위너 척도를 써서 한 생물 군집의 종 다양성을 기술하고, 그런 다음 두 시스템을 비교하며 둘을 직관적으로 견주어보는 위험한 비유를 실컷 하게 된다. 첫 단계인 그 척도의 사용은, 그것이 생태계를 묘사할 때 우리가 흔히 겪는 어려움을 다루고 있다는 점에서 합리적이고 유용해 보인다. 그 척도는 우리를 끊임없이 괴롭히는 문제, 즉 흔한 종과 희귀한 종에 관한 문제, 흔함과 희귀함을 올바로 정의하는 문제를 푸는 데 도움을 준다. 하나의 군집에 속한 모든 종을 목록으로 정리하고, 식물사회학자들이 하듯이 두 군집의 종 목록을 비교해보는 것은 어렵지 않은 일이다. 그런데 두 군집이 동일 종으로 이루어져 있지만 구성 비율이 다른 것으로 드러난다면 어떻게 될까? 분명 두 군집과 그들을 지지해주는 생태계는 다를 것이다. 우리는 두 군집이 '종 풍부도(species richness)'는 같지만 '종 다양성(species diversity)'은 다르다고 말한다. 영어를 사랑하는 사람이라면 '다양성'이라는 용어에 담긴 미묘한 의미를 간파할 수 있을 것이다.

우리는 섀넌-위너 공식을 종 구성의 다양성을 측정하는 데 사용한다. 그 공식을 통해 종 풍부도와 종 흔함에 관한 추정치를 하나의 척도로 정량화할 수 있기 때문이다. 어느 경우에 어떤 방식으로 그 척도를 적용할 것인지에 관한 방대한 생태학 문헌이 나와 있으며, 생태학은 그 문헌들을 통해 상당한 이득을 보았다. 하지만 잘못이 시작된 곳이 바로 이 지점이다. 종 다양성의 척도가 또한 복잡성의 척도가 되어야 했기 때문이다. 본래의 정보이론은 대체 가능한 정보채널의 배열(다양성)과 함께 정보흐름의 채널 용량에 대한 척도를 제공했는데, 이는 곧 정보흐름의 안정성에 대한 척도가 되었다. 만약 그 척도가 메시지 채널 시스템에서 그렇듯이 복잡성과 안정성을 동시에 기술해준다면, 우리는 슬그머니 이렇게 생각하고 싶어진다. 섀넌-위너 척도는 생태계에 적용될 경우 그 시스템의 복잡성과 안정성을 측정해줄 수 있으리라고 말이다. 이것이 바로 우리가 올가미에 걸려든 이유다. 우리는 다른 학문 분야에서 빌려온 척도를 써서 생태계의 다양성을 기술한다. 그리고 그 척도가 다른 학문 분야에서 다루는 현상의 안정성도 기술해준다는 것을 알아차린다. 그러니만큼 그 척도가 우리가 주목하는 현상의 안정성을 기술해준다고 주장하고픈 유혹에 빠진다. 하지만 그 현상들은 결코 동일하지 않다. 벨시스템의 척도가 생태계에도 고스란히 적용되리라고 보는 것은 어디까지나 우리의 추정일 뿐이다.

1950년대 말 생태학자들은 불현듯 벨시스템연구소의 연구원들이 물리적 시스템에서 복잡성과 안정성을 직접 연관 짓는 것처럼 보이는 이론을 정립했음을 깨달았다. 생태학자들은 '시스템'에 관해 고심하고 있었고, 사실상 학생들에게 '생태계(ecosystem)'가 연구 단위라고 열심히 가르쳤다. 우아한 수학으로 무장한 시스템 이론가들은 자신들의 이론이 복잡계〔(complex systems(생태계?)〕의 안정성을 설명해준다고 주장했다. 이것이야말로 생태학자들이 늘 기대해온 바가 아니던가. 식물학자들이 한때 '군계'니 '군총'이니 하고 불렀으며 탠슬리가 '생태계'의 일부로 간주해야 한다고 주장했던 더없이 다양한 군집들은 바로 그 복잡성이 안정성을 담보해주기 때문에 존속할 수 있었던 것이다.

자연사 문헌에는 이런 견해를 지지하는 수많은 일화가 담겨 있다. 한편 우리에게는 지상의 그 어느 장소보다 더 많은 종을 보유한 생물학적으로 풍부한 적도 분지의 열대우림이 있다. 열대우림은 방대한 복잡성을 자랑하는 군집들이고, 우리는 그곳을 오랜 세월 무사평온하고 한결같은 상태를 유지해왔으며 시간이 흘러도 변함없는 생태계로 간주했다. 다른 한편 우리에게는 종이 거의 없는 북극 툰드라도 있다. 모피 무역상들의 기록에 따르면 동물의 개체 수가 크게 오르내렸음을 알 수 있는 곳이다. 또한 그들의 기록에는 나그네쥐가 이따금 바다로 뛰어든다는 이야기도 실려 있다. 이론이 예측한 바와 같이 복잡한 장소는 안정적이고 단순한 장소는 불안정했다.

그 이론의 성공을 훨씬 더 강력하게 보여주는 것은 그것이 농부들에게 잘 알려진 어려움을 기술하는 데 유용했다는 점이다. 서구 농업은 복잡한 야생 환경을 개간한 뒤 단일작물로 대체하는 식으로 이루어지고 있다. 우리는 과거에 복잡한 종 목록을 보유한 낙엽수 숲이나 초원이던 곳에 단일경작을 실시했다. 드넓은 공간을 독차지한 단 하나의 식물에 잡초라는 형태로 소수의 군식구가 더부살이를 하는 형태다. 이렇게 되면 과거에 시스템이 복잡하던 곳에 극단적인 단순성을 만들어내고 있는 셈이다. 정보이론은 농부가 구축한 새로운 생태계는 불안정하리라고 예측한다. 과연 농업이 이루어지는 들판은 무수한 잡초와 곤충에 시달리고 있다. 마치 생태학이 내린 판결 같았다.

하지만 이런 일화를 좀더 면밀히 들여다보면 그다지 명쾌하지가 않다는 것을 알 수 있다. 북극지역에서 관찰되는 동물 개체 수의 불안정성은 분명 극도로 불안정한 기후와 모종의 관련이 있어 보인다. 실제로 우리는 북극의 변덕스러운 일기를 그 지역에서 식물의 성장이 위축되는 이유로 든다. 북극지방에서는 종의 멸종이 너무 빨라서 종 목록이 길어질 수 없다(16장)고 주장하면서 말이다. 그리고 우리는 적도지방 숲에 서식하는 종 목록이 풍부한 것을 적도 저지대의 기후가 매우 안정되어서 멸종이 드물고 점점 더 많은 종이 생겨난다는 사실 덕으로 설명한다. 그런데 이것은 우리를 닭이 먼저냐 달걀이 먼저냐의 딜레마에 빠뜨린다. 긴 종 목록이 생명체의 안정성을 촉진하는가, 아니면 기후가 안정된 장소에서의 삶이 긴 종 목록을 촉진하는가?

이 질문과 더불어 우리가 적도지방 숲의 생명체가 안정적이라는 사실을 진정으로 확신하지는 못한다는 것도 문제다. 오늘날의 생물학자들이 적도지방에서 거의 살고 있지 않으므로 그곳과 관련해서는 데이터가 극히 부족하다. 서구 문명도, 그 문명의 일원인 생물학자들도 북반구의 중턱에 해당하는 좁은 위도상의 산물이다. 우리는 북쪽에서 일어나는 일에 대해서는 진지하게 관심을 기울인다. 모피를 얻기 위해 북극 동물을 사냥하기 때문이다. 우리가 설치한 북극 기지의 연구자들은 그간 자신들이 관찰한 것을 꾸준히 보고해왔다. 뭔가 낯선 것을 발견하면 더욱더 적극적으로 알렸다. 하지만 우리는 열대우림에 관한 뉴스는 그보다 훨씬 덜 알고 있다. 그뿐만 아니라 열대지방의 작은 동물들을 체계적으로 수집하는 일에 대해서는 상업적 관심도 없다. 자이르(Zaire)강 가나 보르네오에 생쥐나 원숭이 떼가 살고 있다 해도 그들에 관해 〈타임스(Times)〉지에 글을 써줄 해당 지역 거주 학자들이 없기 때문이다.

그러던 상황이 이제 달라지기 시작했다. 최근에 북극지방을 오랫동안 경험한 한 과학자가 일을 하기 위해 파나마에 정착했고 어느 과학저널에 글을 썼다. 그는 그 글에서 전에 북극지방에서 오랫동안 살았을 때 본 것과 같은 정도의 설치류를 파나마에서 사는 4년간 보았다고 보고했다. 나는 최근 에콰도르의 열대우림 위를 저공비행하면서 아래를 내려다볼 기회가 있었는데, 이파리를 몽땅 떨군 나무들이 군데군데 흩어져 있었다. 이파리가 모두 떨어져나간 것은 아마도 그 나무를 먹고 사는 유충에서 개체군 사건이 일어난 결과이리라. 나는 몇 년 전 나이지리아에서도 같은 유의 현상을 관찰했다. 그 지역 열대우림에서 나뭇잎이 몽땅 떨어져나간 한 종의 나무가 갑자기 눈에 확 들어왔다. 유충 떼가 그 나무의 이파리를 완전히 고사시킨 것이다.

두 이야기는 그저 일화에 지나지 않는다. 하지만 북극에서의 생명체 수가 오르내리는 사례들 역시 마찬가지다. 어느 쪽도 안정성을 보여주지는 못하며, 그저 개별 종의 수가 큰 폭으로 달라지는 현상을 말해줄 따름이다. 중요한 점은 우리가 식물 성장이 부진한 북극에서의 개체군 사건과 수많은 종이 살아가는 적도지방에서의 그 비슷한 사건을 견주어볼 수 있게 되었다는 것이다. 상이한 기후에서 비롯된 주원인을 제대로 파악하지 못한 상태에서 위도 간 단순 비교를 통해 복잡성-안정성 이론을 뒷받침할 수는 없다.

좀더 면밀히 들여다보면 농업과 관련한 논지는 한층 더 허술하다. 기본적으로 그 논지는 농부들이 만들어낸 것과 같은 지극히 단순한 시스템은 좀처럼 제대로 작동하지 않는다는 주장이었다. 단일경작을 하는 밭은 내가 처음 소개한 모델, 즉 토끼와 여우만 살고 있는 섬과 흡사하다. 작물은 토끼 역할을 하고 농부 자신 혹은 그가 키운 해충들은 여우 역할을 한다. 그 시스템은 극도로 불안정할 테고 이는 농사가 잘되지 않으리라는 것을 뜻한다. 그렇지만 서구형 농사는 잘만 되고 있다. 그것도 아주 잘 말이다. 농업 시스템이 훨씬 더 단순해진 지난 1만 년 동안 그래온 것처럼 작물도 농부도 한껏 번영을 구가하고 있다. 가히 안정성의 개가라 할 만하다.

단일경작을 하는 농부에게는 한 바구니에 달걀을 모두 담는 것 같은 곤란이 따른다. 하지만 이런 곤란은 엄밀하게 말해 복잡성-안정성 논의와 아무 상관이 없다. 단일경작 작물에 사고가 생기면 지역경제가 치명타를 입을 가능성이 있지만, 이것은 어디까지나 경제적 리스크를 분산시키지 않은 결과이지 그 작물종의 운명 자체를 말해주는 것은 아니다. 아마도 그 작물의 운명은 단순한 군집의 시스템 속성과는 거의 아무 관계가 없다고 해야 옳을 것이다. 열대지방에서와 마찬가지로 북극지방도 불안정하지 않다면(따라서 이것은 날씨의 불안정성으로 설명할 수가 없다), 그 이론을 지지하는 데 사용할 만한 생물학적 관찰 결과는 없다. 이것은 과거의 동식물연구가들이 식물 사회, 즉 생태 천이에는 자기조직력이 있다면서 자연조직에 가졌던 믿음을 되풀이하는 데 지나지 않는다.

정보이론 자체는 분명 유효하다. 시스템은 정보나 에너지의 흐름에 쓰이는 대안적 채널을 제공하는 교차하는 일련의 길들을 통해 기능하는데, 그 시스템은 교차로가 많으면 많을수록 더 안정적이다. 이 이론을 생물학에 적용하는 데 따른 심각한 잘못은 바로 먹이사슬에 속한 동식물이 필연적으로 교차로 역할을 한다고 보는 데 있다.

진짜 동식물은 스스로가 '정보' 같은 중요한 형태나 '먹이'라 불리는 에너지를 전달하는 채널처럼 굴지 않는다. 그들이 활동하는 것은 외려 먹이가 움직이지 못하도록 막기 위해서다. 군집에 속한 모든 종의 개체는 먹이를 확보하고 다른 개체들이 그것을 빼앗아가지 못하게 하려고 분주히 움직인다. 정보이론에서는 먹이그물과 관련하여 각 개체들을 교차로에서 먹이를 자유롭게 건네주는 채널로 묘사한다. 하지만 진짜 개체들은 실제로 먹이가 어렵게 지나는 길을 차단하는 방어벽 구실을 한다. 그 모델이 비현실적일뿐더러 터무니없게 되는 이유다.

생태계라는 개념은 아름답고, 모든 생명체 종의 작용과 서식지에서의 물리적 과정이 어떻게 그들의 운명에 영향을 끼치는지에 관해 우리가 이해하는 바를 잘 표현해준다. 하지만 우리는 정보이론적 시스템 비유를 너무 무리하게 끼워 맞춘다. 정보이론은 동식물이 실제로 하지 않는 방식으로 행동할 것을 요구한다. 게다가 포식동물의 능률에 지나치게 의존한다. 포식동물이 아주 단순한 방식으로 먹이동물을 조절하리라고 기대할 뿐 아니라 어떻게든 수가 많아진 사냥감동물을 그게 무엇이 되었든 간에 무섭게 먹어치우도록 취향의 폭이 넓기를 기대하는 것이다. 하지만 진짜 포식동물은 그런 식으로 행동하지 않는다(14장)는 것을 지금 우리는 알고 있다.

대부분의 사냥동물은 말벌이나 딱정벌레 같은 작은 곤충이며, 그들은 특정 먹이종을 사냥하도록 고도로 프로그램화되어 있다. 그들은 정보이론이 요구하듯이 이 먹이에서 저 먹이로 관심을 바꾸지 않는다. 열대우림에서 숨바꼭질 같은 게릴라전을 펼치는 어느 말벌종과 유충종은 실은 내가 상상한 황량한 섬의 여우와 토끼처럼 철저히 혼자다. 이웃의 존재에 힘입어 안정성을 획득하지 않는다. 오직 모이고 흩어지기, 먹이를 찾아서 먹어치우기 같은 논리에 의해 삶을 이어갈 따름이다. 그들은 제가 속한 군집이 어떤 것이든 간에 똑같이 행동한다.

식물을 먹고 사는 초식동물의 경우도 실상은 마찬가지다. 각 초식동물은 한 식물종, 혹은 몇 개의 식물종만 먹는 것으로 특화되어 있다. 따라서 정보이론이 요구하는 대체 가능한 채널들로 이루어진 시스템은 존재하지 않는다. 단 하나의 식물종에게 생존을 완전히 의탁하는 작은 곤충 사냥꾼들이 가장 비근한 예다. 열대지방의 다양한 종은 대부분 곤충과 그들이 먹고 사는 식물들로 구성되어 있다. 그런데 실제 군집에서는 그 동식물이 생의 상당 부분 동안 다른 종들로 이루어진 이웃과 교류하지 않은 채 고립 생활을 한다. 그 결과는 정보이론 모형이 요구하는 국지전을 통한 끊임없는 사멸이 아니라 배제법칙이 말해주는 평화로운 공존이다.

최근에는 수리생태학자들이 이 생물학적 주제를 주도하게 되었다. 우리는 지금껏 전화 네트워크—즉 자유롭게 흐르는 피드백 루프를 제공하는 단순화한 물리적 시스템—에 적합한 수학을 생태계에 적용해온 결과 커다란 오류를 범했다. 하지만 이제는 시스템의 각 단위가 동물이 행동하는 것과 같은 방식으로 움직인다는 가정 아래 첫 시스템 모델을 개발하고 있다. 이 모델에서는 한 사건과 또 다른 사건 간의 피드백이 저항에 부딪치거나 지연된다. 또한 종 목록의 복잡성과 개체군 삶의 안정성 간 관련성도 그렇게 단순하지 않다. 실제로 일반적인 결론은 그와 정반대다. 이 모델 가운데 일부에서 만약 복잡한 '군집'을 교란하면 그 결과는 안정성이 아니라 스트레스의 강화요 더 많은 종에서의 불안정성 증가에 따른 도미노 효과다. 실제로 복잡한 군집 전체에 충격을 가하면 애초의 변동이 증폭되는 공명현상이 나타나기도 한다.

따라서 복잡한 군집은 단순한 군집보다 더 안정적이라는 주장은 아무 근거가 없다. 그저 동식물연구가들의 희망 섞인 생각의 반영이자 그들 자신이 제대로 알지도 못하는 수학에 의해 증폭된 주장일 뿐이다. 이것은 사람들이 진짜 문제로부터 주의를 딴 데로 돌리게 만드는 식의 해악을 끼쳤다. 이 주장은 이를테면 알래스카 송유관 관련 논쟁에서도 북극 생태계는 '취약하다(fragile)'〔주지하듯이 그 생태계는 단순하다(simple)〕는 식의 언급을 통해 드러났다. 하지만 이것은 어불성설이다. 북극에서 살아가는 동식물은 자신의 전 생애와 진화적 경험을 송유관이니 도로 따위보다 훨씬 더 막강한 적들과 싸우는 데 투자한다. 그들의 개체 수가 널을 뛰는 것은 자기 생의 전반에서 매우 정상적인 조건이며, 그들 모두는 석유를 갈구하는 인간보다 더 오래 버틸 것이다. 나는 두 가지 이유에서 알래스카 송유관이 미국의 유산에 재앙이라고 생각한다. 하나는 마지막 남은 황무지의 미관을 해치기 때문이고, 다른 하나는 연료 저장고를 계속해서 잘못 쓰도록 촉구하기 때문이다. 나는 그 일이 중단되기를 진심으로 바란다. 그렇지만 알래스카 송유관이 취약한 생태계에 해를 끼친다는 주장은 옳지 않다. 미래를 위해 훨씬 더 심각한 사태는 아마존 횡단 고속도로의 건설일 것이다. 고속도로가 닦이면 충격에 익숙지 않은, 풍부한 다양성을 자랑하는 열대종들이 인간 활동에 충격을 받아 상당수가 영영 사라지고 말 것이기 때문이다.

하나의 생태계에서 살아가는 수많은 종은 스스로 개체 수 안정성에 이르지는 못한다. 그렇다기보다 기후의 안정성이 수많은 종을 구성하도록 이끌어준다. 이것이 가장 중요한 사태의 진상이다.

그렇다면 우리를 둘러싼 자연 속에서 보게 되는 균형의 원인은 무엇인가? 수많은 상이한 것들이 생명의 연속성을 보존하기 위해 공동으로 작용하고 있으며, 이것이 바로 우리가 균형이라는 표현을 통해 담아내려는 바다. 하지만 그중 가장 중요한 것은 모든 종은 자신을 지속시키는 생존전략으로 무장하고 있다는 사실이다. 숲의 극상 수목은 땅 차지하기, 장수하기, 어미의 보호 아래 새끼 기르기 같은 전략을 구사한다. 허리케인이 덮치거나 전염병이 창궐하여 극상 수목을 대체하려면 수 세대가 걸린다. 하지만 허리케인도 전염병도 그리 흔한 일은 아니다. 그리고 진짜 극상 수목 사이에는 천이에 의해 채워지는 구멍이랄 수 있는 패치들이 있지만, 그런 장소에서조차 변화는 한량없이 더디다. 실제로 숲은 영원히 같은 모습으로 지속되지 않음에도 불구하고 인간의 눈에는 수 세대가 지나도 늘 변함없는 모습으로 비치는 것이다.

잡초 식물은 등장했다가 사라지면서 끊임없이 부침을 거듭하지만, 기회주의적인 전략을 구사함으로써 낡은 세대가 부모의 자리에서 쫓겨나는 것과 같은 빠른 속도로 새로운 장소에서 새로운 세대를 키워낼 수 있다. 우리는 언제나 잡초의 오고감을 관찰하며 그 군집에서 일반적인 균형의 일면을 본다. 초식동물은 먹이식물을 먹고 이동하지만, 그들이 깨끗하게 먹어치운 땅은 즉각 다른 식물들로 대체된다. 그 땅에도 변함없이 태양에너지가 공급되고 있기 때문이다. 식물과 그들을 박해하는 초식동물은 끊임없이 '의자에 먼저 앉기 놀이(musical chair)'를 이어간다. 우리는 그 결과를 균형이라 여긴다.

곤충 포식동물, 그리고 다른 작은 사냥꾼 무리는 여기저기 흩어져 있는 돌아다니는 자신들의 먹잇감과 찾아서 죽이기, 숨바꼭질 같은 게임을 벌이고 있다. 이 역시 우리가 '균형'이라 일컫는 영속에 관해 말해준다. 더 큰 포식동물은 늙고 병든 존재를 사냥함으로써 스스로를 유지한다. 그들은 오래 살고 겨울에 살아남아야 하므로 희귀해야 마땅하다. 그들의 수가 너무 많아지면 궁핍으로 인한 죽음을 겪게 된다. 이 역시 일반적인 균형에 기여하며, 한정적인 자원을 두고 벌이는 싸움에 의해 결정되는 '이빨과 발톱에 의한 균형' 모델에 좀더 가까이 다가가도록 해준다. 거대 사냥동물이 먹이동물의 새끼를 죽이는 활동 역시 마찬가지로, 먹이동물의 수를 억제함으로써 결국 자신들이 의존하게 되는 늙거나 병든 개체의 공급에 제약을 가한다.

새를 비롯한 수많은 척추동물 또한 복잡한 행동 패턴을 보인다. 이 모든 행동 패턴은 새끼를 기르고 위험을 피해 살아남는 데 꼭 필요한 것으로 그들의 개체 수에 영향을 끼친다. 먹이, 부모의 연대, 교미 따위에 이득을 제공하는 세력권 주장 습성은 언제나 개체 수의 상한선을 제한할 가능성이 있다. 모든 사회적 동물의 위계구조도 마찬가지다. 이 가운데 아무것도 번식을 제한함으로써 '균형'을 촉진하고자 진화한 것은 없지만, 하나같이 그와 같은 효과를 낳는 경향이 있다. 이런 습성이 의미하는 바는, 동식물연구가들이 관찰한 행동들 가운데 유독 눈에 띄는 행동은 대부분 매년 동일하다는 것이다. 우리는 자연에서는 균형이 보편적이라는 느낌을 받지만, 이는 사실 초식 곤충이나 맵시벌(ichneumon wasp) 혹은 거미에 주목했다면 그렇게 강력하지는 않았을 느낌이다.

자연의 균형은 매년 대대적인 파괴를 포함한다는 것도 사실이다. 왜냐하면 모든 종이 한껏 번식에 매진하고 있기 때문이다. 하지만 이런 자연적인 파괴는 주로 알이나 새끼 단계에서 이루어진다. 딱정벌레는 거의 모든 도토리에 구멍을 판다. 깃털에 붙어 바람에 실려 떠다니는 민들레 홀씨는 주로 돌이 많은 땅에 떨어진다. 사냥하는 말벌은 자라는 유충을 잡아먹는다. 한 살배기 동물은 혹독한 겨울을 이기고 살아남지 못한다. 거기에다 자연에서도 먹이가 충분한 실험실에서도 언제나 일어날 수 있듯이, 지나친 과밀로 몹시 힘든 시기에는 늙은 개체들이 때 이른 죽음을 맞기도 하고 알·배아·새끼가 굶어 죽기도 한다. 진짜 세계에서는 새끼를 기르는 것이 무척이나 버거운 일이다. 끝내 굴복하고 마는 것은 제대로 만들어지지 않았거나 미완성인 동식물이다. 어느 면에서 자연은 나중에 이빨과 발톱에 의해 대량 살상하는 방식보다 낙태를 더 선호하는 것 같다.

18

인간의 자리

인간은 번식 전략을 수정하지 않은 채 자신들의 생태적 지위를 바꾸는 법을 터득한 동물이다.

인류 역사의 대부분은 빙하기에 이루어졌다. 전 세계의 기후가 북쪽에서 아래로 밀고 내려오는 빙하의 진전과 퇴각에 맞추어 변화하던 때다. 인간종이 겪은 긴 마지막 평화기는 최종 빙하기였다. 빙하가 사라지고 나서 흘러간 1만여 년보다 지속 기간이 좀더 긴 시기였다. 우리는 당시 세계 전역에 흩어져 살아갔다. 열대지방의 숲과 사바나에서, 지금의 온대 유럽이나 아메리카의 숲과 비슷한 얼음에 좀더 가까운 숲에서, 그리고 북유럽, 러시아, 시베리아, 지금은 베링해 아래 잠긴 육지의 평원을 뒤덮은 건조한 스텝-툰드라에서다. 당시 인간은 수렵채집 생활을 했다. 어느 때는 한 동식물종을 더 많이, 또 어느 때는 다른 동식물종을 더 많이 말이다.

인간은 사냥을 하던 시절에는 마치 오늘날의 최상위 포식자인 호랑이나 늑대처럼 살았다. 아마 오늘날의 늑대와 마찬가지로 흔히 늙거나 병들었거나 어린 동물을 잡았을 것이다. 하지만 무기가 더 나았던 덕에 늑대보다 더 많은 사냥감동물을 죽였을 것이다. 석촉을 단 창은 호랑이의 이빨보다 더한층 신속하게 사냥감동물을 쓰러뜨릴 수 있었다. 인간은 지능적인 공격 계획을 세우고 더 치명적인 덫을 놓음으로써 허약한 사냥감뿐 아니라 한창때의 사냥감도 손에 넣었다. 좌우지간 인간은 빙하기의 최상위 포식자로 군림하면서 먹이사슬의 맨 꼭대기에서 활동적이고 정력적인 삶을 구가했다. 따라서 우리 인간 역시 사자와 대백상어가 희귀한 것과 마찬가지 이유로 그 수가 희소했다.

인간은 채집을 할 때면 마치 곰처럼 살았다. 그러니까 과일·견과류·유충을 채집하고, 부업으로 사냥을 통해 얼마간의 고기를 얻은 것이다. 인간은 곰이 흔히 그렇듯이 가족 단위로 돌아다녔지만, 자원을 배급하고 여행을 계획하고 좀더 곤궁한 계절에 대비해 식량을 저장하는 식으로 곰보다는 나은 삶을 꾸려갔을 것이다. 가족 내에서는 노동 분업도 이루어진 듯하다. 자녀를 돌보느라 움직이기 어려운 여성은 상당 시간을 채집에 사용했고, 남성은 좀더 멀리까지 먹이사냥을 떠나고 좀더 큰 먹이를 사냥했다. 하지만 인간 역시 곰과 같은 종류의 자원을 사용했으며, 그에 따라 곰과 마찬가지로 그 수가 적었다.

결국 우리 인간은 호랑이나 곰과 다를 바 없는 먹이 급원을 획득하는 생태적 지위 속에서 살아갔다. 하지만 그 생태적 지위에는 이미 오늘날의 우리에게서 볼 수 있는 인간 고유의 특징도 다수 포함되어 있었다. 우리는 옷을 지어 입었고 그 일에 꽤나 능란했다. 마지막 빙하기 동안 북극 툰드라에서 살아간 사람들이 있었는데 그들로서는 생존을 위해 의복이 필수였다. 먼 옛날 평화로운 시기에 살아가던 우리 선조들은 필요하다면 장화며 장갑, 파카 같은 것도 만들어 사용했다. 또한 인간은 가옥을 짓고 그 안에서 살았다. 그저 동굴에 지나지 않거나 동물의 갈빗대와 가죽, 나뭇가지, 뗏장 등으로 엉성하게 지은 움집이라 해도 말이다. 인간은 큰 사냥감을 사냥하기 위해 사회적 삶을 추구했다. 죽은 고기를 주워오는 시기에는 서로 흩어졌다가 기나긴 겨울을 날 때면 다시 비좁은 숙소에 모여들었다. 인간은 지금도 여전히 떨쳐버릴 수 없는 개와의 연관성을 그때 이미 맺은 듯하다. 이 모든 것들로 해서 오늘날의 호랑이나 곰과 같은 먹이를 구했던 인간은 이미 현생인류로 달라져 있었다. 자연선택은 우리 인간을 바로 그렇게 살도록 주조해주었다.

인간이 수천 년간 지리적으로 고립되어 있는 동안 자연선택은 지리에 따른 인종과 종족을 만들어내기 시작했다. 인종과 종족 가운데 일부에서는 피부색이 달라졌다. 하지만 그들은 결코 서로 확연하게 구분되지 않았다. 그들에게는 새로운 종이 생길 때 형질치환의 기초인 중요한 생태적 지위 변수에서의 의미심장한 변화가 드러나지 않았다. 역사적 사건들과 이주로 인해 지리적 인종들이 재합류하게 되었을 때 자연선택은 그들 중 아무것도 선택하지 않았다. 아시아 동고비들의 경우에서처럼 말이다. 인종들은 중요한 모든 면에서 기본적으로 너무나 비슷했으므로 서로 만나는 곳에서는 어디서든 자유롭게 상호교배가 가능했으며 유전자를 섞을 수 있었다. 자연선택은 인종들이 만나는 곳에서는 극단적인 개체들을 선택하고 어중간한 개체들을 배제하는 방식을 취하지 않았다. 그들 모두가 인간의 생태적 지위를 누리는 데서 동등한 능력을 보여주었기 때문이다.

모든 거대하고 사나운 동물이 희귀하듯이 인간종 역시 희귀했다. 하지만 다른 크고 사나운 동물들과 마찬가지로 인간종도 가능한 한 최대의 새끼를 기르게끔 보장해주는 번식 전략을 구사했다. 인간은 여러 번식 전략들 가운데 가장 효율적인 것, 즉 '큰 새끼 전략'을 따르도록 되어 있었는데, 그 전략을 가장 극단적인 형태로 구현했다. 인간 새끼들은 처음에는 철저히 무력하지만 부모가 놀라울 정도로 긴 세월인 무려 10~15년 동안이나 양육한다. 심지어 그렇게 했는데도 새끼들은 완전히 성숙한 성체가 아니다. 여전히 몇 년 정도 불안한 시기를 더 거치고서야 비로소 성공적인 부모가 될 채비를 마치고 새끼 양육이라는 힘겨운 의무를 받아들일 수 있게 된다.

이런 번식 전략은 원가 계산이 매우 잘되어야 비로소 성공할 수 있다. 모든 남녀의 야심은 신중하게 프로그램화되는 게 분명한지라 그들은 자신의 지역적 환경에 알맞은 규모의 가족으로 출발한다. 가족계획 단계에서의 실수는 자연선택에 의해 인정사정없는 벌을 받게 되기 때문이다. 금욕적이라서 실제로 기를 수 있는 역량보다 더 적은 수의 자녀를 둔 부부는 좀더 야심 찬 부부보다 후대에 대한 기여도가 낮아진다. 만약 그들의 소수 자녀, 그 자녀들의 자녀도 마찬가지로 금욕적이라면 그 가문은 서서히 종적을 감출 것이다. 따라서 자연선택은 우리 조상들이 자기 능력보다 더 적은 규모의 가족을 가지도록 허락하지는 않았을 것이다.

하지만 가족 크기가 지나치게 커지는 것은 훨씬 더 파괴적이다. 험악한 겨울철에 가족의 자원이 크게 부족해져서 자녀들이 몽땅 숨지게 되기 때문이다. 따라서 인간은 최적의 자녀 수를 신중하고 정확하게 선택했을 것이다. 이 점은 '큰 새끼 전략'(2장)을 따르는 모든 종에게 요구되며, 인간 부부는 늘 스스로 감당할 수 있는 자녀 수를 꽤나 정확하게 평가할 수 있어야 했다. 인간 조상들은 왕성한 동물적 욕구, 배가 꽉 차거나 살이 찐 느낌 따위를 통해 자녀 수 선택에 다소 도움을 받았다. 영양상태가 양호한 여성은 단백질이 결핍된 여성보다 좀더 젊은 나이에 번식할 수 있는 조건을 갖추었다. 그리고 태아를 성공적으로 정상 출산하는 것은 언제나 어미의 복지에 좌우되는 것 같다. 이런 메커니즘은 세계의 가난한 지역에서 아직까지도 영향을 미치고 있다. 하지만 인간은 적절한 가족 규모를 보장하기 위해 이보다 더 나은 시스템을 필요로 했고 실제로 그것을 제공받을 수 있었다.

인간은 다름 아닌 지능을 써서 자기 가족 수를 선택했다. 인간이 거쳐야 하는 청소년기라는 준비기가 워낙 길다 보니 합리적인 선택을 하지 않을 도리가 없었다. 한 자녀에 대한 투자가 적합했는지 여부가 판가름 나기까지는 장장 20년이 필요하기 때문이다. 다윈적 번식 전략을 구사함에 있어 인간은 언제나 미래에 대해 깊이 고심했다. 더러는 그들의 추론을 뒷받침하는 논거가 분명하고도 직접적이었다. 어느 해 겨울 식량이 모자라서 자녀들이 모두 굶어 죽은 이웃의 사례, 소수의 자녀만 돌보는 식으로 성공을 거둔 이웃의 사례를 반면교사로 삼은 것이다. 또 더러는 사람들이 그냥 옛날 사람들이 하라는 대로 가족 문제를 챙기기도 했다. 인간 특유의 것으로 타인의 경험에 기초해 지혜를 획득하는 지성적인 방법이다. 나는 지능을 가진 데 따른 가장 강력한 선택적 이점은 인간이 그것을 써서 번식 메커니즘을 정교하게 조절할 수 있게 된 것이라고 본다. 지능이 진화한 것은 무엇보다 그 운 좋은 보유자가 가족 규모를 조절하고 번식에 힘쓰도록 북돋우기 위해서였을 것이다.

인간 암컷, 즉 여성은 매달 배란을 하며, 인간 수컷, 즉 남성은, 시인들이야 봄의 연인들에 대해 노래하곤 하지만, 번식의 계절이 따로 없다 싶은 성욕을 지녔다. 그 같은 인간의 독특한 성적 습성은 너무나 잦은 성관계로 이어졌을 테고 그로 인해 우리의 머나먼 선조들은 필시 원치 않는 자녀 문제로 골머리를 앓았을 것이다. 그런 환경에서 적정수를 결정하는 번식 전략을 펴나가려면 부득이 초과분을 제거하는 메커니즘이 필요하다. 인간이 한 일은 필요 이상의 새끼를 살해한 것이었다. 우리는 '영아살해(infanticide)'라고 부르는 이 같은 관행이 한때 널리 만연했음을 알고 있다. 영아살해가 필요하다고 판단한 지능과 마찬가지로 영아살해 자체도 인간에게만 고유한 특성이다. 이것은 인간의 출생률을 늘려놓는 놀라운 결과를 가져왔다. 재차 언급할 필요가 있을 정도로 무척이나 신기한 발상이다. 영아살해 습성은 인구 증가를 억제하는 게 아니라 도리어 인구성장률을 '증가'시킬 것으로 예상된다. 영아살해는 초과분의 새끼를 살해하는 것인데, 다른 새끼들을 살리기 위해 여분의 새끼를 살해함으로써 가뜩이나 모자란 자원을 빼앗기지 않겠다는 취지다. 이것은 인간의 성적 행동과 다윈적 번식 전략에 내재한 도태 메커니즘이다. 결국 영아살해는 적합성을 부여한다.

하지만 가족 수를 조절하기 위해 의식적으로 사용해온 영아살해는 흔히 영아사망 및 문화선택(cultural selection)—오래전 인간종이 진화 게임에 도입한 또 한 가지 새로운 기술—에 의해 수 세대 동안 전해 내려온 다른 생식 제약들보다는 중요성이 덜했던 것 같다.

인간 종족 혹은 부족들은 유전자를 이용하지 않고도 의식적인 학습을 통해 자기 습성을 한 세대에서 다음 세대로 전달한다. 전혀 새로운 능력이었다. 이것은 가장 많은 생존자를 남긴다는 순수한 다윈적 의미에서

본 가족의 성공은 유전자나 운명에 의해서뿐 아니라 학습 내용에 의해서도 좌우됨을 말해주었다. 관계가 긴밀한 집단에서 살아가는 사람들은 지혜로운 어른의 조언을 귀담아들을 것이고, 모든 집단은 저마다 고유한 행동양식, 즉 우리가 '문화'라고 부르는 것을 개발했다. 만약 어느 집단이 이웃 집단보다 자녀 양육에 더 알맞은 문화를 지녔다면, 그처럼 성공적인 문화권에서 교육받은 사람들은 그만 못한 문화권에서 훈련받은 사람들을 밀어낼 것이다. 이런 식으로 문화선택은 가장 많은 수의 자녀를 기르는데 적합한 문화를 가진 이들이 어느 지역을 독점하는 상황을 낳는다. 성공적인 문화는 특히 자녀 수 선택을 놓고 고심하는 모든 커플이 스스로가 과연 몇 명의 자녀를 감당할 수 있을지 판단하도록 도와준다.

이처럼 성공적인 특성을 얻기 위해 의도적으로 해야 하는 일이란 없다. 다시 말해 사람들은 그렇게 하도록 기대되기 때문에 그 일을 하는 것뿐이다. 모든 형태의 성적 터부는, 어느 가족이 위험할 정도로 규모가 커져서 영아살해(실제로 이 일을 저지르는 자들의 의도가 어떻든 간에)를 무릅쓰지 않도록 막아줄 수 있다면, 도움이 된다. 젊은 커플이 주술사나 노파가 하라는 대로 따르도록 충분한 영향을 미치기만 해도 족했다. 그들 스스로가 충족하고자 하는 신비로운 목적이 무엇이라고 생각했든지 간에 말이다. 그 특성이 가족 크기를 적정하게 유지하도록 만들어준다고 가정하면, 따라서 모든 커플이 저마다 진짜로 감당할 수 있는 자녀 수를 '선택'했다면, 문화선택이 그 특성을 보존하는 게 가능했을 것이다.

그렇게 완성된 번식 전략은 때로 너무 많은 자녀가 태어나도록 이끌기도 했다. 하지만 이 문제는 언제나 형편없는 건강 상태와 방치가 중첩적으로 영향을 미쳐서 그들의 상당수가 목숨을 잃음으로써 바로잡혔다.

사람들은 삶에서 경험하는 좀더 시시콜콜한 사건들에 유독 더 민감하다. 성장에 필요한 시간이 매우 길기 때문이다. 따라서 자기 서식지의 수용력(용량, 방정식에 관심이 있는 생태학자들이 말하는 이른바 *K*)을 넘어서는 여분의 새끼들을 점차 줄여나가는 것은 결코 어려운 일이 아니다. 이런 식의 솎아내기를 위해서는 피의 복수·부족 간 전쟁·사춘기 의례 같은 문화적으로 선택된 다른 특성들도 부수적으로 도움을 준다. 이 모든 것이 빙하기의 인간들로 하여금 수렵채집인이라는 생태적 지위에 더없이 잘 적응할 수 있도록 이끌어주었다. 아마 10만 년 동안 인간의 수는 오르내렸지만 오직 소폭으로만 그랬을 것이다.

약 9000년 전 인간은 사냥감동물을 사냥하는 대신 그들을 한데 모아 사육하는 방식을 터득했으며 다른 한편 농업을 창안했다. 동물을 가두어 기르자 다른 포식동물들이 그 사냥감동물에 접근할 기회가 사라져서 인간의 식량 자원이 크게 불어났다. 또한 이 같은 동물 사육 방식은 인간이 원하면 한창때의 혈기왕성한 동물도 죽일 수 있도록 했고 비효율적인 사냥 과정에 허비하는 에너지도 줄여주었다. 농업은 인간의 먹이 공급원을 한층 더 늘려놓았다. 농업의 도입으로 인간의 식물 섭취가 결국 엘턴 피라미드상의 영양 단계 전반을 넘나들게 되었기 때문이다. 그때부터는 우리 먹이사슬의 하단에 있는 식물이 제공하는 풍부한 에너지원을 이용할 수 있었다. 인간은 어떤 식물을 재배할 것인지 통제함으로써 지구 전체에서 가장 중요한 산물을 인간이 단독으로 사용하도록 해줄 도구를 손에 넣었다.

인간은 동물 사육과 농업을 실시함으로써 전혀 새로운 생태적 지위를 확보했다. 최초로 한 동물종(인간종—옮긴이)이 새로운 종으로 분화하지 않고도 새로운 생태적 지위를 얻게 된 것이다. 생명체의 역사에서 가장 중대한 사건이었다. 이것은 한 동물종이 다른 종들으로부터 식량을 취하는 식으로 자기 습성을 계속 변화시킬 수 있게 되었음을 뜻했다. 이 동물종은 새로운 생태적 지위를 획득하기 위해 예전 것을 버릴 때 아무 비용도 치르지 않을 것이다. 종 분화를 통해 생태적 지위를 변화시킬 때면 으레 지불해야 하는 비용 말이다. 인간은 다른 동물들의 생태적 지위를 지탱해주는 자원을 하나씩하나씩 빼앗아서 끊임없이 자신의 생태적 지위에 보탤 것이다.

인간을 다른 동물들과 구분하는 것이 지능 자체는 아니다. 인간은 10만 년 동안 지능을 발휘해왔지만, 나머지 동물들과 마찬가지로 정해진 장소에서 살았다. 그리고 평화로운 공존이라는 생태학적 규칙을 따랐다. 인간을 다른 모든 생명체와 구별 짓는 가장 결정적인 것은 자신의 생태적 지위를 맘대로 바꿀 수 있는 능력을 지녔다는 점이다. 이것은 인간이 러디어드 키플링(Rudyard Kipling: 《정글북》의 저자—옮긴이)의 말마따나 '법의 테두리 바깥(Without the Law)'에 있다는 의미다. 인간은 자신의 변화를 도모하면서 다른 종들을 제압했다. 인간은 9000년 전 처음으로 그 힘을 획득했다.

하지만 인간이 이처럼 중대한 변화를 이룩했을 때 옛 생태적 지위에서 오는 모든 제약에서 벗어난 것은 아니었다. 인간은 체격 면에서나 기질 면에서, 그리고 수많은 미묘한 욕망과 행동 유형을 통해 빙하기 때 떠돌아다니면서 먹이사냥을 하는 삶에 적응했다. 그런 것은 오늘날까지 남아 있다. 아이들은 사냥, 수집, 확보한 것 보존하기 같은 성년의 과업에 스스로를 대비시키는 놀이를 계속 고안해냈다. 인간은 지금껏 옷을 만들어 입고, 가옥에서 살고, 개와의 오랜 동맹관계를 유지해왔다. 인간은 꽤 나 엄격한 옛 생태적 지위의 틀 안에서 자신들을 안전하게 지켜준 보수성을 결코 버리지 않았다. 그런가 하면 끝까지 다윈적 번식 전략을 고수했다.

모든 인간 부부는 예전에도 그랬듯이 자신들이 감당할 수 있다고 생각하는 자녀의 수를 계속 늘려왔다. 그리고 주위 환경이 지원할 수 있는 자녀 수를 추정케 해주는 습관을 유지했다. 머잖아 과거에 간간이 있었던 역경 따위를 전혀 모르는 몇 세대가 배출되었다. 최악의 시절에도 울타리에 가축이 사육되고 창고에 곡물이 가득 재어져 있었던 만큼 과거의 억압적 관습을 지지하는 기성세대의 가르침에 대한 반발은 커졌다. 젊은 부부들이 선조들보다 더 많은 자녀를 건사할 수 있다고 느끼면서 터부 같은 인위적 제약이나 영아살해는 줄어들었다. 계획이 야심 찬 가족은 겨울에도 살아남을 가능성이 많았고, 생태적 지위를 변화시켜서 확보한 여분의 먹이 에너지는 유구한 진화적 방식으로 더 많은 새끼를 만드는 데 쓰이기 시작했다. 먹이를 얻도록 해준 변화들이 완전히 신기한 것임에도 불구하고 말이다. 인간의 인구는 기하급수적으로 늘기 시작해 오늘날과 같이 크게 불어났다.

인간은 풍요로워졌고 인구밀도가 높아졌으며 정착생활을 하기 시작했다. 그 결과 식량 생산을 조직화하고 식량을 제한 공급해야 했다. 안 그러면 정착생활하는 대가족을 더 이상 먹여 살릴 수 없었기 때문이다. 도시국가와 시장경제가 출현했는데, 이것은 인구가 조밀해진 데 따른 필연적인 결과였다. 인간은 식량을 비축하고 제한 공급하고 수입하는 식으로 좋은 계절뿐 아니라 나쁜 계절에도 수많은 인구를 먹여 살릴 수 있는 식량 급원을 확보했다. 《성경》은 인류 초기 시절을 설핏 보여준다. 우리는 그 책을 통해 고대 히브리인에 대해 알게 되었는데, 그들은 그제까지 인구가 희박하고 방랑생활을 하는 유목민이었다. 그들은 아이들을 배고픔에서 구해주고자 여행을 떠났다. '이집트에는 옥수수가 있었기 때문'이다. 그들이 찾아간 이집트는 곡물이 풍부하게 비축되어 있는 문명 국가였다.

도시국가에서는 지배자와 피지배자가 생기게 마련이다. 즉 조직하는 자들과 다음번에 제공될 먹거리를 그저 손 놓고 기다리는 데 만족하는 자들이다. 따라서 인간종에 속한 개체들은 저마다 상이한 수많은 생태적 지위를 차지하게 되었다. 상인·관료·성직자 등 조직하는 자들의 삶은 광범위하며 그들을 지탱해주는 생활권은 수많은 자원을 필요로 했다. 이 같은 지배자들이 확보한 생태적 지위는 넓었다. 하지만 대중에게는 식량 기르는 자원보다 약간 더 넓을 따름인 생활권을 요구하는 제한적인 생활방식만이 허용되었다. 피지배 대중의 생태적 지위는 옹색하기 이를 데 없었다.

사람들은 빈부격차를 고안해냈다. 어떤 이들은 생태적 지위를 달라지게 만드는 기술을 통해 자신의 야심을 경이로울 정도로 키워나갔다. 여가를 즐길 수 있는 이들은 예술을 창안하고 정신을 연마했으며 물리적으로 편안하게 살아갈 방도를 모색했다. 이 모든 것은 종 분화 없이도 생활방식을 바꿔주는 희한한 기술이 빚어낸 직접적인 결과였다. 이 억세게 운 좋은 사람들은 과거 빙하기 때의 생태적 지위에 따른 활동들(그들의 육체적·정신적 메커니즘은 바로 이것들을 위해 만들어졌다)을 포기하는 대가를 치를 필요도 없었다. 여전히 모험을 떠나거나 사냥을 즐길 수 있었던 것이다. 따라서 부자들의 생태적 지위는 거대하고 복합적이었다. 반면 빈자들은 오직 먹고, 자연선택에 의해 잘 조정되지 않은 방식으로 고생스럽게 일하고, 그리고 번식을 할 수 있었을 따름이다.

큰 생태적 지위는 작은 생태적 지위보다 공간·식량·에너지·원자재, 혹은 좀더 미묘한 그 밖의 여러 가지 등 숱한 자원을 필요로 한다. 따라서 부자의 큰 생태적 지위 수가 빈자의 작은 생태적 지위 수만큼 많을 리는 만무다. 이 때문에 초기에 생태적 지위를 변화시킬 수 있는 새로운 능력을 지닌 인구가 과다 공급되면서 불과 몇 세기 만에 가난한 자들이 북적대는 사회가 나타났다. 이때쯤 사람들은 빙하기의 수렵인에서 진화 역사를 통틀어 가장 암울한, 아시아 유형의 소농계급으로 달라졌다. 게다가 다시금 생태적 지위를 달라지게 만드는 마법을 부릴 수 있으리라는 희망마저 잃어버렸다. 하지만 사람들은 그 위기를 극복할 수 있었다. 케이크를 나눠 먹어야 하는 인구수가 불어나는 순간에도 케이크에서 자기가 차지할 생태적 지위의 크기를 키울 수 있는 방안을 찾아냈기 때문이다.

식량이나 근육 이외의 것에서 얻은 에너지에 힘입어, 그리고 초기 지구에는 없던 물질이나 시스템을 이용함으로써, 사람들은 생태적 지위 조각을 배분할 때 더 큰 자원 케이크를 제공할 수 있게 되었다. 다윈적 가족 습성으로 인구수가 계속 느는 것은 문제가 되지 않는 듯했다. 새로운 기술이 문명화한 생태적 지위에 부여할 수 있는 자원을 더 많이 만들어냈기 때문이다. 사람들이 나눠 가진 케이크는 점점 더 커졌다. 하지만 이런 변화는 단계를 거쳤고 인간의 독창성이 정체될 때면 더러 케이크의 일부가 소실되면서 답보 상태에 빠지기도 했다. 점차 인구 증가 속도가 케이크 크기가 커지는 속도를 따라잡았다. 그 결과가 바로 인류 역사의 본질이랄 수 있는 불안한 시기의 출현이다.

기술이 창출한 총생태적 지위(즉 케이크)와 비교해 인구수가 상대적으로 적을 때는 부와 생활양식의 확장이 가능했다. 사람들이 열망하는 만족스러운 생활양식을 대다수가 누리려면 인구가 그리 많지 않아야 했다. 하지만 번식 전략은 언제나 꾸준히 인구수를 늘리는 쪽으로 작용했다. 그 결과 늘 부자와 빈자가 생겨났다. 기록에 따르면 나사렛 예수는 가난한 자들이 늘 우리 안에 있을 거라고 말했다. 인구밀도가 높은 로마 제국 한 귀퉁이의 참상을 보고 표현한 그의 절망감은, 인간이 동물의 일처리 방식에 따른 여러 제약에서는 벗어났지만 다윈적 번식 전략만큼은 끝내 고수하고 있는 현실을 정말이지 날카롭게 꿰뚫어본 결과다. 기하급수적인 인구 증가는 늘 기술적 창의성이 고안해낼 수 있는 케이크 크기의 증가분을 따라잡았다. 아마도 생태학의 첫 번째 사회법칙은 '모든 빈곤은 끊임없는 인구 증가가 빚어낸 결과다'가 되어야 할 것이다.

최근 몇 십 년 동안 서구의 일부 국가들은 독창성을 적극 발휘한 결과 케이크 크기를 상한선—지표면에서 사용 가능한 공간의 크기 같은 고정적 요인에 의해 정해진다—을 육박하는 정도로까지 키워놓았다. 이 국가들의 인구는 아직까지 케이크 크기를 따라잡지 못했고, 그래서 순전히 지역적 규모로이긴 하지만 빈곤 속에서 살아가는 인구수를 줄일 수 있었다. 더욱이 이들 국가의 출생률은 약간 떨어지기까지 했다. 몇 명의 자녀를 감당할 수 있을지에 대한 사람들의 생각이 달라졌기 때문이다. 그럼에도 어쨌거나 전반적으로 인구는 조금씩 늘어나고 있다. 0.5퍼센트의 복리(複利)만으로도 불과 몇 세대 만에 남은 자원을 몽땅 차지하기에 충분한 속도다. 이렇게 되면 대량빈곤이 다시 고개를 들 것이다. 물론 상대적 빈곤이야 늘 우리와 함께하지만.

점차 커지는 사회에서 자원이 남아돌면 잘사는 사람들은 대중의 수준을 높이는 데 관심을 기울일 수도 있다. 하지만 일단 인구수가 자원을 따라잡기 시작하면 지배자들은 그들 자신의 생활양식조차 위협받는다고 느낀다. 지배계급은 필시 자기네가 특권계급이 되기를 기대하므로 피지배계급을 억압하게 될 것이다.

확대된 기득 생활양식을 고수하려 애쓰는 지배계급과 인구 증가, 이 두 가지 압박으로 인해 카스트(계급)제도가 생겨났다. 고대 인도에서 높은 카스트에 속한 사람들은 많은 자원이 필요한 문명화하고 교양 있고 유복한 생활을 누렸다. 최하층 계급에 속한 사람들은 간신히 생계를 이어가는 지경이었다. 그 사이에 여러 계급이 존재했다. 사람들은 대다수가 빈곤 상태로 살아가는 원인이 인간의 번식 전략 때문임을 알지 못했다. 아니 설사 알고 있다 하더라도 괘념치 않았다. 높은 계급에 속한 여분의 사람들은 차지할 수 있는 공간이 줄어드는 그 아래 계급으로 강등될 수 있었다. 인구의 대부분을 차지하는 최하 계급에서는 부부가 여전히 자신들이 감당할 수 있는 수의 자녀를 낳아 키웠다. 당연히 많은 수의 자녀를 감당할 수는 없었다. 영국인들이 처음 인도를 정복했을 때의 기록을 보면 인도의 농부들 사이에서 영아살해 관습이 횡행했음을 분명하게 확인할 수 있다. 영아살해는 하층 계급에 속한 사람들이 가족 크기를 감당할 수 있는 수준으로 줄이도록 해주는 최선의 방책이었다.

또 한 가지 익숙한 계급제도는 과거 수 세기 동안 영국에 존재한 것이었다. 영국의 계급제도는 인도에서보다 덜 엄격했고 한결 양호했다. 최하층 노동자 계급은 인도의 농부들에 비해 훨씬 풍요로운 생활을 구가했다. 적어도 19세기 산업주의 시대 이전에는 그랬다. 게다가 가족 규모를 억제하는 데 쓰이는 영아살해 같은 역겨운 관습도 상대적으로 적었다. 그것은 남아도는 사람을 배에 실어서 해외의 새로운 땅—즉 영국이 무력으로 점령한 소수의 수렵채집 인구가 살아가는 지역—으로 보낼 수 있었던 덕에 가능했다.

자신들의 생활양식이 불어나는 인구로 인해 위협받고 있음을 깨달은 지배계급은 어렴풋하게나마 자원, 특히 어린 아들들에게 공급해줄 땅이 부족해지리라는 것을 감지했다. 이를 바로잡을 수 있는 한 가지 확실한 방법은 다른 사람들에게서 강제로 자원을 빼앗는 것이다. 유럽인이 토착 원주민에게서 신세계를 빼앗은 것이 이런 공격의 가장 비근한 예다. 하지만 역사에서 보게 되는 그보다 더 극적인 전쟁들도 이런 상황에 딱 들어맞는 사례다. 명장들의 정복기는 번식 전략의 산물이 아니라 생태적 지위를 변화시키는 인간 습성의 산물이다.

알렉산더가 '대제(大帝)'라 불린 이유는 그가 무수한 군대를 물리치고 그리스의 생활양식을 그의 시대에 알려진 세계에 부과하면서 제국을 건설했기 때문이다. 그의 성취는 사실상 한 인물의 위업이라고 보기에는 너무도 엄청났다. 그것은 부분적으로 그리스 군대의 월등한 훈련, 우월한 기술과 아리스토텔레스에게 사사받은 영특한 젊은 남성들의 빼어난 통솔력이 어우러진 결과로 설명할 수 있다. 하지만 진짜 비밀은 수 세기 전의 그리스 역사에서 발견할 수 있다. 당시는 전쟁의 시대, 기술 진보의 시대, 그리고 인구 증가의 시대였다. 그리스는 자기 나라의 초과분 인구를 빨아들일 수 있는 식민지를 건설했다. 만약 인구가 계속 증가했다면 훨씬 더 큰 전쟁을 일으켜서 그런 식민지를 더욱 확장해야 했을 것이다. 그리고 모든 부부가 계속해서 감당할 수 있다고 생각하는 수의 자녀를 낳아 기르는 한, 인구는 끝없이 불어났을 것이다. 그리스가 선진적인 군사기술을 보유했다는 사실을 고려해보면 알렉산더 같은 정복자는 결국 나올 수밖에 없었다. 그리스인에게 중요한 것은 폭력에 의존한 생존도 국민을 먹여 살리는 능력도 아니고 그저 기존 생활양식의 유지였음을 지적할 필요가 있다. 그 생활양식은 오직 일정한 인구밀도 허용 한도 내에서만 고수할 수 있었다. 그런데 모든 선진사회는 인구밀도 허용 한도에 위태롭게 다가가고 있다. 일단 그 한도를 넘어서고 부근에 더 약한 국가들이 존재한다면, 그 선진사회는 전쟁을 일으킬 것이다. 생태학의 두 번째 사회법칙은 아마도 '공격적인 전쟁은 부유한 사회에서의 끊임없는 인구 증가가 초래한 결과다'가 될 것이다.

그리스 제국은 삽시간에 붕괴하고 말았다. 좀더 나중에, 그렇지만 동일한 방법으로 건설된 로마 제국은 그리스 제국보다는 다소 오래갔다. 아마도 로마인의 정복 상당수가 미개인이 사는 땅을 상대로 이루어진 덕택일 것이다. 그런 지역에 사는 이들은 소수가 한계생존을 이어가게 해주는 원시적인 기술밖에 갖추고 있지 않았다. 따라서 그들의 땅은 로마인의 눈으로 볼 때 저개발되어 있었던지라 오랫동안 인구 초과분을 흡수할 수 있었다. 하지만 로마 제국에서 많은 인구로 인한 압박은 계속 극단적인 참상과 빈곤을 빚어냈다. 가난한 자들이 늘 우리 안에 있을 거라는 말은 바로 이 시기의 목소리였다.

역사에서 볼 수 있는 모든 공격적인 대정복 사건의 발발 배경에는 얼마간 생활수준의 향상을 염원하는 사람들 수가 증가한 현상이 포함되어 있다. 그들은 새로운 자원을 정복함으로써 그런 생활양식을 유지하고자 전쟁을 일으켰다. 하지만 그들의 번식 전략은 언제나 확장된 생활양식을 항구적으로 지속해주는 가족 크기를 선택하기 위한 것이 아니라 자신들이 생각하기에 감당할 수 있겠다 싶은 자녀 수를 선택하기 위한 것이다. 이는 그들이 건설한 제국에서의 인구 압박은 그 제국이 유지하고자 하는 바로 그 생활양식을 파괴할 것임을 시사한다.

인간사를 다룬 생태 모델은 도시국가가 출현한 이래 빈곤, 억압적이 되어가는 상류층, 계급제도, 공격적인 전쟁, 제국, 인구가 자원을 따라잡게 되면서 무기한 진압할 수 없는 대중폭동이 일어나 제국이 멸망하는 현상 등이 나타날 수 있다고 예측했다.

역사가 아널드 토인비(Arnold Toynbee)는 우리가 기록을 통해 알고 있는 모든 문명의 흥망성쇠를 추적한 결과 문명은 주변부 지역에서 발생한다는 보편적인 패턴을 찾아냈다. 토인비에 따르면, 인간은 최선을 다하기 위해 힘겨운 환경 같은 정신적 자극을 필요로 한다. 생태학자라면 주변부 지역에서 활발한 문명이 발생한다는 발견에 크게 놀라지 않을 것이다. 인구 증가의 압박을 제일 먼저 감지하고 확장욕을 불태우게 되는 곳이 바로 그런 장소일 테니 말이다. 여기서부터 토인비가 재구성한 내용은 생태 모델이 예측한 바와 같다. '창의적인 소수'가 누리는 생활양식을 다수의 대중이 따르는 시기가 한동안 이어진다. 그렇지만 그 '창의적인 소수'는 이내 억압을 일삼는 '지배적인 소수'로 달라지고, 더 이상 그들을 따라 할 수 없는 대중은 불만에 가득 찬 '내부 프롤레타리아 계급(internal proletariat)'으로 떠오른다. 이어 '칼을 든 구세주(savior with a sword)'가 '보편주의 국가(universal state)'를 건설한다. 그러나 그 국가조차 쇠락한다. 이 용어들은 모두 토인비가 만들어낸 것이지만 그들이 의미하는 바는 생태적 분석이 내놓은 것과 동일하다.

그런가 하면 토인비는 세계적인 종교는 억압받는 프롤레타리아 계급에서 생겨났는데 제국이 몰락한 뒤에도 오랫동안 존속하게 되었다고 말했다. 생태학자는 그저 세계적인 종교가 얼마나 호소력 있느냐는 상당 정도 피지배자들이 견디도록 조언해주는 능력이 어느 정도인지에 달려 있음을 지적하기만 하면 된다. "아무것도 할 수 있는 것은 없다. 가난한 자들은 늘 우리 안에 함께 있다. 너희들의 정신적 힘에 의지해 어떻게든 이겨내려고 노력하라." 근근이 먹고사는 생태적 지위에 놓인 사람들은 더 이상 할 수 있는 게 없다.

이런 식의 주기를 반복하면서 9000년의 역사가 흘렀다. 각 주기는 애초에 사람들이 정해진 생태적 지위라는 동물적 조건에서는 빠져나왔지만 번식 전략을 바꾸지는 않은 데 따른 부득이한 결과였다. 사람들이 자녀를 선택하는 것이 스스로의 운명에 어떤 영향을 끼치는지 제대로 이해하지 못했다는 게 어느 면에서는 다행이었는지도 모르겠다. 고난이나 고통뿐 아니라 인류가 일구어낸 대부분의 멋진 일들도 그에 따른 결과이기 때문이다. 우리는 적극적인 확장의 시기를 통해 인간으로서 가능한 삶에 대한 이해와 지혜에 있어 모든 추정을 뛰어넘는 경지에 도달했으며, 그 시기는 저마다 쇠락했지만 그와 더불어 이룩한 것 중 일부는 끝끝내 살아남았다.

하지만 이제 세계 인구는 과거 어느 때보다 불어나 있으며, 우리는 인류의 문명이 적어도 여전하다고 생각한다. 인간의 독창성이 농업의 개선과 화석연료가 추동하는 산업에 의해 자원이라는 케이크를 크게 불려 놓음으로써 그것을 가능케 했다. 서구에 사는 우리는 사회 구성원 모두를 먹여 살렸을 뿐 아니라 빙하기의 수많은 갈망을 분출할 수 있는 수단이나 그 대리품을 제공했다. 여행과 속도는 모험을 떠나는 듯한 환상을 심어주었다. 화면에서 보는 움직이는 이미지는 인간 삶의 목적에 관한 효과적인

위약(僞藥) 같은 정서를 제공했다. 우리가 9000년 전 이 시기에 접어들었을 때 불붙기 시작한 열망을 오늘날에는 그 어느 때보다 많은 이들이 공유하고 있다. 하지만 인구가 계속해서 불어난다면 그런 성공은 오래가지 못할 것이다. 불과 몇 세대만 지나면 우리 이전의 문명들을 죄다 무너뜨린 문제들이 속속 불거질 것이다. 우리의 생활양식은 인구 증가로 위협받을 것이다. 그렇게 되면 우리 이전의 문명들을 주저앉힌 혁명이나 투쟁의 현대판이 일어나지 말라는 보장이 없다.

이런 투쟁으로 인해 빚어질 수 있는 결과 혹은 그 투쟁의 전주곡은 분명 공격적인 전쟁일 것이다. 아마도 핵전쟁이 되지 않을까 싶다. 이것이 만약 허튼소리 같으면 기술적으로 선진화한 섬나라의 국민들이 처한 곤경을 떠올려보라. 빈곤은 줄어든 지 오래지만 사람들의 열망은 한껏 드높다. 그들이 살아가는 섬은 극도로 과밀해져서 압축 불가능한 인간의 필요조건에 제공되는 생태적 지위 풀에 의해 정해지는 상한선을 진작부터 육박하고 있다. 사생활은 점차 침해받는다. 트인 공간을 사용하는 데 너무나 엄격한 배급과 제약이 부과되어 결국 인간은 과거 빙하기의 삶에 적응하도록 만들어준 어린 세대의 모험 욕구를 배출할 도리가 없어진다. 폭동과 범죄가 늘어날 가능성이 있으며, 잘살기 위한 자원 투쟁은 개인적 자유를 쟁취하기 위한 투쟁이라는 외피를 쓰게 된다. 사람들은 한동안 남아도는 에너지를 해외로 돌렸다. 특히 자신들이 살아가는 과밀한 섬에서 높은 삶의 질을 추구하도록 해주는 원자재와 식량을 사들이거나 자기네 제품을 판매할 시장을 개척하려는 목적에서였다. 하지만 해외로의 확장은 결국 그리스 도시국가들의 식민지 사례에서 보듯이 갈등으로 번졌다. 정복지에서 거두어들이는 원자재와 식량의 양이 늘면서 그 지역의 자원이 바닥나고, 결국에는 섬으로 실어갈 게 없어졌다. 지나친 과밀로 진작부터 지쳐 있던 섬 거주민들은 자기네 삶의 기준, 즉 그들이 자유라고 여기던 것의 일부를 포기해야 했다. 영국이나 일본 같은 공격적인 섬나라의 역사를 살펴보면, 섬 거주민들이 이런 미래를 맞을 경우 공격에 나서지 않으리라고 생각하는 것 자체가 잘못임을 알 수 있다.

핵전쟁의 가능성에 대해 곰곰이 따져본 이들은 강대국 간의 전쟁 가능성에 집중했다. 심지어 허먼 칸(Herman Kahn)처럼 더없이 객관적인 분석가들조차 그랬다. 하지만 그 대륙국가들은 전쟁을 일으켜야 할 생태적 필요가 거의 없다. 그 국가들은 인구밀도가 높지 않은 상태로 고도의 기술적 진보를 이룩했고, 따라서 케이크의 크기가 크다. 소련은 지구 육지 면적의 6분의 1을 차지하고 있으며, 미국 역시 부유한 나라다. 두 나라가 상대에 대해 느끼는 두려움은 과거에 가난한 나라가 명장이 이끄는 제국의 출현을 마주하고서 느낀 두려움에 비하면 아무것도 아니다. 미·소 두 강대국은 워낙 막강한지라 필사적으로 확장해야 하는 사면초가에 몰린 과밀 국가의 공격성을 결코 두려워할 필요가 없었다. 두 열강은 군사이론가들이 흥미로워하는 방식으로 미래를 열어가지는 않을 것이다. 핵전쟁에서는 기술적으로 진보한 섬나라와 퇴보한 대륙국가가 주인공으로 떠오를 공산이 가장 크다.

나는 인구가 전반적으로 빠르게 불어나면 공격적인 핵전쟁이 일어나는 것은 오로지 시간문제라고 생각한다. 기껏해야 몇 세대밖에 남지 않았다고 본다. 하지만 인구 증가율은 모든 선진국에서 둔화하고 있으며, 핵전쟁을 일으킬 가능성이 있는 국가는 바로 그들 가운데 하나다. 따라서 이처럼 인구 증가율을 떨어뜨리는 원인, 거기에 많은 것이 달려 있다. 그

원인이 인구 증가율 감소가 계속되도록 이끄는 근원적인 것인지 여부를 우리는 알아야 한다.

인간이 예부터 고수해온 다윈적 번식 전략—즉 모든 부부가 자신들이 생각하기에 감당할 수 있겠다 싶은 자녀 수를 선택하는 전략—을 바꾸지 않았다는 것은 분명하다. 따라서 자녀 출생률과 인구 증가율의 감소는 몇 명의 자녀를 감당할 수 있는지에 대해 젊은 부부들의 생각이 달라진 데 따른 결과다. 이것은 틀림없는 사실이다. 우리는 넓은 생태적 지위 속에서 살아간다. 즉 '풍요' 속에서 살아간다. 그렇게 하는 데는 1인당 많은 자원이 필요하고 당연히 아이 한 명을 기르는 데도 적잖은 자원이 요구된다. 이미 지금의 인구수에서 비롯된 압박도 만만찮은 터라 젊은 부부는 유복하게 살아가는 데 요구되는 조건을 만족시키기가 어려워질 가능성이 있다. 따라서 그들로서는 자녀에게 자신과 똑같이 넓은 생태적 지위를 제공해주기 위해 더 많은 자원을 얻는 일이 그리 녹록지 않을 듯하다. 더욱이 만족스러운 방식으로 자녀를 교육하려면 시간이 많이 드는데, 시간이야말로 독창성으로 어떻게 해볼 여지가 없는 생태적 지위의 변수다. 이런 환경에서는 어느 부부도 자기 자녀가 그들 자신이 과거에 기대한 수준의 삶을 이어갈 거라고 생각할 수 없었다. 가족 수가 줄어든다는 것은 인간이 계속 다윈적 번식 전략에 적응한 결과로 충분히 예측 가능한 모습이다. 사람들은 여전히 자기 자원이 허락하는 한도 내에서 가장 많은 가족 수를 거느리고 싶어 한다. 하지만 야심이야 그렇다 치더라도 보유 자원은 그들 자신을 대체하는 수(두 명—옮긴이)를 약간 상회하는, 오직 과거 자녀 수의 일부만을 허용해준다.

가족 수 감소와 관련하여 우리는 멸망한 과거의 모든 문명들보다 한층 이로운 점을 하나 가지고 있다. 과거의 문명들은 모두 광범위한 빈곤, 노예제, 혹은 그 두 가지 다를 받아들였으며, 이것은 늘 자녀를 양육하면서 도움받을 수 있는 하인이 존재했음을 뜻했다. 따라서 제한된 시간이라는 제약 요인은 없었다. 지배 문명에 속한 부부는 자녀 각자에게 부모와 동일한 생태적 지위를 제공하는 자원을 어떻게 구할 것인지 별로 걱정하지 않으면서 가족 크기를 선택했다. 일은 노예가 다 했을 테니 말이다. 노예는 필요하다면 그 생태적 지위의 다른 자원들을 제공하는 데 투입될 수도 있었다. 증명할 자료를 가지고 있는 것은 아니지만 나는 부자들이 적은 가족 수를 선택하는 것은 우리 문명에서만 유일하게 볼 수 있는 현상이라고 확신한다. 다른 문명들은 그저 파괴를 향해 저돌적으로 치달았다.

풍요를 누려보지 못한 이들은 다윈적 번식 전략을 고수하는 한 결코 적은 가족 수를 받아들일 수 없다. 부모 세대가 직접 풍요를 맛보아야만 이용 가능한 자원으로 현 생활수준을 자녀에게도 물려주려면 자식 수를 줄여야 한다는 판단을 내릴 수 있기 때문이다. 공익에 관심이 있는 많은 사람들은 인구가 급증하는 국가의 국민들이 자기 운명을 개선하도록 돕는 방안을 다각도로 모색해왔다. 그런 방안 가운데 하나가 산아제한 도구를 제공하는 작업이었다. 그런데 오늘날의 산아제한법은 도리어 우리가 전에 없이 완벽하게 다윈적 번식 전략을 구사하도록 도와주었다. 스스로 동의할 수 있는 수준에서 너무 많지도 적지도 않은 양육 가능한 최대 자녀 수를 정확하게 보장해준 것이다. 피임약, 콘돔, 자궁 내 피임기구 따위는 가능한 최대 수치의 자녀를 다음 세대에 충원하도록 해주는 가장 강력한 도구였다. 이것이 바로 저개발 국가에서 인구가 계속 폭발적으로 불어나고 있는 한 가지 이유다.

따라서 오늘날 세계의 가족 크기 유형은 생태학 이론에 비추어보면 얼마든지 이해할 수 있다. 그 유형은 인간종이 지난 9000년간 살아온 생활방식을 통해 충분히 예측할 수 있었던 결과다. 우리는 그런 유형이 계속되리라는 가정 아래 향후 몇 세대가 맞이할 미래를 점쳐보아야 한다. 다소 변동이 없지는 않겠지만 가족은 존속할 테고, 부유한 선진국에서는 가족 크기가 줄어들 것이다. 하지만 가난한 나라는 여전히 대가족 상태를 유지할 것이다.

풍요를 구가하는 인구의 증가가 더딜 것이기 때문에 다가오는 몇 십 년 동안 핵전쟁 가능성은 줄어들 게 틀림없다. 물론 인도와 중국 간에 핵을 둘러싼 사소한 분쟁이 있을 수는 있겠지만 말이다. 더욱이 거대한 역사적 사건에 의해 이 가장 강력한 무기(핵무기—옮긴이)는 인구밀도가 그리 높지도 않고 생태적 욕구가 그리 절박하지도 않은 두 대륙 강대국이 통제하고 있다. 두 강대국은 가공할 무기를 동원하여 약한 대륙국가를 공격하려던 유력한 섬나라를 괴롭혀 그 계획을 무산시킬 수 있다. 전략무기제한협상(Strategic Arms Limitation Talks, SALT: 1969~1979년 열린 미·소 간 회담—옮긴이)에서 무슨 논의가 오갔든 간에 양국은 그런 괴롭힘을 무한정 이어갈 만한 무기를 충분히 확보하고 있다. 양국은 자국의 이익을 보호하기 위해 그 역할을 계속 받아들일 것이다. 인구는 서서히 늘어갈 것이다. 우리는 두 강대국이 막강한 무기를 보유하고 있는 한 인구를 격감시키는 핵공격이라는 돌파구가 없는 과밀한 미래가 내내 이어질 거라고 기대할 수 있다.

이것은 우리가 미래를 좀더 분명하게 읽을 수 있도록 해준다. 전망은 그리 밝지 않다. 여기에는 과거에 등장한 제국들을 붕괴시킨 과밀에 따른 문제가 총망라되어 있다. 하지만 더러 과밀한 국가의 국민들로 하여금 구제되었다고 느끼게 해준 공격적인 전쟁은 없다. 만약 세계의 인구가 그만 성장을 멈춘다면, 선진화한 서구 국가의 국민들은 다가올 얼마간의 시간 동안 자신들의 열망을 충족하기에 부족함 없는 창의성을 발휘할 것이다. 하지만 그것은 서구 공동체 전체에서 두 자녀 가족을 규준으로 삼아야 한다는 의미가 된다. 수 세대에 걸쳐 자리를 잡고 유지될 규준이다. 새로운 메시아가 그 규준을 도입했겠지만, 분별력 있는 이들은 그것이 잘 지켜지리라고 기대하지 않는다. 따라서 미래에는 인구수가 서서히 불어나고 열망도 그만큼 커지지만 그들에게 돌파구가 되어줄 성공적인 공격에 대한 희망은 그리 크지 않다고 전망할 수 있다.

과학기술은 아마도 인간에게 제조를 위한 원자재와 에너지를 거의 무한정 대줄 것이다. 그런 의미에서 넓은 생태적 지위를 유지해주는 자원은 인구 증가에 발맞추어 늘어날 수 있다. 하지만 마냥 늘어나기 어려운 자원도 있다. 이런 자원은 공간, 프라이버시, 젊은이의 모험욕, 때로 원하는 대로 할 수 있는 권리를 부여한다. 따라서 제한적으로 분배되어야 한다. 그러려면 정부의 기능과 관료주의가 더욱 강화되어야 한다. 정부가 훌륭하게 작동하는 나라에서는 모두가 공정한 몫을 차지할 테고, 그렇지 않은 나라에서는 소수만이 만족스러운 몫을 얻고 나머지는 근근이 살아갈 것이다.

우리 사회에서는 인구수가 점점 불어나고 있다. 우리는 그들에게 의식주를 제공해줄 수 있다. 그리고 적어도 한동안은 그들에게 공격적 전쟁을 일으킬 권리가 없다고 주장할 것이다(혹은 당신의 견해에 힘입어 그들이 그런 전쟁을 일으키지 못하도록 막을 것이다). 하지만 분명 그들의 상당수는 스스로 만족하지 못하는 생태적 지위에서 살아가게끔 내몰릴 것이다. 진정으로 미래가 어떻게 될지 안다면, 그렇게나 많은 사람들이 누리지 못하게 될 인간의 생태적 지위란 과연 어떤 것인지 따져볼 필요가 있다. 수 세기 동안 철학자들이 이룩한 과업은 바람직한 인간의 생태적 지위가 어떤 모습이어야 하는지를 우리에게 제시해주었다. 미국에서 200년 전 일군의 교양 있는 남성들은 국민이 그런 생태적 지위를 누릴 권리를 위해 싸우면서 그 문제에 깊이 천착했고, 그 고민의 결과를 분명하게 글로 남겼다. 만족할 만한 인간의 생태적 지위는 생명권·자유권·행복추구권 같은 양도할 수 없는 일련의 권리에 의해 정의된다고 할 수 있다. 과학기술은 생명권만큼은 계속 허락해줄 것이다. 하지만 인구가 서서히 과밀해짐에 따라 생태적 지위의 그 외 요소들은 허용하지 않을 것이다.

따라서 미래에는 개인의 자유에 훨씬 더 많은 제약이 가해질 것이다. 우리는 부모 세대가 살았던 삶을 향유하기 어려울 것이며, 일을 도모하는 전통적 방식은 과거의 정취처럼 보일 것이다. 우리는 국경 밖에서 자유를 쟁취하기 위해 무기를 들도록 촉구하는 명장들의 목소리에도 시큰둥해질 것이다. 인구 수가 불어나면 자유는 시시각각 줄어들 것이며, 개인적인 주도권을 밀어내고 다수에 대한 순종적인 굴종이 그 자리를 대신할 것이다.

맺음말

태양은 45억 년 동안 지구 대기권을 뚫고 들어와 암석으로 된 지각을 달구었다. 또한 흐르는 물의 동력에 의해, 그리고 물의 냉각과 해동에 의해 작동하는 열기관을 추동했다. 그리하여 지각이 뒤틀리는 순간에 그 표면을 주조해주었다. 태양은 대기의 점진적인 화학적 변화를 위한 연료일 때 대기권의 기체들이 영속적으로 순환하도록 이끌었다. 처음에는 유리산소가 없었다. 가능한 한 잽싸게 철·칼슘·황, 그리고 기타 요소들과 결합했기 때문이다. 하지만 태양은 대기권 상층에서 물 분자를 산소와 수소로 분해해주었는데, 결국 가벼운 수소 기체는 우주 공간으로 날아가고 산소만 남았다. 더욱 중요한 것으로 태양은 최초의 박테리아와 남조류에 의해 사용되기에 이르렀다. 그들은 탄소를 이용하여 연료를 만들어내면서 탄소와 결합해 있던 산소를 내보냈다. 20억~30억 년 동안 그들이 만들어낸 다량의 산소 가운데 20퍼센트가 대기권에 남았다. 그 결과 대기는 오늘날 우리가 공기라고 부르는 상태로 달라졌다.

산소 저장고가 차오르기 시작하자 자연선택은 이처럼 달라진 환경을 견뎌내고 이용할 수 있는 일련의 생명체 유형을 선택했다. 생물학적 화학 반응을 통해 이런 식의 작용이 이루어질 수 있는 시간은 넉넉해서 10억 년은 족히 되었다. 그 시기가 마무리될 무렵 식물이 등장했다. 식물은 광합성을 했고, 따라서 유리산소를 이용하여 광합성이 만들어낸 당을 마음대로 연소함으로써 필요할 때면 에너지를 내놓을 수 있었다. 하지만 유리산소란 일부 생명체가 식물이 만들어낸 당을, 처음 그것을 만들어내기 위해 거치는 수고 없이도 연소시킬 수 있음을 뜻했다. 그 생명체가 바로 최초의 동물들이다.

동물이 식물을 먹이로 삼을 때 먹기 힘든 식물이 된다면 분명 이점이 있을 것이다. 자연선택은 역겨운 화학물질을 보유했거나 먼 곳으로 씨를 퍼뜨린 새로운 식물종을 보존했다. 다양한 종들이 나란히 살아가는 패턴이 시작되었다. 당대 식생의 기이함과 풍부함을 동시에 보여주는 패턴이다. 자연선택은 식물의 진기함을 추적할 채비가 된 새로운 동물 혈통의 손을 들어주었다. 그에 따라 좀더 많은 종류의 동물들이 출현했다. 결국에 가서 그 새로운 동물들 가운데 일부 혈통은 식물을 먹이 삼는 게 아니라 대신 일부 식물식자(초식동물)를 추적함으로써 살아가게 되었다. 그들이 바로 최초의 육식동물이었다. 육식동물은 자연선택으로 하여금 자신들에 맞서 방어기제를 갖춘 초식동물을 보존하도록 강제했다. 최초의 군비경쟁은 동물이 먼저 촉발했다. 그런 다음 사냥동물과 사냥감동물이 큰 크기를 놓고 다투는 진화 경주를 펼쳤다. 큰 크기는 일종의 방어기제로 공격자와 어깨를 겨눌 만큼 유리한 조건이기 때문이다. 매우 최근에 일어난 일이었다. 우리는 이런 현상이 출현한 시기가 약 5억 년 전일 거라고 추정한다. 육안으로 판단할 수 있을 만큼 골격이 큰 일련의 동물이 바위에 남긴 화석기록 덕분이다.

당시의 지구는 기본적으로 지금 우리가 알고 있는 지구와 같았다. 식물, 그들을 먹이 삼는 초식동물, 그리고 초식동물을 사냥하는 육식동물이 우리가 숨 쉴 수 있는 상태의 대기에서, 혹은 우리가 염도가 어느 정도인지 알고 있는 바다에서 살아갔다. 그런 지구 표면 곳곳에서, 해당 지역의 물리적 환경이 끝없는 술래잡기 놀이에 영향을 끼침에 따라, 식물과 그에 이어지는 먹이사슬상의 초식동물, 육식동물은 그 지역에 적합한 종으로 다변화했다. 한편 그들의 끊임없는 활동은 분기하는 개체군들을 섞어주는 경향을 보이기도 했다. 유형들이 뒤섞이는 곳에서는 자연선택이 소모적인 싸움을 자제하고 에너지를 모으거나 새끼를 키우는 일에 종사하도록 해주는 뚜렷하게 구분되는 유형들을 선호했다. 좀더 평화롭게 번식하는 유형들이 가장 적합성이 높았다. 그들의 후예가 새로운 종으로 자리잡았으며, 저마다 이웃한 종들과 평화롭게 공존하도록 해주는 생태적 지위를 제공받았다.

모든 종은 새끼를 길러야 하지만 그것은 언제나 힘겨운 일이다. 자연선택은 각 개체들로 하여금 새끼에게 제공할 먹이 에너지를 놓고 그 친척들과 경쟁하도록 내몬다. 수많은 종이 자기 자본을 작은 칩들로 나누는 도박꾼의 전략을 취했다. 불확실성이 지배하는 물리적 세계에서 모든 만일의 사태에 대비할 수 있는 전략이기 때문이다. 그에 따라 수많은 작은 알과 씨앗이 등장하게 되었다. 또 다른 종들은 자기가 가진 먹이를 몽땅 소수의 덩치 큰 새끼들에게 전달함으로써 자본 투자에 따른 수익을 극대화하는 전략을 추구했다. 이 양극단의 번식 전략은 궁극적인 개체 수의 크기에는 거의 차이를 낳지 않는다. 개체 수는 유한한 지구에서 각각의 생활방식에 제공되는 기회들에 의해 결정되기 때문이다.

자연선택은 모든 동식물에게 평화로운 공존을 요구함으로써 그들로 하여금 생활권을 공유하도록 이끌었다. 모든 동식물은 그 생활권에 포함된 중요한 원료, 인·칼륨 등에 공동의 이해를 지니며, 그 공동의 이해는 자연현상이 이루어지는 물리적 주기를 달라지게 만들었다. 우리가 생태계라고 말할 때 떠올리는 자연적 주기에는 생물학적 요소가 담겨 있었다.

하지만 생물이 생산하는 에너지는 무생물 세계가 만들어내는 에너지에 비하면 미미한 수준이다. 초록 식물의 평균적인 태양에너지 전환 효율은 이산화탄소를 비롯한 여러 원료의 부족으로 채 2퍼센트에도 못 미친다. 따라서 98퍼센트가 넘는 자유 에너지는 지구에 남아 있고, 생태계의 물리적 구동력이 된다. 모든 생명체는 물리적 세계를 주조하기보다 거기에 적응하는 식으로 그런 현실에 반응한다.

우리는 수많은 장대한 자연의 유형 속에서, 즉 상이한 지역의 상이한 식물 형태에서, 마치 사막과 같은 푸른 바다의 비생산성에서, 거대하고 사나운 동물이 희귀한 현상에서, 호수를 보존하거나 오염시키는 데 따라 물의 상태가 달라지는 현상에서, 인간의 행복 가능성과 식량에 가해지는 제약 속에서, 생명체들이 태양에너지와 지구의 암석에 적응하는 현상을 볼 수 있다. 그리고 그처럼 생명체가 적응하고 있다는 사실은 지구에 살아가는 생명체에게 더없이 중요한 부분인 자연의 안정성, 즉 균형을 통해 훨씬 더 잘 느낄 수 있다. 자연의 안정성과 균형은 생명체가 이루어낸 결과라기보다 물리적 시스템의 기저를 이루는 안정성이 반영된 결과다. 생태적 사고에서 거듭되는 가장 커다란 과오는 아마도 안정성이 생물학적 복잡성에 따른 결과라는 주장일 것이다. 종들이 안정적인 실체를 이루는 식으로 서로 모이고 늘어난다는 주장은 생태학만큼이나 유구하지만 아직껏 객관적 근거로 뒷받침되지 못한 것이다.

자연선택이 상이한 종에 속한 개체들 간의 경쟁은 억제했지만, 분명 같은 종에 속한 개체들끼리는 삶에 필요한 요소를 놓고 투쟁이 끊이지 않았다. 이것은 가능한 한 가장 많은 새끼를 길러야 할 필요에서 비롯된 결과다. 하지만 그런 경쟁조차 놀라운 방식으로 억제될 수 있다. 물론 그 조약에 참가한 개체들에게 분명한 이득이 있을 때에 한하지만 말이다. 세력권을 주장하는 동물은 같은 종에 속한 다른 이웃들을 존중한다. 적합성을 거의 얻을 길 없는 투쟁에 휘말리기보다 그 주장을 인정하고 딴 곳을 알아보는 편이 적합성을 얻을 가능성이 더 크기 때문이다. 그로 인한 질서정연한 행동 유형들이 생명체가 자연에서 만족할 만한 규제자 노릇을 한다는 우리의 생각에 기여한 바 크다.

하지만 생물권에 존재하는 98퍼센트의 자유 에너지에 힘입어 굴러가는 엄혹한 물리적 현실이 멸종으로 치달을지도 모를 사건을 일으키면서 모든 종을 위협하고 있다. 임의적인 개체군의 중첩과 지나치게 호전적인 종들의 절멸로 인해 새로운 종이 계속 출현하는 한편, 어떤 종은 생명체 종 목록에서 서서히 자취를 감추고 있다. 그러므로 일정 시기에 일정 장소에서 살아가는 종의 수는 새로운 종의 창출과 낡은 종의 소멸, 이 두 과정의 균형에 의해 정해진다.

자연선택이 새로운 생존방식을 모색하는 역할을 떠안았을 때는 지상에 살아가는 생명체들 간에 미약하게나마 늘 평화로운 공존이 이루어졌다. 하지만 급기야 한 동물종(인간종—옮긴이)은 제 마음대로 계속 새로운 생태적 지위를 차지할 수 있음을 깨달았다. 늘 다른 종들의 생태적 지위를 제 것에 더하고 자연선택이 모든 종에게 부과한 정해진 생태적 지위라는 고릿적 제약을 벗어던지면서 말이다. 하지만 이 동물종도 가능한 한 가장 많은 자녀를 낳아 키워야 한다는 자연선택의 가르침은 계속 따랐다. 이 새로운 동물종의 활동은 불가피하게 거의 다른 모든 종들의 이익을 위협하고 있다. 좀더 많은 새끼를 얻기 위해 평화로운 공존을 팽개치고 적극적인 경쟁을 선택하기 때문이다. 이 종이 이런 새로운 생활방식을 전개해온 것은 고작 9000년 동안에 지나지 않는다.

생태학 읽을거리

전문분야로서의 생태학은 전문가들을 대상으로 하는 잡지의 초창기 문건에서 서서히 등장했다. 그리고 그 분야에 대해 글을 쓴 것은 외부에서 벌인 활동에 관심을 기울여온 저자들이었다. 모든 공공도서관은 '생태학'이라는 이름 아래 정리된 두툼한 카드 목록을 보유하고 있다. 하지만 거기에는 이 책에서 다룬 주제들을 다룬 글이 포함되어 있지 않을 것이다. 그들이 우리와 공통의 관심사에 관해 언급할 때조차 그저 생태학적이라고 주장하긴 하지만 내가 잘못임을 밝히고자 애쓴 개념들—대기가 위태롭다, 단순한 생태계는 불안정하다, 척박한 바다를 인위적으로 비옥하게 만들어야 한다—을 표현한 경우가 태반이다. 공공도서관은 우리가 말하는 생태학과는 아무 관련이 없는 것 같다. 관련이 있다면 유진 오덤(Eugene Odum)의 교과서〔아래 언급한 《생태학의 기초(Fundamentals of Ecology)》를 가리킨다—옮긴이〕 정도가 고작일 것이다. 이 책은 최소한 훌륭하기는 하다.

1970년 이전에는 생태학 교과서가 딱 두 권 있었다. 둘 다 영원한 족적을 남긴 것으로 아직까지도 읽어볼 만한 가치가 있다. 하나는 1927년 처음 출간된 이래 약간만 손본 다양한 개정판으로 소개된 찰스 엘턴의 《동물생태학(Animal Ecology)》이다. 우리가 먹이그물과 먹이사슬에 대해 널리 인식하게 된 것은 무엇보다 그의 책에 힘입은 바 크다. 이 책은 진정한 진화생물학자의 통찰이 번득이는 다원적 관점에 입각한 책이다. 또한 오늘날 생태학의 진전을 이룩한 이 분야의 수많은 사람들에게 영향을 끼쳤으며, 해박한 지식을 담은 좋은 읽을거리다. 다른 하나는 유진 오덤의 《생태학의 기초》로, 1953년에 처음 출간되었는데 개정을 거듭하면서 대폭 수정되었다. 이 책은 생태계를 유행시킨 책이다. 오덤은 대학 학계를 상대로 예일 대학의 린드먼과 허친슨이 개발한 생태계의 에너지 흐름이라는 개념의 대변자 노릇을 자처했다. 다른 많은 책들은 생태학을 자연관찰 정도로 취급한 반면, 오딘의 책은 15년 동안 생태학을 진정한 과학으로 끌어올렸다. 최종 개정판(1971)은 여전히 심오한 생태학 정보를 얻을 수 있는 귀중한 원천이다. 물론 우리 가운데 일부는 그 책이 천이를 통한 생태계의 성장을 다소 과하게 강조하고 있다고 여길 수도 있기는 하다.

15년 동안 오덤은 거의 반박의 여지 없는 영향력을 행사해왔다. 그의 작업에 동참해 훈련받은 수많은 사람들은 연구를 하거나 나름의 이론을 구축하고 있다. 그들은 환경 위기가 닥치고 다른 사람들이 생태학이라는 이름으로 수많은 후회막급한 일에 대해 논의하는 순간에도 자신들이 공유하는 저널 밖에서는 대체로 침묵을 지켰다. 그러던 중 1970년대 초반 그들이 쓴 교과서가 쏟아져 나왔다. 1973년 6월경 새내기 대학생이 보기에 적합한 새로운 교과서 다섯 권이 출간되면서 그 같은 분위기는 절정에 달했다. 그 책들은 모두 오늘날 생태학에서 강조하는 주안점들을 다룬다. 오딘의 책과 마찬가지로 사전적인 훈련을 받지 않은 사람도 확실한 생태학 정보를 얻을 수 있는 최상의 출처들이다. 찰스 크레브스(Charles Krebs), 새뮤얼 맥노튼과 래리 울프(Samuel McNaughton and Larry Wolf), 보이드 콜리어 등(Boyd Collier et al.)의 책은 다소 현학적인 분위기를 풍긴다. 로버트 릭레프스(Robert Rickleffs)의 책과 나(Paul Colinvaux)의 책은 필독 교과서로서의 면모를 갖추기 위해 더 많은 것을 실었다.

자연주의 작가 알도 레오폴드는 생태학이라는 과목이 발달하는 데 크게 기여한 인물이다. 그가 1936년에 집필한 책 《사냥감 관리(Game Management)》는 특히 주목할 만하다. 하지만 레오폴드의 책을 읽을 때는 그가 대형 포식동물이 사냥감동물의 수를 억제하는 효과를 지나치게 강조하고 있다(이런 사정은 지금도 변함이 없다)는 사실에 주의할 필요가 있다. 그는 포식동물이 살해된 뒤 아마존 카이밥(Kaibab) 고원에 사는 사슴의 개체 수가 폭발할 거라고 예상했으며, 릭레프스의 최신작 같은 몇몇 책에서도 같은 내용이 되풀이되고 있다. 하지만 최근 그런 주장은 아무 근거가 없는 것으로 드러났다(Caughley, 1970).

생태학 논쟁에서 라이벌의 위치를 고수하고 있는 중요한 책 두 권이 1954년 나란히 출간되었다. 필력 있는 논쟁을 펼치는 두 책은 학자들에게 읽는 즐거움을 선사한다. 주로 새로운 연구를 통해 자료를 수집한 데이비드 랙(David Lack)의 《동물 개체 수의 자연 조절(Natural Regulation of Animal Numbers)》은 로트카-볼테라-가우세(Lotka-Volterra-Gause) 경쟁 모델을 동물 개체 수의 밀도 의존적 통제라는 일반론으로 통합했다. 허버트 앤드류어서와 찰스 버치(Herbert Andrewartha and Charles Birch)는 《동물의 분포 및 풍부도(Distribution and Abundance of Animals)》를 통해 그와 정반대 논의를 펼쳤다. 즉 경쟁 모델은 진짜 생명체들과는 거의 관련이 없으며, 일정치 않은 적대적 날씨, 광범위한 분산이 실제로 살아 있는 생명체의 개체 수를 결정한다는 논지다. 이 책들이 나오고 20년 뒤 대다수 생태학자는 두 주장 가운데 맘에 드는 것을 자신의 의식 속에 받아들였다.

허친슨이 쓴 논문집 세 권은 생태학적 사고를 담아낸 전문용어와 방정식을 통해 핵심적인 생태학 논의를 다루었다. 《순회하는 상아탑(The Itinerant Ivory Tower)》, 《매혹적인 항해(The Enchanted Voyage)》, 《생태라는 극장과 진화라는 연극(The Ecological Theater and the Evolutionary Play)》이 그것이다. 현대 생태학에서는 학자로 내세울 만한 사람이 딱히 없다. 맥아더의 《지리생태학(Geographical Ecology)》이 나중에 생태학 개념을 이해하기 쉽게 정리해놓기는 했지만 말이다.

이 책의 마지막 장 '인간의 자리'에서 다룬 주제와 관련해서는 참고할 만한 문헌이 거의 없었다. 나는 내 새 책 《국가의 운명(The Fates of Nations)》에서 역사적 모델을 정교화했다. 사이몬 앤드 슈스터 출판사가 1980년 봄 출간하기로 계획한 책(몇 달 늦은 1980년 8월 출간했다—옮긴이)이다. 이미 출간한 내 논문 세 편도 참고했다. 내가 알기로 나와 가장 비슷한 방식으로 논지를 전개한 것은 로버트 하일브로너(Robert Heilbroner)의 《인간의 전망(The Human Prospect)》이다. 하지만 그 책은 경제학적 접근법을 취한다. 그가 소개한 생태학은 단순화한 생태계는 불안정성이 커진다는 식의 논의를 수용하면서 결함을 드러냈다. 그 같은 논의는 '보이지 않는 대학(our invisible college: 본래는 영국에서 17세기 중엽 생각이 비슷한 과학자와 자연철학자 집단이 스스로에게 붙인 이름이다—옮긴이)'으로부터 그 개념에 대한 논박이 터져 나오기 전까지 널리 개진되었다. 또한 하일브로너는 핵전쟁이 일어날 가능성이 있다고 생각했지만, 핵전쟁을 일으키는 주체가 퇴보하는 대륙국가라고 보았다. 내 생태 모델이 제안한, 퇴보하는 대륙국가가 핵전쟁의 피해국이 될 거라는 주장과는 상반된다. 인간 곤경의 생태적 기초를 다룬 최고의 책은 마이클 로젠츠바이크(Michael Rosenzweig)의 것이고, 최고의 논문은 개럿 하딘(Garrett Hardin)의 〈공유지의 비극(The Tragedy of the commons)〉(지하자원, 초원, 공기, 호수에 사는 물고기 등 공동체의 구성원 모두가 사용해야 할 자원은 사적 이익을 주장하는 시장의 기능에 맡겨두면 당 세대가 남용하여 고갈될 위험이 있다—옮긴이)이다.

이 글 아래에 실은 저서며 논문은 이 책의 논의에 쓰인 참고문헌들이다. 본문에서 생태학자의 이름을 언급할 때면 이 참고문헌을 참조했다. 좀더 일반적인 개념을 살펴보려면 앞에서 소개한 교과서 6권 중 한 권을 참조하면 된다. 다른 참고문헌들도 같이 실었다. 생산성, 생산성의 측정, 산허리 경사면 분석에 대해서는 위티커(1975), 식물사회학 학파에 대해서는 위티커(1962)와 헨리 우스팅(Henry Oosting), 복잡성-안정성 이론과 그에 대한 논박에 대해서는 맥아더(1955), 로버트 메이(Robert May), 그리고 대니얼 굿맨(Daniel Goodman)을 참조했다. 방목동물의 효과에 대해서는 하퍼, 에너지 전환의 효율 측정에 대해서는 로런스 슬로보드킨(Lawrence Slobodkin), 오스트레일리아 까치에 대해서는 로버트 캐릭(Robert Carrick)을 참조했다. '메인주 포수들'에 대해서는 로버트 스튜어트와 존 올드리치(Robert Stewart and John Aldrich), 베달리아무당벌레 이야기와 기타 생물학적 방제 사례에 대해서는 폴 드바흐(Paul De Bach), 형질치환에 대해서는 윌리엄 브라운과 에드워드 윌슨(William Brown and Edward Wilson)을 참조했다. 세월이 가면서 호수가 점차 비옥해지는 가설에 대해서는 에드워드 디베이(Edward Deevey)와 대니얼 리빙스턴(Daniel Livingston), 바다의 화학반응과 기타 지구화학에 대해서는 로버트 개럴스와 프레드 매켄지(Robert Garrels and Fred McKenzie), 생물권의 에너지 흐름에 대해서는 해럴드 모로비츠(Harold Morowitz)를 참조했다.

Andrewartha, H. G., and L. C. Birch, 1954. *The Distribution and Abundance of Animals*. Chicago: University of Chicago Press, p. 782.

Broeker, W. S., 1970. "Man's Oxygen Reserves," *Science*, 168: 1537-1538.

Brown, L. L. and E. O. Wilson, 1956. "Character Displacement," *Systematic Zoology*, 5: 49-64.

Bryson, R. A., 1966. "Air Masses, Stream Lines, and the Boreal Forest," *Geographical Bulletin*, 8: 228-269.

Carrick, R., 1963. "Ecological Significance of Territory in the Australian Magpie", *Proceedings of XIII International Ornithological Congress*, 9: 740-753.

Clements, F. E., 1916. *Plant Succession: An Analysis of the Development of Vegetation*. Carnegie Institution of Washington Publication 242, facsimile reprint by Haffner.

Collier, B. D., G. W. Cox, A. W. Johnson, and P. C. Miller, 1973. *Dynamic Ecology*. Englewood Cliffs, N.J.: Prentice-Hall, p. 563.

Colinvaux, P. A., 1973. *Introduction to Ecology*. New York: John Wiley and Sons, p. 621.

____, 1975. "An Ecologist's View of History," *Yale Review*, 64: 357-369.

____, 1976. "The Human Breeding Strategy," *Nature*, 261: 356-357.

____, 1976. "The Coming Climactic," *Bulletin of Ecology*, 56: 11-14, and in "The American Years," The Massachusetts Audubon Society, Lincoln, Mass., 1976.

De Bach, P. (ed.), 1964. *Biological Control of Insect Pests and Weeds*. New York: Reinhold, p. 844.

Deevey, E. S., 1942. "Studies on Connecticut Lake Sediments III. The Biostratonomy of Linsley Pond," *American Journal of Science*, 240: 235-264, 313-324.

____, 1955. "The Obliteration of the Hypolimnion," *Mem. Ist. Ital. Idrobiol.*, suppl. 8: 9-38.

Elton, C. S., 1927. *Animal Ecology*. New York: Macmillan, p. 209.

Garrels, R. M., and F. T. McKenzie, 1971. *Evolution of Sedimentary Rocks*. New York: W.W. Norton, p. 397.

Gates, D. M., 1965. "Heat Transfer in Plants," *Scientific American*, 213: 76-86.

____, 1968. "Energy Exchange between Organisms and Environment," *Australian Journal of Science*, 31: 67-74.

Gause, G. F., 1934. *The Struggle for Existence*. Baltimore: Williams and Wilkins, p. 163.

Goodman, D., 1975. "The Theory of Diversity and Stability in Ecology," *Quarterly Review of Biology*, 50: 237-266.

Hardin, G., 1968. "The Tragedy of the Commons," *Science*, 162: 1243-1248.

Harper, J. L., 1969. "The Role of Predation in Vegetational Diversity," Brookhaven Symposium in Biology No. 22, *Diversity and Stability in Ecological Systems*, pp. 48-62.

Heilbroner, R. L., 1974. *An Inquiry into the Human Prospect*. New York: W.W. Norton, p. 150.

Horn, H. S., 1971. *The Adaptive Geometry of Trees*. Princeton, N.J.: Princeton University Press, p. 265.

Hornocker, M. G., 1969. "Winter Territoriality in Mountain Lions," *Journal of Wildlife Management*, 33: 457-464.

Howard, H. E., 1920. *Territory in Bird Life*. New York: E.P. Dutton, p. 308.

Hutchinson, G. E., 1953. *The Itinerant Ivory Tower*. New Haven, Conn.: Yale University Press, p. 261.

____, 1962. *The Enchanted Voyage*. New Haven, Conn.: Yale University Press, p. 163.

____, 1965. *The Ecological Theater and the Evolutionary Play*. New Haven,

Conn.: Yale University Press, p. 139.

Janzen, D. H., 1970. "Herbivores and the Number of Tree Species in Tropical Forests," *American Naturalist*, 104: 501-528.

Klopfer, P. H., 1969. *Habitats and Territories*. New York: Basic Books, p. 117.

Krebs, C. J., 1972. *Ecology: The Experimental Analysis of Distribution and Abundance*. New York: Harper and Row, p. 694.

Lack, D. L., 1954. *The Natural Regulation of Animal Numbers*. New York: Oxford University Press, p. 343.

Leopold, A., 1933. *Game Management*. New York: Charles Scribner's Sons.

Lindeman, R. L., 1942. "The Trophic Dynamic Aspects of Ecology," *Ecology*, 23: 399-418.

Livingstone, D. A., 1957. "On the Sigmoid Growth Phase of Linsley Pond," *American Journal of Science*, 255: 364-373.

MacArthur, R. H., 1955. "Fluctuations of Animal Populations, and a Measure of Community Stability," *Ecology*, 36: 533-536.

____, 1958. "Population Ecology of Some Warblers of Northeastern Coniferous Forests," *Ecology*, 39: 599-619.

May, R. M., 1973. *Stability and Complexity in Model Ecosystems*. Princeton, N.J.: Princeton University Press, p. 265.

McNaughton, S. J., and L. L. Wolfe, 1973. *General Ecology*. New York: Holt, Rinehart and Winston, p. 710.

Mech, L. D., 1966. "The Wolves of Isle Royale," *Fauna of the National Parks of the United States*, Fauna Series 7, U.S. Government Printing Office, Washington, p. 210.

Morowitz, H. J., 1968. *Energy Flow in Biology*. New York: Academic Press, p. 179.

Murie, A., 1944. "The Wolves of Mount McKinley," *Fauna of the National Parks of the United States*, Fauna Series 5, U.S. Government Printing Office, Washington, p. 238.

Odum, E. P., 1971. *Fundamentals of Ecology* . 3rd edition, Philadelphia: W.B.

Saunders, p. 574.

Oosting, H. J., 1956. *The Study of Plant Communities*. 2nd edition, San Francisco: W.H. Freeman, p. 440.

Owen-Smith, N., 1971. "Territoriality in the White Rhinoceros *(Ceratotherium simum)* Burchell," *Nature*, 231: 294-296.

Petersen, R., 1975. "The Paradox of the Plankton: An Equilibrium Hypothesis," *American Naturalist*, 109: 35-49.

Rickleffs, R. E., 1973. *Ecology*. Newton, Mass.: Chiron Press, p. 861.

Rosenzweig, M. L., 1974. *And Replenish the Earth*. New York: Harper and Row, p. 304.

Sanders, H. L., 1968. "Marine Benthic Diversity: A Comparative Study," *American Naturalist*, 102: 243-282.

Schaller, G. B., 1967. *The Deer and the Tiger*. Chicago: Chicago University Press, p. 370.

Shannon, C. E., and W. Weaver, 1949. "The Mathematical Theory of Communication," Urbana: University of Illinois Press.

Slobodkin, L. B., 1962. "Energy in Animal Ecology," *Advances in Ecology*, 4: 69-101.

Stewart, R. E., and J. W. Aldrich, 1951. "Removal and Population of Breeding Birds in a Spruce-Fir Forest Community," *Auk*, 68: 471-482.

Tansley, A. G., 1935. "The Use and Abuse of Vegetational Concepts and Terms," *Ecology*, 16: 284-307.

Transeau, E. N., 1926. "The Accumulation of Energy by Plants," *Ohio Journal of Science*, 26: 1-10.

Whittaker, R. H., 1962. "Classification of Natural Communities," *Botanical Review*, 28: 1-239.

____, 1975. *Communities and Ecosystems*. 2nd edition, New York: Macmillan, p. 385.

옮긴이의 글: 복잡계 과학으로서 생태학

살아가는 모든 것들 간의 상호작용이 지구 생태계라는 시스템 차원에서 빚어내는 시공간적 구조와 동역학을 탐구하는 과학이 곧 생태학(ecology)이다. 하지만 생태학이 환경운동에 복무하는 이론적 도구쯤으로 받아들여지는 경향은 이 책이 처음 출간된 1978년이나 같은 책이 새로운 추천사와 함께 증보판으로 발간된 2018년 5월 현재의 상황이나 크게 다르지 않은 것처럼 보인다.

과학의 발전과 기술의 진보가 그리는 미래가 밝지만은 않기에, 인문학적 통찰과 과학의 융합은 지극히 자연스럽고 또 현재의 시대정신처럼 요구되기도 한다. 하지만 자연과학적 발견이나 지식을 인문학이나 사회과학적 문맥으로 확장하는 과정, 혹은 인문사회적 담론으로부터 영감을 받아 자연현상을 해석하는 과정에는 늘 성급한 일반화의 오류와 유사과학의 위험이 도사리고 있는 듯하다.

냉전시기를 거치면서 소비에트의 유전학이 답보 혹은 퇴행하게 된 이유로 흔히들 '리센코이즘'을 언급하곤 한다. 트로핌 데니소비치 리센코

(1898~1976)는 우크라이나 태생의 농생물학자로 동시대에 서방을 풍미하던 우생학(eugenics) 풍조의 정반대편에 선 인물이었다. 스탈린 치하의 소련에서 그는 최초가 아니었음에도, 적절한 냉기와 습기로 겨울밀 씨앗을 춘화처리함으로써 봄에 싹을 틔울 수 있는 봄밀 씨앗으로 변환시킨 연구로 유명세를 떨쳤고, 이를 통해 멘델이나 다윈을 부정하고 심지어 라마르크의 이론과도 다르다고 강변하는 리센코이즘을 주창하게 된다.

환경적으로 획득된 형질의 유전이라는 점에서 그의 '업적'은 사상적 개조를 통해 사회주의적 인간형을 만들어내고자 했던 소비에트 이념의 틀에 상당히 부합했고, 이후 리센코는 소련 과학계를 쥐락펴락하는 정치적 거물이 되었다. 그의 반멘델주의 신조는 소비에트의 과학교육에도 영향을 미쳤고, 급기야 1948년에는 그의 이론에 반하는 과학적 주장들이 불법화되기까지 했다.

근래에는 후성유전학과 같이 획득형질의 유전에 관한 학설들이 가히 라마르크의 복권이라 불릴 만한 뚜렷한 흐름을 만들어내고 있긴 하지만, 그의 유사과학은 학문적 발전뿐 아니라 소비에트와 중국의 농업생산에도 한동안 부정적 영향을 끼쳤고 그의 반과학적 행위는 (유사)과학과 정치의 '잘못된 만남'의 전형으로 회자되고 있다.

프린스턴 과학총서(Princeton Science Library) 시리즈로 1978년 출간된 콜린보의 《왜 크고 사나운 동물은 희귀한가》는 과학으로서의 생태학은 과연 무엇인가에 답하기 위한 시도로 보인다. 이 책을 우리말로 옮긴 후 불현듯 리센코이즘을 떠올리는 것은, 논리적으로 엄밀하고 실험된 혹은 관찰된 사실에 부합해야 할 과학적 언명이 당위의 명제에 휩쓸리는 경우를 경계해야 한다는 저자의 일갈이 자아내는 기시감 때문이다.

아울러 생물학적 사실을 간과하거나 지나치게 단순화함으로써 얻어지는 수리모형과 이질적 시스템 간의 비유에 의존한 모형연구가 우리의 당위적 직관을 충족시키는 방식으로 결론지은 몇몇 담론에 대해서도 저자는 조곤조곤 반박하고 있다(17장 '자연의 안정성'에서의 종 다양성과 복잡성-안정성 논의를 보라). 문제는 수리모형이나 정보이론 자체가 아니라 그것이 부지불식간에 어떤 도그마를 정당화하기 위한 수단으로 활용되는 행태일 것이다.

저자의 관점이 그렇다 보니 40년이라는 시차를 감안한다 하더라도, 일부 주제에 관해서는 그의 시각이 다소 태평스러워 보이는 대목도 있다. 특히 10장 '대기의 조절'에서는 저자가 화석연료의 사용에 따른 우려를 설핏 언급하고 있기는 하지만, 아직 지구온난화 논의가 본격화하기 전이라 인간 활동에 의한 대기오염의 심각성이나 기후변화에 대해 지나치게 낙관론을 펼치고 있다는 인상을 받는다. 18장 '인간의 자리'에서는 인류사를 생태학적 관점에서 조망한 논의가 더없이 흥미롭지만, 미·소가 버티고 있던 냉전시대의 논의이자 그때의 미래 예측을 담고 있느니만큼 오늘날의 지정학적 구도와는 다소 괴리를 드러내기도 한다. 하지만 그 외의 생태학 주제에 관한 논의는 무척이나 흥미진진하고 오늘날의 시각으로 보아도 전혀 손색이 없다. 모든 고전이 그렇듯이 말이다.

생태계의 문제는 결국 네트워크의 문제이고 생물권 내에서 벌어지는 많은 종들 간의 상호작용에 관한 문제다. 이는 이른바 복잡계로 통칭되는 시스템에 관한 문제다. 생태계의 문제는 복잡하기 이를 데 없고 그 복잡성에 비하면 현재의 지식은 너무나 불완전한데, 문제를 단순화하는 것은 명료하게 들릴지는 몰라도 복잡한 실상을 호도하기 십상이다. 이 책의 이런 문제의식은 2017년 에코리브르 출판사를 통해 번역·소개된 또 하나의 프린스턴 과학총서, 《인류는 어떻게 기후에 영향을 미치게 되었는가(Plows, Plagues and Petroleum)》의 문제의식과도 일맥상통한다. 정치한 학문적 논쟁을 일일이 따라가며 자료를 찾고 전공자들의 눈과 귀를 거스르지 않도록 우리말로 옮기는 일이 때론 버거웠지만, 프린스턴 과학총서로서는 두 번째가 되는 번역을 마무리하며, 앎에 이르기〔致知〕 위한 격물(格物)의 공부로서 두 권 모두 독자들의 일독을 권한다.

2018년 10월

김홍옥

찾아보기